Klaus Aschenbrenner

Der Geist des Universums

Das Forschungsziel des 3. Jahrtausends

KÖNIG

Die Deutsche Bibliothek - CIP-Einheitsaufnahme

Aschenbrenner, Klaus
Der Geist des Universums
Das Forschungsziel des dritten Jahrtausends
1. Aufl. - Greiz, König Communication, 1999
ISBN 3-9806185-5-2

ISBN 3-9806185-5-2

Satz und Layout: Vogtland Design, Greiz
Druck / Umschlag: Ges. f. Dienstleistg. u. Medienprod., Butzbach
Druck / Verarbeitung: Digital Printing Service Richter, Andernach

Inhalt

Einleitung
oder
Ein notwendiges Vorwort

Das 20. Jahrhundert, das jetzt zu Ende geht, war das Jahrhundert der Naturwissenschaften. Es stand ganz im Zeichen einer Erforschung der materiellen Welt. Die hierbei mit immensem Aufwand erzielten Ergebnisse sind zweifellos erstaunenswert. So gelang es mit immer größeren und leistungsfähigeren Teilchenbeschleunigern den inneren Aufbau der Materie weitgehend zu entschlüsseln. Mit mächtigen Spiegelteleskopen drangen Astronomen fast bis an die Grenzen des sichtbaren Weltalls vor. Sogar die Evolution im gesamten Kosmos vermeinten zahlreiche Wissenschaftler erklären zu können. Die sogenannte *Selbstorganisation* erwies sich als das magische Wort, mit der sie die Schöpfung entzaubern und auf ein mechanistisch funktionierendes Gebilde reduzieren wollten.

Erfreulicher Weise gaben immer wieder namhafte Wissenschaftler zu bedenken, ob nicht die naturwissenschaftliche Forschung bei ihrem Bemühen um Erkenntnis Wesentliches vergessen hatte. Wo blieb nämlich bei ihren materiellen Ergebnissen der Geist? Läßt sich dieser überhaupt in Formeln und Gesetzen fassen?

Jetzt, am Ende dieses Jahrhunderts, ist es an der Zeit, Bilanz zu ziehen und zugleich den Blick auf die notwendigen Forschungsaufgaben des 21. Jahrhunderts zu richten. Vermag das von den Naturwissenschaften entworfene Weltbild der Wirklichkeit gerecht zu werden? Leider müssen wir hier berechtigte Zweifel hegen. Zwar gelang die Entdekkung einer Fülle wichtiger physikalischer und chemischer Reaktionsabläufe und Gesetzmäßigkeiten. Doch welche ursächlichen Zusammenhänge konnten enträtselt werden? Die wesentlichen Probleme blieben ungelöst. Denn sollten beispielsweise die komplizierten Anpassungen im Tier- und Pflanzenreich tatsächlich nur auf simple Ausleseprozesse zurückzuführen sein? Verraten sie nicht vielmehr eine Zielgerichtetheit in der Natur und das Wirken eines schöpferischen Geistes?

Ist es wissenschaftlich vertretbar, Gesetzmäßigkeiten, die in chemischen Reaktionsgemischen wirksam sind, auf die Entwicklung des Lebens, ja des gesamten Kosmos zu übertragen und daraus dessen Selbstorganisation abzuleiten?

Wäre der Jahrhundertwechsel nicht für die Naturwissenschaftler eine günstige Gelegenheit, ihren wissenschaftlichen Elfenbeinturm zu verlassen und zukünftig in interdisziplinärer Teamarbeit mit Psychologen, Medizinern, Theologen und Philosophen sich den Forschungsaufgaben zuzuwenden, die nur über einen ganzheitlichen Ansatz lösbar sind? Andernfalls werden diese Disziplinen in Zukunft die Führungsrolle übernehmen und die bislang so dominanten Naturwissenschaften ins Abseits drängen.

Die Fragen, die im kommenden Jahrhundert im Brennpunkt der Forschung stehen müssen, sind von entscheidender Bedeutung für unser Verständnis der Wirklichkeit. Selbst wenn es bei einigen von ihnen nur gelingen sollte, Ansätze von Lösungen zu finden, bedeutete dies bereits einen beträchtlichen Gewinn für unser gesamtes Denken. Es brächte das Ende des mechanistischen Zeitalters und den geistigen Fortschritt, den viele von uns bereits in den achtziger Jahren zu ahnen begannen, als die sogenannte *New Age* – Bewegung erste Hoffnungen weckte.

Einige dieser Fragen, deren Beantwortung unsere Weltsicht wesentlich erweitern wird, lauten:

Was verbirgt sich hinter zwei in der Quantenphysik beobachtbaren Phänomenen: zum einen hinter der *Fernwirkung* zwischen Elementarteilchen und zum anderen hinter der Tatsache, daß die Versuchsergebnisse in offensichtlicher Abhängigkeit vom Experimentator stehen?

Wie kommen die heute als gesichert anzusehenden geistigen Wechselwirkungen bei Telepathie und Hellsehen, sowie die Wechselwirkungen zwischen Geist und Materie zustande?

Gibt es psychische Felder und welche Bedeutung kommt diesen zu? Wie haben wir Bewußtsein und Gedächtnis zu verstehen? Der Versuch einer mechanistischen Lokalisierung, etwa in Synapsen oder Makromolekülen, war bislang erfolglos und wird sich auch in Zukunft als Sackgasse erweisen.

Wie entstehen "nichtphysikalische" Kraftwirkungen?
Auf welchem Wege erlangen Pflanzen die Fähigkeit, raffinierte Methoden zum Fang von Tieren oder zur erfolgreichen Abwehr von Feinden zu entwickeln?

Welche Bedeutung kommt einem kollektiven Gedächtnis zu?
Welche Wechselwirkungen bestehen zwischen dem persönlichen Bewußtsein eines Individuums und dem Geist des Universums?

Die Suche nach einer Antwort auf diese und weitere Fragen sollte das Forschungsziel des 21. Jahrhunderts sein. Eine Beschränkung auf mechanistische Lösungsversuche vermag, wie weitblickende Wissenschaftler längst erkannt haben, lediglich Teilaspekte der Wirklichkeit zu erschließen. Zukünftig gilt es, den Blick auf die Welt des Geistes zu richten und die Materie in ein umfassendes, übergeordnetes geistiges Universum zu integrieren. Die Bewältigung dieser schwierigen Aufgabe wird möglicherweise weit mehr als ein Jahrhundert erfordern. Vieles spricht dafür, daß wir hier vor einer Jahrtausendaufgabe stehen. Einer Aufgabe, die in der Lage sein dürfte, uns unserem Evolutionsziel – der Menschwerdung – um einiges näher zu bringen.

I. Das Weltbild wandelt sich

Kapitel 1
Der Umbruch in der Physik - ein Vorbild für Biologen

Fast dreihundert Jahre lang bestimmten mechanistische Vorstellungen das physikalische Weltbild. Es war die Newtonsche Mechanik, die das Denken der Physiker prägte. Newtons Universum bestand aus einem absoluten, ruhenden Raum. In ihm floß eine absolute, wahre Zeit völlig gleichförmig dahin. Alle Körper besaßen eine unveränderliche Masse. Ihre gegenseitige Anziehung vermochte Isaac Newton mit seinem berühmten Gravitationsgesetz zu erklären. Sämtliche physikalischen Abläufe hatten eine klar erkennbare Ursache und eine genau feststehende Wirkung. Die Welt der Physik war überschaubar, meßbar, mit exakt formulierten Gesetzen zu erklären und gut verständlich. Doch dies sollte nicht immer so bleiben.

Alles ist relativ

Im Jahre 1905 zwang Albert Einstein mit seiner Speziellen Relativitätstheorie die Physiker zu einer grundlegenden Änderung ihrer Sichtweise. Die bis dahin für absolut unwandelbar gehaltene Masse erweist sich ebenso wie die Zeit und der Raum auf einmal als veränderlich und abhängig. Materie läßt sich, wie Einstein erkannte, in Energie verwandeln und umgekehrt kann Materie aus Energie entstehen. Schließlich zeigte er, daß Raum und Zeit unlösbar miteinander verbunden sind und sich gegenseitig beeinflussen.

Aus diesen neuen Erkenntnissen ergaben sich nun für unsere Vorstellungen vom Aufbau des Universums weitreichende Konsequenzen. Auch für Körper, die sich mit extrem hohen Geschwindigkeiten bewegen, sind die Auswirkungen faszinierend. Könnte beispielsweise ein Raumschiff mit nahezu Lichtgeschwindigkeit fliegen, würde sich seine Masse vervielfachen. Ein Erreichen der Lichtgeschwindigkeit wäre aber nie möglich, denn dann würde seine Masse unendlich groß. Auf den Ablauf der Zeit bliebe die hohe Geschwindigkeit ebenfalls nicht ohne Einfluß. Etwaige Raumschiffinsassen wären bei ihrer Rückkehr gegenüber den zurückgebliebenen Erdbewohnern wesentlich weniger gealtert.

Bereits diese Beispiele zeigen uns ein Problem der neuen Physik: Ihre Resultate lassen sich zwar mathematisch einwandfrei ermitteln, sind jedoch unserem Vorstellungsvermögen nicht oder nur schwer zugänglich.

Die geheimnisvolle Welt der Atome

Zwang Einsteins Relativitätstheorie bereits die Physiker zu einem Umdenken, so führten in den darauffolgenden Jahrzehnten die Entdekkungen der Quantenphysik zu einem regelrechten Umsturz des physikalischen Weltbildes. Zeigte es sich doch, daß die kleinsten Materiebausteine keine Gegenstände im herkömmlichen Sinne sind. Durch die Quantentheorie war plötzlich die uns vertraute Wirklichkeit der materiellen Welt in Frage gestellt. Diese Theorie kam, wie es Peter Dürr formuliert, „zu der überraschenden Schlußfolgerung, daß es eine objektivierbare Welt, also eine gegenständliche Realität, wie wir sie bei unserer objektiven Betrachtung als selbstverständlich voraussetzen, gar nicht **wirklich** gibt, sondern daß diese nur eine Konstruktion unseres Denkens ist, eine zweckmäßige Ansicht der Wirklichkeit, die uns hilft, die Tatsachen unserer unmittelbaren äußeren Erfahrung grob zu ordnen.“

Besonders aufschlußreich waren die Auswertungen einiger Experimente mit Elektronen. Treffen beispielsweise Elektronen auf einen Szintillationsschirm, so zeigen sie die Eigenschaften von festen Teilchen. Schickt man sie dagegen durch ein Kristallgitter, dann besitzen sie eindeutig Wellencharakter. Je nachdem welche Versuchsanordnung verwendet wird, zeigen sie die eine oder die andere Beschaffenheit. Sie sind entweder Masseteilchen oder Welle. Es ist daher nicht möglich, die wahre Natur eines Elementarteilchens anzugeben. Und noch etwas ganz anderes ließen die Messungen erkennen: Das Ergebnis eines Experiments ist von dem Experimentator abhängig. Der Naturwissenschaftler ist in den Versuch mit einbezogen, das heißt er ist ein Teil des Experiments. Es gibt keine vom Forscher unabhängigen Sachverhalte. Er vermag nicht die Natur selbst zu beobachten, sondern kann nur einzelne Fragen an sie richten und anschließend ihre Antwort analysieren.

Als die Physiker zu dieser Erkenntnis gelangten, waren sie zunächst aufs äußerste betroffen. Werner Heisenberg hatte ebenso wie Albert Einstein das Gefühl, als würde „ihm der Boden, auf dem die Wissenschaft steht, unter den Füßen weggezogen." Je länger sich die Wissenschaftler mit den Phänomenen der Quantenphysik beschäftigten, desto häufiger mußten sie aus den Versuchsergebnissen Antworten auf ihre Fragen herauslesen, die mit den Erfahrungen der klassischen Physik nicht in Einklang zu bringen waren.

Lenkten sie zum Beispiel einen Lichtstrahl auf einen Doppelspalt, zeigten die Photonen des Lichts ein völlig unerwartetes Verhalten. Obwohl ein Photon mit Sicherheit nicht in kleinere Teile zerlegbar ist, bewegte es sich **gleichzeitig** sowohl durch den einen als auch durch den anderen Spalt hindurch. Das heißt das Photon erschien zur selben Zeit an zwei verschiedenen Orten!

Doch nicht nur in der Welt der Elementarteilchen mußten die Physiker die seit drei Jahrhunderten vertraute Denkweise aufgeben. Auch ihre Vorstellungen vom Aufbau des Universums erwiesen sich als revisionsbedürftig. Die so anschauliche Auffassung, der Kosmos sei ein kugelförmiger Raum mit einem unendlich großen Durchmesser, war nicht länger zu halten.

Die unvorstellbaren Weiten des Universums

In den letzten Jahrzehnten gelang es den Astronomen mit ihren Großteleskopen bis in die fernsten Tiefen des Universums vorzudringen. Die dabei erreichten Entfernungen sind derart groß, daß sie unser Vorstellungsvermögen übersteigen. Mehr als hundert Trilliarden Kilometer weit blicken wir heute mit unseren Instrumenten ins All! Will man sich diese Entfernung veranschaulichen, helfen nur noch Vergleiche. Dazu benötigt man als erstes ein größeres Entfernungsmaß. Dies ist das **Lichtjahr**, das heißt die Strecke, die das Licht in einem Jahr zurücklegt. Da es in jeder Sekunde dreihunderttausend Kilometer ducheilt, ist es in einem Jahr neuneinhalb Billionen Kilometer vorangekommen. Von unserem Mond bis zur Erde ist das Licht knapp eineinhalb Sekunden unterwegs, von der Sonne bis zu uns gut acht Minuten. Den entferntesten Planeten, den Pluto, erreicht das Sonnenlicht erst in fünfeinhalb Stunden.

Die zahlreichen Sterne, die wir in einer klaren Nacht am Himmel sehen, sind Sonnen, ähnlich unserer eigenen Sonne. Zum Teil sogar noch wesentlich größer. Daß sie uns nur als winzige Lichtpunkte erscheinen, liegt an ihrer enormen Entfernung. Auch hiervon vermag uns die Laufzeit des Lichts einen ersten Eindruck zu vermitteln. Von dem nächsten Stern bis zu uns ist das Licht mehr als vier Jahre unterwegs. Das heißt diese Sonne ist über vier Lichtjahre von uns entfernt.

Aber nicht nur die Abstände der einzelnen Sonnen von einander sind riesig. Auch ihre Zahl übertrifft alle Erwartungen. Allein unser Milchstraßensystem vereinigt mindestens hundert Milliarden Sonnen in sich. Es ist ein Sternsystem, das wie ein Sonnenrad rotiert. Sein Durchmesser ist so gewaltig, daß eine Rakete, die den Mond in zwei Tagen erreicht, zu seiner Durchquerung über sechs Milliarden Jahre benötigen würde.

Dabei ist unser Milchstraßensystem nur eines unter vielen ähnlichen Sternsystemen, den sogenannten Galaxien. Mindestens hundert

Milliarden Galaxien mit jeweils durchschnittlich hundert Milliarden Sonnen enthält das Universum. Könnte man alle Sonnen des Weltalls auf die Größe eines Sandkorns verkleinern und anschließend an einer Stelle sammeln, so erhielte man einen Sandhaufen, der fast doppelt so hoch wie der Mount Everest wäre. In Wirklichkeit ist eine Sonne aber nicht sandkorngroß, sondern besitzt einen Durchmesser von mehr als einer Million Kilometern, das heißt nahezu zwei Millionen Erdkugeln fänden in ihr Platz.

Riesige Abstände trennen die Galaxien von einander. Wenn wir an einem dunklen Herbstabend den Andromedanebel als zart schimmernden Nebelfleck mit einem Fernglas beobachten, dann gelangt in unsere Augen Licht, das diese Galaxie vor rund zwei Millionen Jahren verlassen hat. Und dabei gehört der Andromedanebel zu unseren kosmischen Nachbarn. Von den entferntesten Galaxien, die man heute mit den Großteleskopen entdeckt, war das Licht mehr als zwölf Milliarden Jahre unterwegs. Diese fernen Objekte sind sogenannte Quasare. Sie führen uns den Entwicklungsstand vor Augen, in dem sich die Sternsysteme vor Jahrmilliarden befanden. Infolge der langen Laufzeit des Lichts sehen wir nämlich die Himmelsobjekte nie in ihrem augenblicklichen Zustand. Der Andromedanebel zeigt uns das Aussehen, das er vor zwei Millionen Jahren besaß; ein ferner Quasar sogar seine Beschaffenheit vor zehn oder mehr Milliarden Jahren.

Die Expansion des Weltalls

Das gewaltige Universum, in dem unsere Erde kaum mehr als ein Staubkorn bedeutet, befindet sich in einer ständigen Expansion. Es dehnt sich aber nicht wie ein Ballon aus, der sich aufbläht. Denn wie man heute weiß, hat es die Form eines gekrümmten Raums. Seine Beschaffenheit läßt sich zwar mathematisch erfassen, entzieht sich aber wie so vieles in der modernen Physik unserem Vorstellungsvermögen. Die Krümmung, die der Weltraum besitzt, ist von entscheidender Bedeutung für das zukünftige Schicksal unseres Universums. Ist seine Krümmung negativ, dann wird die Expansion des Weltalls nie zum Stillstand kommen. Es wird sich ewig bis in die Unendlichkeit ausdehnen. Bei einer positiven Raumkrümmung dagegen wird die Geschwindigkeit der Expansion abnehmen, bis das Weltall schließlich nach vielen Jahrmilliarden ganz zum Stillstand kommt. Von diesem Augenblick an ist nur noch die Gravitation der Galaxien wirksam. Ihre gegenseitige Anziehung hat zur Folge, daß das Universum langsam zu kontrahieren beginnt. Je weiter es schrumpft, desto stärker wird die Gravitationswirkung. Und desto schneller erfolgt die Kontraktion. Ist diese Schrumpfungsphase abgeschlossen, beginnt das All mit einer erneuten Ausdehnung. Langfristig gesehen kommt es zu einem ständigen Wechsel von Expansion und Kontraktion. Das heißt, das Weltall pulsiert im Rhythmus von vielen Jahrmilliarden.

Welche der beiden Möglichkeiten eintritt, hängt von der Materiedichte des Universums ab. Forscher in vielen Ländern versuchen daher fieberhaft, den genauen Dichtewert zu ermitteln. Bis jetzt waren die Meßergebnisse noch nicht eindeutig. Allerdings spricht im Augenblick manches dafür, daß wir in einem pulsierenden Weltall leben.

Was dagegen die Astrophysiker besser angeben können, ist das Alter des Universums. Es beträgt etwa fünfzehn Milliarden Jahre. Versetzen wir uns in Gedanken fünfzehn Milliarden Jahre zurück, dann können wir seine Enstehung aus einem winzigen Punkt verfolgen. Mit dem sogenannten „Urknall“ beginnt das punktförmige All in Sekundenbruchteilen explosionsartig zu expandieren. An seinem Anfang besteht es nur aus geballter Energie. Bereits eine quintilliardstel Sekunde nach dem Urknall hat das Universum den Durchmesser einer Apfelsine erreicht. Die kleinsten Elementarteilchen wie Elektronen und Neutrinos, sowie die Quarks, haben sich inzwischen gebildet. Nach einer billionstel Sekunde ist das expandierende All schon auf die Größe unseres Sonnensystems angewachsen. Seine Temperatur beträgt jetzt zehn Billiarden Grad. Kaum ist eine millionstel Sekunde verstrichen, existieren die

Bausteine der Atomkerne, die Protonen und Neutronen. Und eine hundertstel Sekunde später haben sich die beiden leichtesten chemischen Elemente, Wasserstoff und Helium, gebildet. Damit ist die Grundlage für die Entstehung der Sterne geschaffen. Während der weiteren Expansion des Alls enstehen dann die Galaxien. Einzelne Physiker halten es auf Grund ihrer Berechnungen für möglich, daß kurz nach Beginn des Urknalls gleichzeitig mit unserem Universum zahlreiche weitere Universen enstanden sind.

Der Vergleich zwischen den physikalischen Beobachtungen und den Berechnungen führt immer wieder zu neuen Fragen und Problemen. Diese erfordern nicht selten Ergänzungen der bestehenden Theorien oder sogar völlig neue Denkansätze. Die große Hoffnung mancher Physiker ist es, eines Tages eine einheitliche Theorie entwickeln zu können, die sämtliche Naturphänomene erklärt. Eine „Weltformel", mit deren Hilfe alle bisherigen naturwissenschaftlichen Rätsel gelöst wären. Doch im Augenblick sieht es eher so aus, als ob dies ein nicht realisierbarer Wunschtraum bleibt. Denn nach Sir James Jeans ist die hervorstechendste Leistung der Physik des 20. Jahrhunderts nicht „die Spaltung des Atoms mit der daraus folgenden Entdeckung, daß die Dinge nicht das sind, was sie scheinen, sondern die allgemeine Erkenntnis, daß wir noch nicht in Berührung mit der letzten Wirklichkeit sind."

In Teilgebieten sind die Erkenntnisfortschritte jedoch beachtlich. Sie erlauben eine wissenschaftliche Diskussion von Themen, die vor einigen Jahrzehnten noch in den Bereich fruchtloser Spekulationen gehört hätten. Zu diesen Themen gehört die Frage nach der Häufigkeit von Leben im Weltall.

Vielfältiges Leben im Universum

Von den hundert Milliarden Sonnen unseres Milchstraßensystems weisen zehn Prozent eine ähnliche Größe und ein vergleichbares Alter wie unsere eigene Sonne auf. Sie besitzen daher alle Voraussetzungen für ein Planetensystem mit günstigen Lebensbedingungen. Dies bedeutet, wir müssen bereits in unserem eigenen Sternsystem mit mehreren Milliarden Planeten rechnen, auf denen sich, ähnlich wie auf unserer Erde, Leben entwickelt hat. Selbst wenn, wie einzelne Skeptiker meinen, Leben eine äußerst seltene Angelegenheit wäre und wir Menschen die einzigen Bewohner des Milchstraßensystems sein sollten, so gibt es noch hundert Milliarden andere Galaxien. Bei ihnen wäre dann aber auch jeweils mindestens eine intelligente Zivilisation zu erwarten. Das heißt es dürften mit Sicherheit Milliarden Hochzivilisationen im Universum existieren.

Ja es hat sogar den Anschein, daß die Schöpfung von Anfang an die Enstehung von Leben eingeplant hat. Die im Universum gültigen Naturgesetze scheinen auf die Bildung und Entfaltung des Lebens direkt zugeschnitten zu sein. Besäßen die Naturkonstanten auch nur geringfügig andere Werte, als sie tatsächlich aufweisen, hätte im Weltall kein Leben entstehen können.

Nehmen wir als Beispiel die starke Kernkraft, die für den Zusammenhalt der Atome sorgt. Wäre diese Kraft auch nur um eine Kleinigkeit stärker, hätten sich nach dem Urknall nahezu sämtliche Protonen miteinander vereinigt, das heißt es wäre fast kein Wasserstoff entstanden. Den Sternen, wie etwa unserer Sonne, würde der Brennstoff zur Energieerzeugung fehlen. Denn um die gewaltigen Energiemengen erzeugen zu können, die sie in den Weltraum abstrahlen, müssen sie Wasserstoff in Helium umwandeln. Es gäbe daher keine wärmespendenden Sonnen und damit auch keine bewohnbaren Planeten. Umgekehrt: wäre die starke Kernkraft auch nur eine Spur kleiner, dann gäbe es keine stabilen Atomkerne. Sie zerfielen, und die für das Leben unabdingbaren Sonnen würden erlöschen, falls sie sich überhaupt hätten je bilden können.

Von ähnlicher Bedeutung ist die Größe der Gravitationskonstanten. Sie beeinflußt die Bildung von Sternen. Wäre ihr Zahlenwert nur um ein Sextilliardstel niedriger, könnten nur lichtschwache rote Zwergsterne oder superhelle weiße Riesensterne entstehen. Beide sind als Sonnen für einen Planeten, der Leben tragen soll, völlig ungeeignet. Sonnen mit einer mittleren Leuchtkraft dagegen, die eine Lebensentstehung begünstigen, würden unter derart geänderten Bedingungen fehlen.

Auch die Beschaffenheit anderer Naturkräfte und Konstanten spricht eindeutig dagegen, daß die genau richtigen Zahlenwerte per Zufall entstanden sind. Viel zu viele dieser „Zufälligkeiten" haben die Physiker inzwischen festgestellt. Je länger sie die im Universum herrschenden Bedingungen prüften, desto deutlicher wurden die Hinweise auf einen großen schöpferischen Plan. Es ist ein Universum, das die Genialität eines einzigartigen Schöpfers widerspiegelt. Es ist derart perfekt gestaltet, daß sich Ralph Estling zu der Feststellung veranlaßt sah:

„Bis hinunter zu den Feinstrukturkonstanten, die die Gravitation, die elektromagnetische, die starke und die schwache Kraft bestimmen, und bis hinauf zu den grundlegenden biologischen Vorbedingungen finden wir, daß der Kosmos im allgemeinen, die Sonne im besonderen und die Erde ganz besonders derart fein auf **uns** abgestimmt ist, daß der Schluß unausweichlich ist: Es war ein Gott, der das so gemacht und dabei an uns gedacht hat."

Die Physiker und der Schöpfer

Die Erkenntnisse der modernen Physik, insbesonders der Quantentheorie, zwangen die Physiker nicht nur zu einer Aufgabe der mechanistischen Weltsicht. Viele von ihnen lernten ein bewunderndes Staunen über die Vielgesichtigkeit der Wirklichkeit. Und gerade die großen Physiker unseres Jahrhunderts bekunden ganz offen ihre Ehrfurcht vor dem Geist, der in den Gesetzen und Wundern der Natur erkennbar wird.

Für Albert Einstein war die Vernunft, die sich in der Wirklichkeit offenbart, von eminenter Bedeutung:

„Zwar erstrebt die Naturwissenschaft die Aufdeckung von Gesetzen, welche die Verknüpfung und die Voraussage von Tatsachen gestatten, aber das ist nicht ihr einziges Anliegen. Sie bemüht sich auch, die entdeckten Zusammenhänge auf die kleinstmögliche Zahl voneinander unabhängiger Begriffselemente zurückzuführen. In diesem Bemühen um eine rationale Vereinheitlichung der Vielfalt bucht sie ihre größten Erfolge, obwohl sie dabei am meisten Gefahr läuft, Illusionen zum Opfer zu fallen. Aber wer je die erfolgreichen Fortschritte auf diesem Gebiet eindringlich erfahren hat, wird tiefe Ehrfurcht vor der Vernunft empfinden, die sich in der Wirklichkeit offenbart. Durch die Erkenntnis befreit sich der Mensch weitgehend aus den Fesseln seiner Hoffnungen und Wünsche und gewinnt dabei jene demütige Geisteshaltung gegenüber der Erhabenheit der Vernunft, die sich in der Wirklichkeit verkörpert und ihm in ihren letzten Tiefen unzugänglich ist. Diese Einstellung scheint mir aber im höchsten Sinne des Wortes religiös zu sein."

Sir James Jeans erkennt in den Naturgesetzen die Denkgesetze eines universalen Geistes. Das Universum ist seiner Meinung nach eine Welt des reinen Denkens, das durch einen Denkakt entstand. Dieses Weltall besitzt Eigenschaften, „die auf eine Art **Fernwirkung** sowohl im Raum wie auch in der Zeit zu deuten scheinen - als ob jedes Stückchen im Weltall wüßte, was andere entfernte Stückchen tun, und demnach handelte." Es ist ein All, in dem der Geist die Materie beherrscht:

„Das Weltall sieht allmählich mehr wie ein großer Gedanke als wie eine große Maschine aus. Der Geist erscheint im Reich der Materie nicht mehr als ein zufälliger Eindringling; wir beginnen zu ahnen, daß wir in eher als den Schöpfer und Beherrscher des Reiches der Materie begrüßen sollten."

Für Erwin Schrödinger ist unser wahrnehmendes und denkendes Ich mit dem naturwissenschaftlichen Weltbild identisch. Daß jeder Mensch ein eigenes Bewußtsein hat, erweist sich als Irrtum: „Die Vielheit ist bloß Schein; in Wahrheit gibt es nur **ein** Bewußtsein." Diese Weltsicht ist auch in der östlichen Philosophie nicht selten anzutreffen.

Das Erkennen, Fühlen und Wollen, das jeder Mensch als das persönliche und eigene empfindet, ist seinem Wesen nach ewig und unver-

änderlich und ist in allen Menschen vorhanden:
„Du - und ebenso jedes andere bewußte Wesen für sich genommen - bist alles in allem. Darum ist dieses dein Leben, das du lebst, auch nicht ein Stück nur des Weltgeschehens, sondern in einem bestimmten Sinn das **ganze**."

Werner Heisenberg ist von einer zentralen Ordnung der Welt überzeugt. Begriffe, die in den verschieden Weltanschauungen als das **Glück**, der **Wille Gottes** oder der **Sinn** verwendet werden, bringen seiner Ansicht nach die Beziehungen der Menschen zu dieser zentralen Weltordnung zum Ausdruck. Heisenberg ist sich sicher, daß in keinem Bereich der Wirklichkeit der **Zufall** oder die **Willkür** von Bedeutung sind:

„Natürlich wissen wir, daß für uns die Wirklichkeit von der Struktur unseres Bewußtseins abhängt; der objektivierbare Bereich ist nur ein kleiner Teil der Wirklichkeit. Aber auch dort, wo nach dem subjektiven Bereich gefragt wird, ist die zentrale Ordnung wirksam und verweigert uns das Recht, die Gestalten dieses Bereiches als Spiel des Zufalls oder der Willkür zu betrachten."

Max Planck sieht zwischen Religion und moderner Naturwissenschaft keinen Widerspruch, sondern vielmehr wesentliche Übereinstimmungen:

„Sie sind keineswegs im Widerspruch miteinander, sondern sie lauten übereinstimmend dahin, daß erstens eine von den Menschen unabhängige vernünftige Weltordnung existiert und das zweitens das Wesen dieser Weltordnung niemals direkt erkennbar ist, sondern nur indirekt erfaßt beziehungsweise geahnt werden kann. Die Religion benutzt hierfür ihre eigentümlichen Symbole, die exakte Naturwissenschaft ihre auf Sinnesempfindungen gestützten Messungen. Nichts hindert uns also, und unser nach einer einheitlichen Weltanschauung verlangender Erkenntnistrieb fordert es, die beiden überall wirksamen und doch geheimnisvollen Mächte, die Weltordnung der Naturwissenschaft und den Gott der Religion, miteinander zu identifizieren. Danach ist die Gottheit, die der religiöse Mensch mit seinen anschaulichen Symbolen sich nahezubringen sucht, wesensgleich mit der naturgesetzlichen Macht, von der dem forschenden Menschen die Sinnesempfindungen bis zu einem gewissen Grade Kunde geben."

Angesichts dieser Bekenntnisse berühmter Physiker zu einer göttlichen Vernunft oder Weltordnung stellt sich die Frage: Wie sieht heute das Weltbild in der Schwesterwissenschaft Biologie aus? Unter welchen Aspekten betrachten die Biologen unseres Jahrhunderts die Natur?

Ludwig von Bertalanffy sah sich noch 1951 zu der Feststellung genötigt: „Heute befindet sich die Biologie noch in der präkopernikanischen Periode." Wie wir wissen, revolutionierte Kopernikus das astronomische Weltbild. Er verdrängte die Erde aus dem Mittelpunkt der Welt und zeigte, daß in Wirklichkeit die Sonne das Zentrum unseres Sonnensystems bildet.

Da in der Biologie „bisher keine Revolution stattgefunden hat, wie sie die Physik im Innersten erschütterte" (Edmund Sinnott), verharrt sie in einer mechanistischen Betrachtungsweise der Natur. Als „Neodarwinismus" behauptet sich das Gedankengut Darwins äußerst hartnäckig. Seine Auffassungen von der Evolution wurden durch die Erkenntnisse der Molekularbiologie ergänzt. Zusammen bilden sie die mechanistisch fundierte Selektionstheorie. Auch heute noch erscheint vielen biologischen Experten das Leben als eine Summe chemischer und physikalischer Prozesse. Lebewesen werden von ihnen wie Maschinen in Funktionen zerlegt und analysiert.

Biologen wie Rupert Sheldrake, die mit neuen Ideen der Evolutionsforschung entscheidende Impulse zu geben suchen, sind vorläufig noch einsame Leuchttürme in einer materiellen Finsternis.

Treffend formuliert Harold J. Morowitz 1987 die Entwicklung der naturwissenschaftlichen Denkweise in unserem Jahrhundert:

„Mit den Ansichten der Physiker und Biologen im zwanzigsten Jahrhundert ist etwas Merkwürdiges geschehen. Während sich die Biologen stetig auf den Materialismus zubewegt haben, der so kennzeichnend für die Physik des neunzehnten Jahrhunderts war, haben gleichzeitig die Physiker des zwanzigsten Jahrhunderts angesichts zwingender experimenteller Beweise mechanistische Modelle des Universums aufgegeben und nähern sich einer Sehweise an, bei der dem Geist in allen beobachteten physikalischen Ereignissen eine unablösbare Rolle zugebilligt wird."

Kapitel 2
Die Grenzen der Selektionstheorie

Fast einhundertvierzig Jahre ist es inzwischen her, daß Charles Darwin mit seiner Evolutionstheorie das biologische Weltbild entscheidend beeinflußt hat. Welche Umwälzungen haben sich seitdem in der Physik vollzogen! In der Biologie dagegen war allen Versuchen, eine Änderung der Betrachtungsweise herbeizuführen, bislang kein allzu großer Erfolg beschieden. Wie wenig sich in den letzten eineinhalb Jahrhunderten geändert hat, zeigt besonders deutlich der Biologe Richard Dawkins, einer der führenden Vertreter des Neodarwinismus. Noch 1986 vertritt er mit größtem Nachdruck die Ansicht, „daß die Darwinsche Weltsicht nicht nur zufällig richtig ist, sondern daß sie die einzige bekannte Theorie ist, die das Geheimnis unserer Existenz überhaupt lösen konnte.“ Für Dawkins ist die natürliche Auslese eine richtungslose Kraft:

„Die natürliche Zuchtwahl, der blinde, unbewußte, automatische Vorgang, den Darwin entdeckte und von dem wir heute wissen, daß er die Erklärung für die Existenz und scheinbar zweckmäßige Gestalt alles Lebens ist, zielt auf keinen Zweck. Sie hat keine Augen und blickt nicht in die Zukunft. Sie plant nicht voraus. Sie hat kein Vorstellungsvermögen, keine Voraussicht, sieht überhaupt nicht.“

Im achten Kapitel dieses Buches werden wir die Entwicklung des Auges als eine der erstaunlichsten Anpassungen in der Natur kennenlernen. Dawkins sieht sie als Folge von tausend Evolutionsschritten, das heißt als Ergebnis eines langen Ausleseweges:

„Es gab tausend Abzweigungspunkte entlang dieses Pfades, und an jedem dieser Punkte überlebten diejenigen, die zufällig die Richtung zu einer besseren Sehfähigkeit einschlugen. Der Straßenrand ist übersät mit toten Körpern der Versager, die an jedem der tausend aufeinanderfolgenden Weggabelungen die falsche Richtung einschlugen.“

Leider ist Dawkins Feststellung der tausend tödlich endenden Fehlversuche wie so manches in der Selektionstheorie eine reine Behauptung, für die es keine Beweise gibt. In diesem Fall sind es Tierfossilien mit mißratenen Augen, die fehlen. Und damit kommen wir bereits zu einem der entscheidenden Argumente, die gegen den Darwinismus sprechen.

Die Sprunghaftigkeit der Evolution

Die Selektionstheorie behauptet, daß sich die Weiterentwicklung der Lebewesen in ganz kleinen Änderungsschritten im Laufe von Jahrmillionen vollzieht. Eines der Musterbeispiele für diesen Evolutionsablauf ist das Urpferd. Dieses auf drei Zehen laufende, hundgroße Tier entwikkelte sich im Laufe von fünfzig Millionen Jahren allmählich zum heutigen Pferd. Inzwischen sind sich aber die Paläontologen sicher, daß die Evolution zum Teil ganz anders verläuft. Zum einen existieren Arten über extrem lange Zeiträume völlig unverändert, wie Stephen J. Gould feststellt: „Es gibt Arten, die, wie ihre fossile Chronik verrät, über Millionen von Jahren hinweg unverändert bleiben und dann plötzlich verschwinden oder von etwas grundlegend anderem, aber doch eng Verwandtem ersetzt werden." Zum anderen kommt es im Laufe der Evolution immer wieder vor, daß plötzlich in einem Tierstamm gleichzeitig eine ganze Reihe neuer Ordnungen auftauchen, ohne daß entsprechende Übergangsformen zu finden sind. Dieses Phänomen wird als explosive Radiation bezeichnet und steht in völligem Widerspruch zur Selektionstheorie. Deren Anhänger versuchten sich anfangs dadurch zu helfen, daß sie behaupteten, die Fossilfunde seien zu lückenhaft. Doch S.J. Gould sagt ganz klar: „Sicherlich ist die Dokumentation unzulänglich, aber die Entwicklungssprünge, die wir darin finden, sind nicht die Folge von Lücken; sie sind Ausdruck der Sprunghaftigkeit des evolutionären Wandels."

Inzwischen gibt es für diese Sprunghaftigkeit eine ganze Reihe eindeutiger Belege. So bildeten vor etwa fünfzig Millionen Jahren die Säugetiere gleichzeitig in ganz kurzer Zeit fünfundzwanzig neue Ordnungen, angefangen bei Nagetieren und Fledermäusen bis zu Walen, Elefanten und Känguruhs. Im Kambrium sind es wirbellose Tiere, die sich unvermittelt in den verschiedensten Formen entfalten. Und in der Kreidezeit setzt eine erstaunliche Entwicklung der Blütenpflanzen ein, ohne daß Zwischenformen nachweisbar sind.

Derartige Entwicklungssprünge vermag die Selektionstheorie ebenso wenig zu erklären wie eine Eigenart der Evolution, die Richard Goldschmidt schon vor Jahrzehnten auffiel: Es waren zunächst die Tierstämme, dann die Ordnungen und erst zuletzt die verschiedenen Arten die sich herausbildeten. Dies bedeutet, daß sich zuerst die großen, wesentlichen Unterschiede in den Bauplänen der Tiere herausbildeten, während die feinen, geringfügigen Merkmalsabweichungen zwischen den Arten erst viel später erfolgten.

Koexistenz statt Auslese

Im elften Kapitel werden wir zahlreiche Beispiele kennenlernen, die zeigen, daß nicht der Kampf ums Überleben sondern das friedliche Miteinander der Lebewesen die entscheidende Naturkraft ist.

Überall in der Natur sind optimale Anpassungen zu beobachten. Sowohl hinsichtlich des Lebensraumes als auch in Bezug auf die Ernährung. Jede nur erdenkliche Nische wurde erschlossen: das Hochgebirge, arktische Gebiete, die Wüste oder die Tiefsee. Ja sogar heiße Quellen mit einer Temperatur von fünfundneunzig Grad Celsius wurden von bestimmten Bakterien als Wohnstätte gewählt. Es gibt kaum etwas, das nicht irgend einem Lebewesen als Nahrung dient. Selbst Exkremente und Gifte werden von manchen Tieren nicht verschmäht.

Es ist ganz offensichtlich, daß in der Natur einer größtmöglichen Artenzahl Lebensraum geschaffen werden soll. Stets soll sich selbst auf dem kleinsten Raum das vielseitigste Leben entfalten. Dies widerspricht völlig der Vorstellung einer Auslese durch harten Konkurrenzkampf. In der Natur wird kaum selektiert. Im Gegenteil, jede Art erfährt eine optimale Förderung. Kinji Imanishi hat sogar eine eigene Evolutionstheorie aufgestellt, in der die Natur nicht als ein „Kampf ums Dasein, sondern als friedliche Koexistenz der Arten" erscheint.

Neben der Kooperation zwischen verschiedenen Arten existiert noch eine ganz allgemeine Zusammenarbeit zwischen Pflanzen und Tieren. Paul R. Burkholder ist von ihrer fundamentalen Bedeutung überzeugt: „Alle Lebewesen hängen von den vielfältigen Aktivitäten anderer Lebewesen ab, um mit lebenswichtigen Stoffen versorgt zu werden." Ohne umfassende Kooperation der Lebewesen wäre die Evolution überhaupt nicht möglich gewesen. Die Tatsache, daß sie und nicht der Konkurrenzkampf die dominierende Kraft in der Natur ist, bedeutet für den Neodarwinismus: Er hat, da die natürliche Auslese in der Natur offensichtlich keine wesentliche Rolle spielt, einen entscheidenden Teil seines Fundamentes eingebüßt.

Wie entstehen neue Arten?

Die Selektionstheorie vertritt die Auffassung, daß neue Arten durch Mutationen entstehen. Was ihre Anhänger dabei verschweigen, ist der Umstand, daß die Theorie einige ganz wesentliche Probleme nicht zu lösen vermag. So stellt beispielsweise Stephen J. Gould fest, daß die Mutationen als Zufallsprodukte immer um einen Mittelwert streuen. Das heißt ihre unterschiedlichen Richtungen müßten sich gegenseitig aufheben. Brian Charlesworth meint infolgedessen, die natürliche Selektion diene „eher der Bewahrung des Status quo als dem Vorantreiben evolutionärer Veränderungen." Und tatsächlich bleiben, wie wir schon sahen, sehr viele Arten über Jahrmillionen hinweg unverändert bestehen.

Eine weitere Schwierigkeit für die Theorie ergibt sich aus der Entstehung der Tierstämme und Ordnungen. Derart umfassende Änderungen in den Bauplänen lassen sich mit einfachen Mutationen nicht erklären. Bisher hat die Molekularbiologie hierfür keinen Wirkungsmechanismus anzubieten. Im Gegenteil, trotz der riesigen Fortschritte, die dieser Wissenschaftszweig in den letzten Jahrzehnten gemacht hat, ist vieles in der Bedeutung der DNS noch ungeklärt. Die Aufgaben zahlreicher DNS-Abschnitte sind noch unbekannt. Nur wenige Prozent sind für den Aubau des Organismus erforderlich. Wozu die „überflüssige" Hauptmenge der Gene dient, weiß man vorläufig nicht. John M. Smith vertritt die Ansicht, es könne sich bei ihnen um sogenannte Egoistische Gene handeln. Hinter diesen Egoistischen Genen verbirgt sich der Versuch einiger Biologen, die Existenz eines schöpferischen Geistes unnötig erscheinen zu lassen. Es sind intelligente Gene, die auf Selbsterhaltung bedacht sind. Sie steuern die Lebewesen, in deren DNS sie „leben", zu ihrem eigen Vorteil. Nach R. Dawkins „drängen sie sich in riesigen Kolonien im sicheren Innern gigantischer Roboter, abgeschirmt von der Außenwelt; sie kommunizieren mit diesem Roboter auf gewundenen, indirekten Wegen und manipulieren ihn mittels Fernbedienung. Sie sind in dir und in mir, haben unseren Körper und unseren Geist erschaffen, und ihre Existenz hat keinen anderen Grund und kein anderes Ziel als ihre eigene Erhaltung."

Einige Biologen wie Roy J. Britten halten es dagegen für möglich, daß in dem scheinbar überflüssigen Genmaterial der DNS neue Baupläne für zukünftige Arten entwickelt werden. Auf diese Weise könnten auch die häufig aufgetretenen Evolutionssprünge eine Erklärung finden: Die Baupläne für neue Tierstämme und Ordnungen waren bereits in der DNS gespeichert und konnten daher bei Bedarf, etwa geänderten Umweltbedingungen, sofort realisiert werden. Sollte sich dieser innere genetische Mechanismus zur Erzeugung neuer Tier- und Pflanzenformen als richtig herausstellen, dann hätte die Darwinsche Theorie endgültig ihre Bedeutung verloren. Offen bliebe dann allerdings immer noch die Frage, wer einen derartigen Mechanismus steuert. Ist es, wie die betreffenden Biologen vermuten, ein Selbstorganisationsprozeß? Lenkt also das Leben seine Entwicklung selbst? Oder wirkt hier ein schöpferischer Geist auf dem Wege über die Gene?

Sicher ist, daß auf dem Gebiet der Molekulargenetik noch manche Überraschung zu erwarten ist. David Bohm hält es für nicht unwahrscheinlich, daß eines Tages die mechanistischen Vorstellungen der Molekularbiologie das gleiche Schicksal erleiden, das der klassischen Physik bereit vor Jahrzehnten beschieden war.

Sicher ist ferner, daß der Behauptung der Selektionstheorie, neue Arten entstünden durch Auslese geeigneter Mutationen, die Erfahrungen sämtlicher Pflanzen- und Tierzüchter entgegenstehen. Trotz aller ihrer Erfolge gelang es ihnen nicht, neue Arten zu schaffen. Auch Tausende von Generationen führten, wie Robert Augros und George Stanciu konstatieren, zu keiner neuen Tierart:

„Seit Beginn unseres Jahrhunderts führt man genetische Experimente an Fruchtfliegen durch. Sie werden Röntgenstrahlen und anderen Behandlungen ausgesetzt, die ihre Mutationsrate bis auf das Hundertfünfzigfache der normalen Rate erhöhen; Tausende von Generationen wurden aufgezogen und genau beobachtet. Diese Versuche haben Nachkommen mit gefransten Flügeln, mit Stummelflügeln, flügellose Tiere und andere Variationen hervorgebracht, doch alle diese Tiere waren deutlich Fruchtfliegen. Keine Käfer, keine Gottesanbeterinnen, keine Schmetterlinge. Nicht einmal eine neue Fliegenart."

Die Zielgerichtetheit der Natur

In den späteren Kapiteln dieses Buches werden wir zahlreiche Anpassungen kennenlernen, die nur unter Ausrichtung auf ein Ziel entstehen konnten. Ob es der Entwicklungskreislauf des Leberegels, die von Orchideen vorgetäuschten Insektenweibchen oder die fleischfressenden Pflanzen sind. Ihre Anpassungen können nach Auffassung von Sir Alister Hardy „kaum das Ergebnis von ausschließlich physikalisch-chemischen Mechanismen sein." R. Augros und G. Stanciu sprechen es noch deutlicher aus: „Die Realität einer Zielgerichtetheit spricht dafür, daß hinter der Natur ein Geist steht, da intelligenzlose Dinge nicht auf ein Ziel hin handeln, sofern sie nicht von einer seperaten Intelligenz dazu angeleitet werden."

Ganz besonders gilt dies auch im Hinblick auf die Passionsblume. Um sich vor Freßfeinden zu schützen, besitzt sie in ihren Blättern ein hochwirksames Gift. Nur dem Passionsfalter vermag dieses Gift nichts anzuhaben. Seine Raupen nehmen es beim Fressen nicht nur ungestraft auf, sondern speichern es sogar in ihrem Körper. Dadurch sind sie ihrerseits vor gefräßigen Vögeln sicher.

Obwohl das Gift gegen den Passionsfalter versagt, ist sie ihm nun durchaus nicht hilflos ausgeliefert. Sie vermag sich zu tarnen, indem sie in Bodennähe die Blätter der dort wachsenden Pflanzen imitiert. In den Baumkronen dagegen, bis zu denen sie sich emporrankt, verleiht sie ihren Blättern das Aussehen jener Baumblätter. Doch der Falter weiß sich seinerseits wieder zu helfen. Mit seinem Geschmackssinn in den Fußspitzen spürt er die Blätter der Passionsblume sicher auf. Die aber hat noch zwei Abwehrwaffen parat. Erstens ruft sie Ameisen zu Hilfe. Mit Nektardrüsen auf den Blättern lockt sie diese Raupenfeinde an. Diejenigen Blätter, auf denen sich Ameisen aufhalten, sind damit vor dem Schmetterling sicher. Für die übrigen Blätter hält die Blume noch einen besonderen Trumpf in der Hand. Sie „weiß", daß der Passionsfalter auf jedes Blatt nur ein Ei legt, da seine Raupen sich sonst gegenseitig auffressen würden. Und dieses Wissen nutzt die Passionsblume aus. Sie hat ihren gelben Nektardrüsen das Aussehen von Passionsfaltereiern verliehen! Der Schmetterling muß demnach glauben, die Blätter seien schon von anderen Passionsfalterweibchen mit Eiern belegt worden. Nur die kleinen Nebenblätter tragen keine derartigen Eiimitationen. Der Falter legt daher jeweils ein Ei auf eines dieser noch eifreien Blattgebilde. Und damit begeht er einen entscheidenden Fehler. Denn noch bevor eine Raupe schlüpfen kann, wirft die Blume das

betroffene Nebenblatt ab. Das heißt sie hat den Passionsfalter gleich doppelt ausgespielt.
Soll ein derartiges trickreiches Kräftemessen zwischen einer Blume und einem Schmetterling wirklich nur das Ergebnis einer Auslese von Zufallsmutationen sein? Oder die erfolgreichen Manipulationen sinnvoll handelnder Gene?

An dieser Stelle sei eine grundsätzliche Frage erlaubt. Wenn die Anhänger eines mechanistischen Weltbildes einen inneren genetischen Mechanismus annehmen, der intelligent und selbsttätig sämtliche Entwicklungsprozesse organisiert und steuert, verleihen sie dann nicht diesem Mechanismus geistige Eigenschaften, die auch ein äußerer schöpferischer Geist besitzt? Bedeutet das nicht, das jene geistige Innenkraft und ein schöpferischer Geist des Universums letztlich das Gleiche sind? Es ist doch wohl kein prinzipieller Unterschied, ob der Geist, in den Mantel einer mechanistischen Selbstregulierung gehüllt, dem lebenden Organismus innewohnt oder dessen Entwicklung von außen her lenkt.

Gibt es eine Selbstorganisation des Universums?

Wie wir gesehen haben, vermag die Selektionstheorie ganz wesentliche Fragen der Evolution nicht zu beantworten. „Alles in allem ist die Evolution", wie Gordon R. Taylor vermerkt, „beinahe eben noch so rätselhaft wie vor Darwin und seiner These. Die natürliche Auslese erklärt einen kleinen Teil von allem, was geschieht: Der große Rest bleibt ungeklärt. Der Darwinismus ist nicht so sehr eine Theorie als vielmehr ein Teilstück einer Theorie, die noch nicht formuliert wurde."

Manche Biologen setzen deshalb neuerdings ihre Hoffnung auf das Prinzip der Selbstorganisation. Sie glauben, mit einem universalen Organisationsmechanismus die Entwicklung des Kosmos und sämtlicher darin enthaltenen Erscheinungsformen, einschließlich des Lebens, erklären zu können. Doch ist dies mehr als ein erneuter Versuch, die mechanistische Weltsicht zu retten? John Davidson sieht jedenfalls das

entscheidende Problem weiterhin ungelöst:
„Der heutige naturwissenschaftliche Mensch hält sich selbst für ein Zufallsprodukt von Staub und Wasser - wenn er auch einräumt, daß in der Welt der Atome und Moleküle, ja in allen Lebensformen, ein sehr hoher Grad von Ordnung und Organisation herrscht. Aber die materialistische Sicht kann nicht erklären, wie diese Organisation entsteht und wie sie gewahrt wird. Deshalb ist jetzt das Schlagwort Selbstorganisation modern geworden. Aber niemand wüßte zu sagen, woher diese Fähigkeit der Selbstorganisation kommt."

Den Anstoß für die Entwicklung einer Theorie der Selbstorganisation gab das Verhalten bestimmter chemischer Reaktionssysteme. Einigen Forschern wie Ilya Prigogine gelang es, die Vorgänge mathematisch genau zu beschreiben. Dabei erkannten sie, daß es sich um selbst organisierende Systeme handelt. Anschließend versuchten sie, das darin enthaltene dynamische Prinzip auf die Evolution des gesamten Universums und damit auch auf die Entfaltung des Lebens zu übertragen. Nach Erich Jantsch wird es jetzt möglich, „Evolution als komplexes, aber ganzheitliches dynamisches Phänomen einer universalen Entfaltung von Ordnung zu sehen, die sich in vielen Aspekten manifestiert, als Materie und Energie, Information und Komplexität, Bewußtsein und Selbstreflexion. Es ist nicht mehr nötig eine eigene Lebenskraft anzunehmen, die von den physikalischen Kräften getrennt wäre."

Das Prinzip der Selbstorganisation ist zweifellos mathematisch gut fundiert. Nur, vermag es das Leben wirklich zu erklären? George G. Simpson stellt an die Biologen die Forderung:

„<Wie?> ist die typische Frage in den physikalischen und chemischen Wissenschaften. Sie ist oft die einzige Frage, die eine Bedeutung hat oder überhaupt gestellt werden darf. Sie muß immer auch in der Biologie vorgebracht werden, und die Antworten darauf kann man häufig mit den Begriffen der physikalischen Wissenschaften geben. Doch die Biologie kann und muß noch weitergehen. Hier ist die schreckliche teleologische Frage <Wozu das?> nicht nur angebracht, sondern muß angesichts jeder Erscheinung des Lebens gestellt werden."

Die Selbstorganisationstheorie vermag aber weder die Frage nach dem Zweck noch nach den Ursachen zu beantworten. Und damit leistet sie letzten Endes auch nicht mehr als die Selektionstheorie. Beide beschreiben lediglich die Naturphänomene, ohne sie erklären zu können. Das heißt sie beschränken sich auf das Feststellen von Sachverhalten. Ein Vergleich mag uns dies veranschaulichen. Wie würde wohl jemand, der von moderner Technik noch keine Ahnung hat und zum ersten Mal in einem Autowerk vor einer vollautomatischen Fertigungsstraße steht, auf die Frage antworten: „Wer stellt die Fahrzeuge her?" Müßte er nicht angesichts der Roboter, die die Einzelteile herbeitransportieren, aufeinandersetzen, zusammenschrauben und verschweißen, zu der Ansicht gelangen, daß diese selbsttätigen Maschinen die Hersteller der Autos sind? Woher sollte er wissen, daß die gesamte Anlage menschlichem Geist ihre Entstehung verdankt und daß es dessen Programme sind, die den Fertigungsablauf steuern.

Ganz ähnlich verhält es sich mit den intelligenten Genen oder genetischen Programmen oder Selbstorganisationsprozessen. Eines Tages werden die Chemiker, Physiker und Biologen vielleicht die genauen Reaktionen kennen, die bei den verschiedenen Lebensvorgängen ablaufen. Sie werden wissen, wie sich die Moleküle organisieren und welchen Gesetzmäßigkeiten sie dabei folgen. Doch auch dann werden sie noch nicht in der Lage sein, über den Geist, der alles entworfen hat und lenkt, irgendwelche Aussagen zu machen.

Kehren wir in diesem Zusammenhang nochmals zu den Tier- und Pflanzenzüchtungen zurück, auf die schon Darwin bei seiner Erklärung der Artenbildung Bezug nahm. Wie stark wurde beispielsweise des Erscheinungsbild des Hundes innerhalb von nur wenigen Jahrtausenden verändert. Wie hat sich die Gestalt des Vorfahren aller heutigen Hunderassen, des Wolfes, dabei vielfach gewandelt: zu schlanken Windhunden, flachgesichtigen Pekinesen oder kurzbeinigen Dackeln. Je nach Züchtungsziel wurden in mühevoller Geduldsarbeit von den Züchtern die geeigneten Mutationen ausgelesen. Solange bis die Tiere den jeweiligen Wunschvorstellungen entsprachen. In allen Fällen aber war es der menschliche Geist, der die Ideen entwickelte und den Züchtungsverlauf steuerte. Ohne das intensive Wirken menschlichen Geistes sähen die Hunde auch heute noch wie Wölfe aus.

In welcher grandiosen Weise hat sich das Leben in dreieinhalb Milliarden Jahren hier auf unserer Erde entfaltet. Daran gemessen erscheinen selbst die erstaunlichsten Züchtungserfolge nahezu bedeutungslos. Und ausgerechnet diese einzigartige Evolution des Lebens soll keinen geistigen Urheber besitzen? Soll einfach aus sich selbst heraus entstanden sein?

Sind es wirklich die so oft wegen ihres Schöpfungsglaubens belächelten Vitalisten, die an der Realität vorbeigehen? Oder ist es nicht eher das Heer der Materialisten, auch wenn auf deren Seite der „Zeitgeist“ steht?

Kapitel 3
Gehört den Vitalisten die Zukunft?

Jahrhunderte lang war es für die meisten Menschen, einschließlich der Naturwissenschaftler, eine Selbstverständlichkeit, daß die Natur, ja der gesamte Kosmos das Werk eines Schöpfers ist. Erst im vorigen Jahrhundert bahnte sich ein deutlicher Wandel an. In gleichem Maße, in dem die naturwissenschaftliche Erkenntnis und die Technik immer größere Fortschritte machte, wuchs auch der Glaube an die Macht der Wissenschaft. Selbstbewußte Wissenschaftler zergliederten und analysierten die Natur, sogar die Lebewesen und sahen in ihnen in zunehmenden Maße das Produkt physikalischer und chemischer Gesetzmäßigkeiten. Ja es schien ihnen nur eine Frage der Zeit zu sein, bis sich die ganze Natur als eine einzige riesige Maschinerie erweisen würde, die sich aus eigener Kraft erschaffen hat und selbst reguliert. Ein Schöpfer schien immer überflüssiger zu werden.

Daher wirkte es für die Physiker unseres Jahrhunderts wie ein Schock, als sie feststellen mußten, daß es Naturphänomene gibt, die sich einer mechanistischen Deutung entziehen. Doch diese Erfahrungen der Physiker beeindruckten die meisten Biologen nicht. Sie versuchen im Gegenteil, zum Teil mit aufwendigen Modellrechnungen, eine sich selbst organisierende Welt zu beweisen. Für einen Schöpfer scheint in der Tat in unserer vom technischen Fortschritt bestimmten Zeit kaum Platz zu sein. Menschlicher Geist und Erfindungsreichtum bestimmen unser Leben. Er ist für sehr viele zum Ersatzgott unseres Jahrhunderts geworden. Großartig erscheinen seine Schöpfungen: Autos, Flugzeuge, Computer. Wohin wir auch blicken, sehen wir Gegenstände, die ihre Entstehung diesem Geist verdanken. Nur für das Zustandekommen der kompliziertesten Gebilde dieser Welt, für uns Menschen und die übrigen

Lebewesen, gelten nach Meinung vieler Biologen andere Entstehungsgesetze: Nicht ein geistiger Urheber ist für unsere Existenz verantwortlich; sondern die Selbstorganisation der Materie war es, die uns erschuf!

Die „Lebenskraft" der Vitalisten

Glücklicherweise gab es immer wieder und gibt es auch in unserem Jahrhundert Biologen, die sich ihren Weitblick nicht von materialistischen Zeitströmungen trüben lassen. Es sind dies die heute oft von ihren wissenschaftlichen Gegnern als nicht mehr zeitgemäß angesehenen Vitalisten. Es sind Wissenschaftler, die eine teleologische Auffassung von der Evolution vertreten, das heißt, die der Meinung sind, daß die Evolution zweckgerichtet ist. Manche von ihnen zeichnen sich auch durch eine finalistische Sichtweise aus. Sie sind überzeugt, daß die Entwicklung des Lebens von einem göttlichen Endziel her bestimmt ist. Der Name „Vitalisten" leitet sich von der „vis vitalis" ab, einer Lebenskraft, die für die Enstehung und Entfaltung des Lebens verantwortlich ist.

Zu ihren Vorläufer zählte der Naturtheologe William Paley, der bereits zu Beginn des 19. Jahrhunderts eine vitalistische Weltsicht vertrat. Berühmt ist sein Uhrengleichnis: Jemand, der bei einem Heidespaziergang eine Taschenuhr auf dem Erdboden findet, gelangt zu der Einsicht, daß ein Hersteller dieser Uhr existieren muß, der ihren Aufbau verstand und ihre Herstellung sorgfältig plante. So wie die Uhr einen Uhrmacher als Schöpfer besitzt, ist es Gott, der sämtliche Werke der Natur erschaffen hat.

Für Henri Bergson existiert eine nie versiegende Lebenskraft, die er „elan vital" nennt. Diese Lebenskraft organisiert die Entstehung aller Lebensformen und wird immer stärker, je weiter sich das Leben entwickelt.

Hans Driesch dagegen bezeichnet die zielgerichtete Lebenskraft, die die Entfaltung des Lebens vorantreibt, als Entelechie. Diese ordnet die physikalischen und chemischen Prozesse der Organismen und steuert sie auf ein Ziel hin.

Der Punkt Omega ist das Ziel

Teilhard de Chardin unternimmt als erster den Versuch, die naturwissenschaftliche Weltsicht mit der christlichen Lehre zu verknüpfen. Er ist davon überzeugt, daß sich die Schöpfung auf ein von Gott bestimmtes Endziel zubewegt. Die Tiefe seiner Gedanken veranlaßten sogar Julian Huxley, einen der Mitbegründer des Neodarwinismus, zu der anerkennenden Äußerung:

„Sein Einfluß auf das Denken der Welt muß zwangsläufig bedeutend sein. Dadurch, daß er ein weitgefächertes naturwissenschaftliches Wissen mit tiefem religiösen Empfinden und einem strengen Sinn für Werte verbindet, hat er die Theologen gezwungen, ihre Gedanken in der neuen Perspektive der Evolution zu sehen, und die Naturwissenschaftler, die Auswirkungen zur Kenntnis zu nehmen, die ihr Wissen auf das spirituelle Leben hat. Er hat unsere Sehweise der Wirklichkeit nicht nur erhellt, sondern auch vereinheitlicht."

Für Teilhard de Chardin läuft die Evolution von der Materie über das Leben bis hin zu einer Entfaltung des Geistes. Ziel der geistigen Entwicklung des Universums ist der Punkt Omega. Bei seinem Forschen erkannte Teilhard de Chardin , wie es N. M. Wildiers formuliert, „immer klarer, daß das Christentum, in seinem innersten Wesen verstanden, wie es besonders in den Briefen des heiligen Paulus aus der Gefangenschaft hervortritt, als Krönung und Abschluß jeder kosmischen Evolution betrachtet werden muß. Christus ist für Teilhard de Chardin wie für Paulus die Achse und das Ziel des ganzen Weltgeschehens, er ist der geheimnisvolle Punkt Omega, in dem alle aufstrebenden Kräfte zusammenlaufen."

Auf dem Wege zum kosmischen Bewußtsein

Der Molekularbiologe Carsten Bresch sieht das Endziel der Evolution in der Bildung eines kosmischen Bewußtseins. Der Weg zu diesem Ziel vollzieht sich in drei Stufen. Am Anfang steht die Evolution der Materie. Dann folgt die biologische Evolution des Lebendigen und schließlich die Evolution des Geistes.

In der gesamten Evolution sieht C. Bresch eine fortlaufende Weiterentwicklung von Mustern. Zunächst entstanden einfache Muster von Molekülen. Später war das Muster der DNS von entscheidender Bedeutung für die Entfaltung des Lebens. Zuletzt waren es intellektuelle Muster, die sich in den immer leistungsfähigeren Gehirnen der Lebewesen weiterentwickelten und damit zu einer Evolution des Geistes führten.

Heute stehen die Menschen unmittelbar vor dem vorletzten Evolutionsschritt, der Vereinigung aller Individuen zu einem einzigen, riesigen intellektuellen System: der >>Menschheit<<.

„Alle Muster unserer Erdkugel werden dann zu einem riesigen >>intellektuellen Organismus<< verbunden sein - zu einem einzigen! Um dessen Singularität zu betonen, wollen wir solche Struktur ein >> M O N O N << nennen.

Das Nachrichtensystem des Planeten ist das >>Nervennetz<< des Monon. Pflanzen, Tiere, Bergwerke und Fabriken sind seine >>Organe<<, die Menschheit mit Museen, Theatern, Konzertsälen, Behörden, Bibliotheken, Computern und Gotteshäusern ist der allessteuernde Träger seines Wissens und Fühlens."

Auch das Leben auf anderen Planeten des Universums entwickelt sich zu derartigen Mononen. Eines Tages dann, in ferner Zukunft, werden sich diese Millionen von Mononen zu einer Gesamtheit vereinen:

„Irgendwann - irgendwo - überall im Universum - werden Wesen mit Gefühl und Verstand Ähnliches erfahren und Ähnliches denken, wenn ihr individuelles Sein kosmisches Bewußtsein gewinnt - wenn sie sich als Teil des Universums erkennen, als Teil einer Entwicklung vom Chaos zum Kosmos.

Die Muster aller Welten werden zusammenfließen zu einer Gesamtheit, die in ständig beschleunigtem Wechsel ihrer Struktur der Volkommenheit zustrebt.

Das Wissen des Alls wird zur Allwissenheit.

Dann - nach unendlich langer Zeit - wird diese eine Gesamtheit der Muster in unermeßlich schnellem Wandel ihrer Gestalt zugleich die Gestalt aller Muster enthalten.

Alles Harmonische wird dann gleichzeitig sein, ewig aufgehoben im Alles Umfassenden.“

Naturwissenschaft und Glaube sind vereinbar

Eine Reihe namhafter Wissenschaftler bemühen sich um eine Synthese zwischen naturwissenschaftlichem Denken und christlichem Glauben. Neben Teilhard de Chardin gehören vor allem Joachim Illies, Hoimar von Ditfurth und Robert J. Berry zu ihnen.

Hoimar von Ditfurth versucht eine Antwort auf die Frage zu geben: „Kann man an die Existenz oder gar an die tätige Anwesenheit eines Gottes in einem Universum glauben, das sich nach einigen Jahrhunderten naturwissenschaftlicher Forschung unserem Verstand als erklärbar zu präsentieren begonnen hat?“ Er ist überzeugt, „daß die naturwissenschaftliche und die religiöse Deutung der Welt und des Menschen miteinander in Einklang zu bringen sind.“ Für Hoimar von Ditfurth ist der gesamte Kosmos ein einzigartiger Schöpfungsprozeß. Dessen Evolution gipfelt in einer Höherentwicklung des Bewußtseins und des Erkenntnisvermögens. Der Mensch ist keinesfalls die Krone der Schöpfung. Wir haben erst die unterste Erkenntnisstufe erreicht, sind „mit unseren psychischen Fähigkeiten nichts als ein erster matter Abglanz der Prinzipien, die alles hervorgebracht haben.“ Die Strategien, die die Evolution in Gang setzten und stetig vorantreiben sind „als der Widerschein jener transzendentalen Ordnung aufzufassen, ohne die es in unserer Welt keine geordneten Strukturen gäbe.“

Bis jetzt hat die Evolution unser Gehirn auf einen Entwicklungsstand gebracht, „der in ihm einen ersten Reflex des Geistes einer jenseitigen Wirklichkeit entstehen läßt.“ Unser Erkenntnisvermögen vermag sich jedoch in der Zukunft weiterzuentwickeln. Dabei werden dem Menschen Bereiche der Realität zugänglich, die vorläufig noch der Transzendenz angehören. Heute schon dürfte es andere Planeten im Universum geben, auf denen Bewußtsein und Erkenntnisstand weiter fortgeschritten sind. Dennoch wird keine dieser Bewußtseinsformen für sich allein in der Lage sein, zu einer allesumfassenden Einsicht zu gelangen. „Aber könnten sie alle zusammengenommen, könnte ihre gemeinsame Anstrengung sich nicht am Ende der Zeit als groß genug erweisen, die Evolution mit einem Akt der Erkenntnis abzuschließen, der die Wahrheit des ganzen Kosmos begreift?“ Hierin liegt das Ziel der Evolution. Sein Erreichen bedeutet das Ende der Entwicklungsgeschichte des Kosmos. Es entspricht dem >> Jüngsten Tag << der Religion. Es ist jener zukünftige Augenblick, „in dem der GEIST diese Welt in sich aufgenommen haben wird. >>Der Tag wird kommen, da es keinen Menschen, nur den Gedanken geben wird.<< „

Ein Plus für den Vitalismus

Die Vitalisten werden heute von den Neodarwinisten als nicht mehr zeitgemäß betrachtet. Eine derartige Haltung läßt erkennen, wie extrem die Gegensätze zwischen den beiden Richtungen sind. Sie vermag jedoch keine Antwort auf die Frage zu geben, wessen Vorstellungen der Realität näher kommen. Ebenso sind hier Mehrheitsverhältnisse ohne Bedeutung. Auch wenn eine mechanistische Weltauffassung unserem technischen Zeitalter eher zu entsprechen scheint, sollten deren Vertreter bedenken, was Hans-Peter Dürr und zahlreiche andere Wissenschaftler klar erkannt haben: „daß die uns so handgreiflich zugängliche materielle Welt sich immer mehr als Schein entpuppt und sich in eine Wirklichkeit verflüchtigt, in der nicht mehr Dinge und Materie, sondern Form und Gestalt dominieren. Das Höhlengleichnis Platons, in dem die von uns wahrnehmbare Welt nur als Schatten einer eigentlichen Wirklichkeit, der Welt der Ideen, aufgefaßt wird, kommt einem in diesem Zusammenhang immer wieder in den Sinn." Das Gleiche gilt für die Feststellung Hoimar von Ditfurths: „Transzendentale Realität ist um nichts weniger real als die von uns erlebte Welt. Ich brauche hier nicht nochmals zu wiederholen, welchem Vorurteil wir abermals aufsäßen, wenn wir der Versuchung erliegen würden, dem von uns erlebten winzigen Ausschnitt des objektiv Existierenden allein deshalb, weil er innerhalb unseres, des menschlichen Erkenntnishorizonts liegt, einen höheren Grad an Realität zuzuerkennen als dem ganzen gewaltigen Rest."

Es bleibt den Mechanisten natürlich anheimgestellt, Teilerkenntnisse von der Wirklichkeit für das GANZE zu halten. Nur dürfen sie nicht erwarten, daß andere bei ihren Reflexionen zu dem gleichen Ergebnis gelangen.

Nicht vergessen sollten sie auch die kritische Einstellung der Philosophen zu der Selektionstheorie. Ernst Mayr, einer der geistigen Väter des Neodarwinismus, stellt mit Bedauern fest:

„Seit Kant herrschte unter denen, die sich mit der Philosophie des Lebendigen befaßten, die teleologische Betrachtungsweise vor. Vielleicht die einzige Ausnahme war der Tübinger Philosoph Sigwart. Auch heute noch erfreut sich die Selektionslehre bei vielen deutschen Philosophieprofessoren keiner großen Beliebtheit, um es einmal milde auszudrücken."

Vor allem sollten die Neodarwinisten zwei Mahnungen Karl Poppers beherzigen. Erstens: „In unserer Wissenschaft stecken viele Irrtümer. Das war immer so. Der wissenschaftliche Fortschritt besteht darin, diese Irrtümer zu finden und durch etwas Besseres zu ersetzen: durch eine bessere Hypothese." Und zweitens: „Was man in der Wissenschaft, oft mit Recht, als einen Durchbruch ansieht, ist immer etwas Unerwartetes. Also etwas, das auch für den Spezialisten, für den Experten, für die angebliche Autorität unerwartet war. Eine große Entdeckung steht gewöhnlich mit dem im Widerspruch, was die besten Wissenschaftler zu wissen glaubten.“

Es sieht im Augenblick nämlich sehr danach aus, als ob ein solcher Durchbruch in absehbarer Zukunft erfolgen könnte. Es gibt erste Hinweise darauf, daß in der Evolution Kräfte am Werke sind, die sich einer mechanistischen Deutung entziehen. Sie könnten völlig neue Perspektiven für die biologische Forschung eröffnen, vorausgesetzt, man tritt ihnen nicht genau so ablehnend gegenüber wie dem Lamarckismus.

Lassen sich erworbene Eigenschaften vererben?

Ende des 18. Jahrhunderts, Jahrzehnte vor Darwin, hatte der französische Zoologe Jean Baptiste Lamarck die Evolution der Lebewesen bereits klar erkannt. Er war der Ansicht, daß bei der Weiterentwicklung der Tiere und Pflanzen Umwelteinflüsse eine wesentliche Rolle spielen. So führt seiner Meinung nach das rauhe Gebirgsklima zu einem niedrigen Wuchs der Pflanzen. Bei der Maulwurfsgrille war der ständige Gebrauch der Vorderbeine zum Graben von Erdgängen der Anlaß für deren Umwandlung in regelrechte Grabpfoten. Das fortwährende Rudern mit den Beinen wirkte bei den Wasservögeln als Auslöser für die Bildung von Schwimmhäuten.

Lamarck war überzeugt, daß sich derartige im Laufe der Zeit durch Gewöhnung erworbene Eigenschaften weitervererben. Auch für Darwin war die Vererbbarkeit erworbener Eigenschaften eine Selbstverständlichkeit. Erst die heutigen Neodarwinisten sind nicht bereit, diese zu akzeptieren. Sie stützen ihre ablehnende Haltung besonders auf den Umstand, daß die Molekularbiologen bislang keinen Mechanismus entdeckt haben, durch den erworbene Verhaltensmuster auf die Gene übertragen werden könnten. Häufig werden auch von ihnen die Mißerfolge des russischen Lamarckisten Trofim D. Lysenko bei der Züchtung neuer Pflanzensorten als Argument ins Feld geführt.

Lysenko wurde in der Sowjetunion während der stalinistischen Ära zum führenden Genetiker. Der Lamarckismus bedeutete in jener Zeit eine willkommene Bestätigung der Auffassung, daß der Mensch durch äußere Einflüsse formbar sei. Da Lysenko glaubte, sich über die Mendelschen Erbregeln hinwegsetzen zu können, waren die Fehlschläge bei seinen Züchtungen geradezu vorprogrammiert: Neue Weizensorten, die die Erwartungen an Ertrag und Ressistenz nicht erfüllten; Rinderneuzüchtungen, die eine vorausgesagte Erhöhung des Fettgehaltes in der Milch nicht erbrachten; oder Sommerrüben, die Trockenböden nicht vertrugen.

Zahlreiche Beobachtungen sprechen jedoch dafür, daß sich Umwelteinflüsse innerhalb größerer Zeiträume genetisch verankern. Besonders augenfällig ist das Beispiel der Höhlenfische. Diese Fische leben seit Jahrtausenden in den Seen von unterirdischen Grotten. Sie haben ihre in der Dunkelheit überflüssigen Augen völlig zurückgebildet. Heute sind sämtliche Nachkommen dieser Fische augenlos. Eine ebenfalls sehr eindrucksvolle Bestätigung der Theorie Lamarcks liefern die Schwielen von Strauß, Kamel und Warzenschwein. Beim Strauß befinden sich die Schwielen an der Brust und am Schambein, beim Warzenschwein und Kamel an den Knien. Es sind jeweils die Stellen, die beim Sitzen oder Niederknien der Tiere den Erdboden berühren. Derartige Schwielen könnten sich natürlich auch durch regelmäßige Beanspruchung der Hautstellen bilden, so wie bei uns an Händen oder Fußsohlen oftmals bei starker Hautbelastung Hornschwielen entstehen. Doch bei diesen drei Tierarten kommen die Jungen bereits mit Schwielen an den betreffenden Körperstellen zur Welt. Sie sind ihnen angeboren, das heißt sie werden inzwischen vererbt.

Auch Verhaltensänderungen von Tieren scheinen vererbbar zu sein. Hierfür spricht beispielsweise das Verhalten der Weidenspinnerraupe. Diese Raupe wickelt sich bei ihrer Verpuppung in ein Blatt ein. Dabei beginnt sie stets mit der Blattspitze. Im Experiment wurden nun zahlreichen Blättern, in die sich Raupen gerade einwickeln wollten, die Spitzen abgeschnitten. Daraufhin begannen die Raupen, das Blatt vom Seitenrand her um sich zu wickeln. In der nächsten Raupengeneration fingen wider Erwarten rund ein Viertel der Nachkommen nicht mit der Blattspitze sondern wie ihre Eltern mit dem Blattrand an. Sie hatten offensichtlich die Verhaltensänderung von ihnen geerbt.

Noch deutlicher waren die Züchtungsergebnisse von Tabakpflanzen, deren Wachstum man mit unterschiedlicher Düngung beeinflußt hatte. Falls, wie die allgemeine Lehrmeinung besagt, äußere Einflüsse nicht vererbbar sind, müßten sich die Größenunterschiede bereits in der nächsten Generation wieder ausgleichen. Bei ihren Versuchen erhielten die Forscher jedoch eine besonders große und eine besonders kleine Abart, die sie zwanzig Jahre lang weiterzüchten konnten. Kreuzten sie die beiden Varietäten miteinander, so waren deren Nachkommen so beschaffen, als wäre die Kreuzung zwischen zwei reinen Rassen erfolgt. Dies bedeutet, daß es bei den Züchtungsexperimenten zu genetischen Veränderungen gekommen war.

Da die Vererbung erworbener Eigenschaften nach wie vor umstritten ist, sollten wir auf jeden Fall zwei Dinge nicht vergessen. Erstens wird der Lamarckismus durch die Tatsache, daß die Molekularbiologen für ihn vorläufig keine Erklärungsmöglichkeit sehen, nicht stärker in Frage gestellt als der Neodarwinismus durch die Tatsache, daß es seinen Anhängern bis heute nicht gelang, auf dem Wege über Mutationen eine neue Art zu züchten. Zweitens müssen wir damit rechnen, daß sich äußere Einflüsse gar nicht durch mechanistische Vorgänge im Erbgut manifestieren, sondern durch biologische „Felder" oder ähnliche Wirkungsprinzipien. Was hierunter zu verstehen ist, wird uns das nächste Kapitel zeigen.

Kapitel 4
Gibt es ein kollektives Gedächtnis ?

Seit einigen Jahren existiert ein völlig neues nichtmechanistisches Erklärungsmodell der Evolution. Es ist dies die **Hypothese der Formenbildungsursachen**, die der englische Biologe Rupert Sheldrake aufgestellt hat. Seine Idee, daß eigene Felder für die Entstehung sämtlicher Formen in der Natur, angefangen bei Kristallen über Pflanzen und Tiere bis zum Menschen hin, verantwortlich sind, wirkt ähnlich revolutionär wie im vorigen Jahrhundert Darwins Evolutionstheorie. Wie damals reichen die Reaktionen von erbitterter Ablehnung bis zu der Ahnung, daß Sheldrake möglicherweise eine Umwälzung des biologischen Weltbildes eingeleitet hat. So sieht das Wissenschaftsmagazin **Nature** in Sheldrakes Buch „Das schöpferische Universum" einen Top-Kandidaten für eine Bücherverbrennung. Nicholas Humphrey dagegen vermerkt zu seinem zweiten Buch: „Wenige von uns erkennen Revolutionen in ihrem Anfangsstadium. Wer jedoch in der Zukunft einmal sagen will < Ich war dabei > , der sollte **Das Gedächtnis der Natur** lesen. Es könnte sein, daß die Revolution gerade hier geschieht."

Sheldrakes Thesen setzen sich über die vertrauten Vorstellungen der Evolutionsbiologen hinweg. Zwar gab es in den letzten Jahrzehnten nach der Synthesetheorie der Neodarwinisten verschiedene weitere Theorien, die eine Erklärung der Evolution versuchten. Es waren jedoch stets Deutungsversuche, denen mechanistische Vorstellungen zugrunde lagen. Sheldrakes Hypothese dagegen führt die evolutionären Fortschritte auf veränderbare Felder zurück, die sich gegenseitig beeinflussen und weiterentwickeln. Dies aber bedeutet einen völligen Bruch mit der mechanistischen Sichtweise.

Für derartige organisierenden Felder scheint in dem physikalischen

Weltbild kein Platz zu sein. Elektrische und magnetische Felder oder Gravitationsfelder sind wohldefinierte physikalische Erscheinungen. Aber formbildende Felder? Vielleicht sollten wir in diesem Zusammenhang nicht vergessen, daß noch vor einhundertundvierzig Jahren Radio und Fernsehen undenkbar waren. Die elektromagnetischen Schwingungen und Wellen, auf denen diese technischen Anwendungen beruhen, wurden erst 1865 von James Clerk Maxwell theoretisch begründet und gut dreißig Jahre später erstmals von Guglielmo Marconi zur drahtlosen Nachrichtenübertragung verwendet. Heute ist ihre Existenz für uns eine Selbstverständlichkeit. Warum sollte es sich im nächsten Jahrhundert mit formbildenden Feldern nicht ähnlich verhalten? Entscheidend ist, ob es Naturphänomene gibt, die für das Vorhandensein formbildender Felder sprechen. Tatsächlich existieren eine ganze Reihe erstaunlicher Beobachtungen, die in diese Richtung weisen. Bevor wir uns ihnen zuwenden, wollen wir jedoch zuerst noch einige Eigenschaften jener neuartigen Felder kennenlernen.

Vom Wesen der morphischen Felder

Warum sieht eine Eiche immer wie eine Eiche aus und jeder Elefant auch nach Hunderten von Generationen genau wie seine Vorfahren, obwohl doch sämtliche höheren Lebewesen durch vielfache Zellteilungen stets aus einer winzigen befruchteten Eizelle heranwachsen? Wer sagt den Zellen, wie oft sie sich teilen müssen, und den entstehenden Zellverbänden, in welche Richtung sie sich auszudehnen haben, damit schließlich die arttypische Form entsteht?

Diese Problem der Formbildung, die sogenannte **Morphogenese**, beschäftigt die Biologen schon seit langem. Jede mechanistische Erklärung, etwa eine Steuerung durch Gene, bleibt unbefriedigend. Sheldrake schreibt die Ausbildung der für jede Art charakteristischen Form den **morphischen Feldern** zu:

„Jedes natürliche System einer bestimmten Art besitzt sein eigenes spezifisches Feld, und so sprechen wir von einem Insulinfeld, einem Buchenfeld, einem Schwalbenfeld und so weiter. Alle Arten von Atomen, Molekülen, Kristallen, lebendigen Organismen, Gesellschaften, Konventionen und mentalen Gewohnheiten werden von solchen Feldern geformt. Morphische Felder sind, wie die bekannten Felder der Physik, nichtmaterielle Kraftzonen, die sich im Raum ausbreiten und in der Zeit andauern. Sie befinden sich innerhalb und in der Umgebung des Systems, welches sie organisieren."

Jedes dieser Felder besitzt ein Gedächtnis, das auf einer sogenannten **morphischen Resonanz** beruht: „Alle Organismen erben - durch morphische Resonanz mit früheren Organismen ihrer Art - ein kollektives Gedächtnis ihrer Art, individuelle Organismen stehen in morphischer Resonanz mit ihren eigenen vergangenen Zuständen, und diese Eigenresonanz bildet die Grundlage ihres individuellen Gedächtnisses und ihrer Gewohnheiten."

Auch wir Menschen beziehen Erfahrungen und Gewohnheiten aus einem kollektiven Gedächtnis und jeder von uns bereichert seinerseits dieses arteigene Erinnerungsvermögen.

Wenn die morphischen Felder die soeben beschriebenen Eigenschaften haben, dann müßte es möglich sein, in der Natur die Entstehung und Ausbreitung neuer Gewohnheiten zu beobachten. Denn: „Sollte die Hypothese der Formenbildungsursachen zutreffen, dann müßte das Gewohnheitsgedächtnis eines Organismus einen anderen Organismus durch morphische Resonanz in der Weise beeinflussen können, daß er die gleichen Gewohnheiten leichter annimmt." Und genau das ist tatsächlich der Fall.

Ratten geben ihre Lernerfahrung weiter

Weiße Ratten sind schon seit langem beliebte Versuchstiere. Besonders ihre Lernfähigkeit wurde immer wieder getestet. In einem Falle mußten sie ein Wasserbecken durchschwimmen, das sie anschließend wahlweise durch zwei Ausgänge verlassen konnten. Entweder durch einen dunklen Ausgang oder durch einen beleuchteten. Wählten sie diesen, so erhielten sie einen elektrischen Schlag. Da die Beschaffenheit der Gänge dauernd wechselte, mußten sie lernen, daß Licht und Schmerzreiz immer aneinander gekoppelt waren. Die erste Rattengeneration benötigte durchschnittlich einhundertfünfundsechzig elektrische Schläge, bis sie den Zusammenhang erkannt hatten. Die Nachkommen dieser Ratten lernten ihre Lektion bereits etwas schneller. Die dreißigste Generation schließlich löste das Problem schon nach zwanzig Fehlversuchen.

Um den Einwand zu entkräften, daß vielleicht zufällig immer die inteligentesten Ratten zur Weiterzucht gelangten, wiederholte man die Versuche. Diesmal wählte man ganz gezielt in jeder Generation die dümmsten Ratten als Eltern aus. Doch auch bei dieser Auswahl der intelligenzschwächsten Tiere nahm die Lernfähigkeit von Generation zu Generation deutlich zu. Einige kritische Forscher einer anderen Hochschule widerholten die Experimente um die Zuverlässigkeit der Ergebnisse zu überprüfen. Zu ihrer Überraschung mußten sie feststellen, daß bereits die erste Rattengeneration im Durchschnitt nach nur fünfundzwanzig Fehlversuchen die Lektion erlernt hatte. Einzelne Tiere begriffen das Problem sogar sofort und machten fast keine Fehler. Dabei lag der neue Versuchsort von dem ersten mehrere hundert Kilometer entfernt. Auch waren die Ratten mit den Tieren der ersten Versuchsreihen nicht verwandt. Trotzdem sah es ganz danach aus, daß die Tiere von den Lernerfahrungen ihrer ihnen unbekannten Vorgänger profitierten. Das kollektive Gedächtnis ihres morphischen Feldes hatte offensichtlich schon die gesteigerte Lernfähigkeit in sich aufgenommen und den neuen Rattengenerationen zur Verfügung gestellt.

Derartige Beispiele für ein Wirksamwerden der morphischen Resonanz lassen sich auch in der freien Natur beobachten.

Flaschen öffnen - eine Spezialität englischer Meisen

Im Jahr 1921 wurde in Southhampton zum ersten Mal ein eigenartiges Verhalten von Meisen beobachtet. Damals war es üblich, sich frühmorgens frische Milch ins Haus liefern zu lassen. Einige Meisen schafften es, den Deckel der vor den Haustüren abgestellten Milchflaschen zu öffnen und die fette Milch zu trinken. Rasch breitete sich diese neue Gewohnheit unter den Meisen aus. Bis zu Beginn des zweiten Weltkriegs trat sie in den verschiedensten Regionen Großbritanniens auf. Da sich Meisen nie sehr weit von ihrem Nistplatz entfernen, muß die Gewohnheit des Flaschenöffnens mindestens neunundachtzig Mal neu entdeckt worden sein. Auch die schwedischen, dänischen und holländischen Meisen zeigten allmählich die gleiche Gewohnheit. Während des zweiten Weltkriegs standen den Meisen jahrelang keine Milchflaschen zur Verfügung. Als ab 1947 die morgendlichen Milchlieferungen wieder aufgenommen wurden, lebte so gut wie keine der Vorkriegsmeisen mehr. Trotzdem begannen die neuen Meisengenerationen überall mit dem Flaschenöffnen.

1921, als zum ersten Mal die neue Gewohnheit auftrat, bildete sich das **Verhaltensfeld des Flaschenöffnens**. „Je mehr milchtrinkende Meisen es gibt, desto mehr verstärkt sich das Feld durch die kumulative Wirkung der morphischen Resonanz, und damit verstärkt sich nicht nur die Neigung, die neue Gewohnheit zu imitieren, sondern es wächst auch die Wahrscheinlichkeit ihrer Neuentdeckung an anderen Orten. Morphische Resonanz erklärt nicht nur die Ausbreitung dieser Gewohnheit, sondern zum Beispiel auch ihr rapides Wiedereinsetzen im Holland der Nachkriegszeit.“

Die neue Gewohnheit der **Wacholderdrosseln** im Allgäu, die seit einigen Jahren Raubvögel mit ihren Exkrementen attakieren (siehe Kapitel 15), müßte ebenfalls zur Ausbildung eines morphischen Feldes führen. Es wird daher interessant sein, zu verfolgen, wie sich diese Verhaltensänderung in den nächsten Jahren ausbreitet.

Morphische Felder lassen Kristalle wachsen

Jedes Jahr werden von den Chemikern auf der ganzen Welt mehre tausend neue chemische Verbindungen hergestellt. Die Synthese mancher dieser Stoffe ist einfacher, bei anderen ist sie komplizierter. Ein Problem jedoch ist sämtlichen Chemikern wohlbekannt: Neue Verbindungen sind anfangs in der Regel nur schwer zum Auskristallisieren zu bringen. Das erste Mal kann es Wochen dauern, bis die Kristalle zu wachsen beginnen. Später dann gelingt die Kristallisation immer leichter. Wahre Legenden haben sich zur Erklärung dieses eigenartigen Phänomens gebildet. So sollen Chemiker unbewußt miskroskopisch kleine Kristallisationskeime mit ihrer Kleidung oder in ihren Bärten von einem chemischen Labor zum anderen übertragen und auf diesem Wege die Kristallbildung erleichtern. Morphische Felder dagegen bieten eine plausible Erklärung: „Bevor solch ein Stoff das erstemal kristallisiert, gibt es weder für die Gitterstruktur noch für die äußere Gestalt des Kristalls ein morphisches Feld, weil noch keine morphische Resonanz mit früheren Kristallen bestehen kann. Bei der ersten Kristallisation jedoch entstehen das Gitter- und Formfeld des Kristalls. Beim zweiten Mal wird die Kristallisation schon durch morphische Resonanz mitbestimmt, und der kumulative Einfluß dieser Resonanz wächst von Mal zu Mal.“

Sheldrake gab sich aber nicht mit derartigen Beobachtungen zufrieden. Er hat eine ganze Reihe von Experimenten vorgeschlagen, mit denen sich die Stichhaltigkeit seiner Thesen überprüfen läßt. Einige von ihnen sind geeignet, die Rolle aufzuzeigen, die die morphische Resonanz beim menschlichen Lernen spielt. Inzwischen wurden die ersten Versuchsreihen durchgeführt und erbrachten stets positive Ergebnisse.

Kinderverse und das Morsealphabet

In einer Experimentalreihe legte man Versuchspersonen in Großbritannien und Amerika drei japanische Verse zum lauten Auswendiglernen vor. Einer dieser Verse war ein alter Kinderreim, den schon Millionen japanische Kinder gelernt hatten. Die beiden anderen waren Kunstverse eines japanischen Dichters. Einer davon besaß einen Sinn, der andere nicht. Beide jedoch wiesen den gleichen Schwierigkeitsgrad auf wie der Kinderreim. Das Lernergebnis sprach für Sheldrakes Hypothese: Zweiundsechzig Prozent der Personen hatten den alten Kinderreim am besten behalten. Auf die beiden anderen Verse entfielen jeweils knapp zwanzig Prozent.

Ähnlich war ein Experiment angelegt, bei dem als Testmaterial der Morsecode Verwendung fand. Die Versuchspersonen hatten die Aufgabe, sowohl das echte Morsealphabet als auch ein künstliches, bei dem die Signalzeichen anderen Buchstaben zugeordnet waren, auswendigzulernen. Die Lernerfolge waren bei dem echten Code eindeutig besser. Als man die Experimente mit anderen Personen mehrfach wiederholte, verringerten sich von Versuch zu Versuch die Lernunterschiede zwischen echtem und künstlichen Code. Offensichtlich gewann im Verlauf der Versuche eine morphische Resonanz mit den ersten Testpersonen immer mehr an Einfluß.

Ein Wettbewerb für Testversuche

1986 wurden die Preise in einem mit zehntausend Dollar dotierten Wettbewerb verliehen, den die Tarrytown Group in New York vier Jahre vorher ausgeschrieben hatte. Dieser Wettbewerb suchte die beste experimentelle Bestätigung oder Widerlegung von Sheldrakes Thesen. Zwei erste Preise wurden verliehen. Beide für Experimente mit Wörtern in persischer beziehungsweise in hebräischer Schrift.

Gary Schwartz von der Yale University legte seinen Studenten sechsundneunzig hebräische Wörter vor. Die Hälfte davon entstammte dem alten Testament, die andere Hälfte bestand aus sinnlosen Kunstwörtern. Sie enthielten jeweils die gleichen Buchstaben wie die echten Wörter, nur hatte man deren Reihenfolge verändert. Die Versuchspersonen sollten den Sinn der einzelnen Wörter erraten und gleichzeitig an Hand einer Stufenskala angeben, für wie sicher sie ihre Deutung hielten. Die Auswertung ergab, daß die Sicherheit bei den echten Wörtern im Durchschnitt doppelt so hoch war wie bei den Kunstprodukten.

Alan Pickering vom Hatfield Polytechnic in England verwendete in einer Versuchsserie mit achtzig Studenten persische Wortpaare, bei denen jeweils eines der beiden Wörter echt, das andere dagegen künstlich war. Diese Wörter waren nach zehn Sekunden Einprägezeit von den Testpersonen nachzuzeichnen. Auch hier fiel das Ergebnis deutlich zugunsten der echten Wörter aus. Ein Zufallsergebnis ließ sich mit der Wahrscheinlichkeit von zehntausend zu eins ausschließen.

Selbst Skeptiker erhalten positive Ergebnisse

In einer großangelegten Versuchsserie versuchte Suitbert Ertel von der Universität Göttingen Sheldrakes Hypothese zu widerlegen. Deutsche Schüler mußten japanische Schriftzeichen erlernen, die teils richtig geschrieben waren, zum anderen Teil in einer falschen Schriftlage abgebildet waren. Das Lernergebnis fiel in sämtlichen Versuchen zugunsten der richtig geschriebenen Zeichen aus. Um unbewußte Einflüsse der Versuchsleiter auszuschließen, wiederholte man die Versuchsreihen mit Experimentatoren, denen die Lösungen unbekannt waren. Doch auch in diesem Fall sprachen die Ergebnisse eindeutig für ein leichteres Erlernen der echten Schriftzeichen und damit für die Wirksamkeit der morphischen Resonanz.

Außersinnliche Wahrnehmungen bei Tieren

Seit alters her existieren Beobachtungen über Tiere, die in der Lage waren, die Rückkehr ihres geliebten Besitzers vorauszuahnen. Vor allem Hunde aber auch Pferde und Schildkröten scheinen telepathische Fähigkeiten zu besitzen. In seinem Buch „Sieben Experimente, die die

Welt verändern könnten“ ruft Sheldrake die interessierte Öffentlichkeit auf, bei der Klärung einiger ungelöster Probleme mitzuwirken. Schon jetzt liegen ihm eine Fülle von Berichten vor, die für eine telepathische Verbindung zwischen Tier und Mensch sprechen. Oftmals bereiten sich Hunde schon auf die Begrüßung ihres Herrn vor, wenn dieser in mehreren Kilometern Entfernung die Rückreise antritt. Das heißt zu einem Zeitpunkt, an dem ihnen weder Geruchssinn noch Gehör eine entsprechende Information zu liefern vermag. Sorgfältig geplante Experimente, bei denen der Zeitpunkt und die Beförderungsmittel gewechselt werden, könnten wertvolle Hinweise geben.

Rätselhaft ist auch heute noch die Fähigkeit von Vögeln, gelegentlich auch von Katzen und Hunden, über riesige Entfernungen hinweg nach Hause zurückzufinden. Brieftauben legen dabei Strecken von mehr als achthundert Kilometern erfolgreich zurück. Albatrosse fanden sogar von der Westküste Amerikas den Weg zurück zu den sechstausendfünfhundert Kilometer entfernten Midway Inseln und Sturmtaucher, die man in einer Distanz von fünftausend Kilometern frei ließ, kehrten nach eineinhalb Wochen zu ihren Nisthöhlen zurück. Sämtliche mechanistischen Erklärungsversuche, wie eine Orientierung an der Sonne, eine Orientierung an dem Magnetfeld der Erde, ein Zurechtfinden mit Hilfe des Geruchssinns oder an Hand von Landschaftsmerkmalen, konnten inzwischen experimentell widerlegt werden. Obwohl man Brieftauben in rotierenden Trommeln von ihrem Taubenschlag wegtransportierte und sie dabei wechselnden Magnetfeldern aussetzte, fanden sie stets zu ihrem Schlag zurück. Auch umgebundene Magnete und auf die Augen aufgesetzte Milchglaslinsen vermochten sie nicht an ihrer Rückkehr zu hindern. Selbst wenn man sie nachts oder auf dem Meer freiließ, fanden sie sicher ihren Weg nach Hause zurück. Es war so, als wären sie durch unsichtbare Bande mit ihrem Taubenschlag verbunden. Sheldrake vermutet hinter den bislang ungeklärten Leistungen ein außersinnliches Wahrnehmungsvermögen der Tiere, möglicherweise auf der Basis von morphischen Feldern. Systematische Versuche könnten auch hier weiterhelfen, besonders Experimente mit mobilen Taubenschlägen. Bislang wurden die Tauben in der Regel von ihrer Behausung wegtransportiert und mußten immer zum gleichen Standort zurückkehren. Bei einem mobilen Taubenschlag dagegen müssen die Tauben ihr Heim jeweils an einem anderen Ort ausfindig machen. Falls sie auch unter diesen Bedingungen den Schlag sicher und schnell finden, wäre dies eine Bestätigung für eine außersinnliche Verbindung zwischen ihnen und ihrem Zuhause.

Die Bedeutung der morphischen Felder

Wie wir bereits sahen, wirken diese organisierenden Felder formbildend und besitzen ein Gedächtnis. Durch morphische Resonanz können jederzeit neue Gewohnheiten in diese Felder aufgenommen werden. Als neuer Bestandteil der Felder beeinflußen sie die Individuen der darauffolgenden Generationen. Dies bedeutet aber: erworbene Eigenschaften können vererbt werden, wie es bereits Lamarck behauptet hat.

Die morphische Resonanz zwischen uns und anderen Menschen könnte dazu führen, „daß wir - gänzlich abseits der bekannten und akzeptierten Kommunikationswege - Bilder, Gedanken, Eindrücke und Gefühle von ihnen aufnehmen. Für solche Resonanzbeziehungen würde Entfernung keine Rolle spielen. Spricht etwas dafür, daß es so etwas gibt? Vielleicht ist solch eine Resonanzverbindung etwas Ähnliches oder das gleiche wie Telepathie. Es gibt eine Fülle von Berichten, die für die Existenz von Telepathie sprechen, viele Menschen behaupten, sie selbst erlebt zu haben; in zahlreichen parapsychologischen Experimenten wurde sie nachgewiesen.“

Morphische Felder bestimmen die gesamte Evolution des Universums. In ihm herrschen entgegen der herkömmlichen Lehrmeinung keine **unveränderlichen** Naturgesetze. Denn diese Gesetze sind nur Gewohnheiten, die sich mit dem Fortschreiten der Evolution wie andere Gewohnheiten verändern.

Das Entstehen neuer Tier- und Pflanzenklassen oder von neuen Kristallarten setzt die Bildung neuer morphischer Felder voraus. Diese können sich nicht allein durch morphische Resonanz mit bereits vorhandenen Feldern bilden. Sie erfordern einen schöpferischen Akt und damit „eine kreative Instanz, die fähig ist, neue Formen und Verhaltensmuster im Laufe der Evolution hervorzubringen." Über die Beschaffenheit dieser kreativen Instanz lassen sich keine konkreten Aussagen machen. Vorläufig müssen wir uns mit der Feststellung zufrieden geben, daß alle Felder zurückgehen auf ein „**Urfeld** des Universums, dem Ursprung und Grund aller in ihm enthaltenen Felder."

Warum läßt sich unser Gedächtnis nicht lokalisieren?

Aus der morphischen Resonanz ergeben sich ganz neue Gesichtspunkte für das individuelle Erinnerungsvermögen der Lebewesen. Das heißt auch für unser eigenes Gedächtnis:

„Usere persönlichen Gewohnheiten könnten demnach auf den kulminierten Einfluß unseres früheren Verhaltens zurückzuführen sein, zu dem wir in einer Art Resonanzbeziehung stehen. Wenn dem so wäre, müßte frühere Erfahrung gar nicht in materieller Form in unserem Nervensystem gespeichert sein. Das gleiche gilt auch für bewußte Erinnerungen - für ein Lied, das wir kennen, für irgend etwas, das letztes Jahr geschah. Es könnte sein, daß die Vergangenheit uns auf direktem Wege gegenwärtig werden kann. Vielleicht sind unsere Erinnerungen gar nicht im Gehirn gespeichert, wie wir so selbstverständlich annehmen."

Im ersten Augenblick mag die Idee, daß unser Gedächtnis außerhalb des Gehirns lokalisiert sein könnte, recht befremdend wirken. Doch auffallenderweise ist es bis heute nicht gelungen, eine Verankerung des Gedächtnisses im Gehirn nachzuweisen. Zwar gelang es, zu zeigen, daß die Verbindungsstellen der Nervenzellen, die sogenannten Synapsen, beim Lernvorgang ein deutliches Wachstum aufweisen. Doch über die Speicherung des Gelernten in einem Langzeitgedächtnis geben die Beobachtungen keinerlei Auskunft. Noch nicht einmal der Ort einer etwaigen Speicherung läßt sich feststellen. Wurden Hirnregionen im Tierversuch experimentell ausgeschaltet oder fielen sie durch Verletzungen aus, dann gingen die erlernten Verhaltensmuster vorübergehend verloren. Nach einer Regenerationszeit von einigen Wochen zeigten die Tiere jedoch wieder ihre ursprünglichen Verhaltensweisen. Das Ergebnis zahlreicher Versuche war die Einsicht, daß sich das Gedächtnis in keiner bestimmten Gehirnregion zu befinden scheint. Völlig unmöglich war es, etwaige Gedächtnisspuren im Gehirn nachzuweisen. Einige Forscher gingen zunächst von der Annahme aus, daß Erinnerungen in Form von Gedächtnismolekülen gespeichert werden. Trotz einer jahrzehntelangen Suche gelang es ihnen nicht, derartige Moleküle aufzuspüren. Ganz abgesehen davon, daß die Moleküle unseres Körpers spätestens nach einigen Monaten ausgetauscht werden, während unser Langzeitgedächtnis über Jahrzehnte hinweg funktioniert.

Nicht viel besser steht es um die Erklärung des Erinnerungsvermögens mit computerähnlichen Modellen. Die Verarbeitung von Nervenimpulsen könnte sich zwar mit den Vorgängen in einem Computer vergleichen lassen. Nur, auf welche Weise erfolgt die Speicherung der Daten? Im Computer übernehmen beispielsweise Disketten diese Aufgabe, während im Gehirn keine Speichermöglichkeiten erkennbar sind. Der häufig gemachte Vorschlag, Synapsen könnten die gesuchten Gedächtnisspeicher sein, scheidet leider aus. Denn man weiß inzwischen, daß die Zahl der Synapsen einer starken Fluktuation unterliegt. Bei männlichen Kanarienvögeln beispielsweise ändert sich zwischen Frühjahr und Herbst die Zahl der Nervenzellen im Gehirn um vierzig Prozent, ohne daß Gedächtnisverluste feststellbar sind.

Karl Pribram vergleicht das Gedächtnis mit Hologrammen, das heißt mit jenen dreidimensionalen Bildern, die uns heute häufig als Wandschmuck oder auf Scheckkarten begegnen. Er ist der Ansicht das an den Schaltstellen der Nervenzellen holographieähnliche Interferenzmuster entstehen. Eiweißmoleküle wären es dann, die Erinnerungen wie ein fotografisches Hologramm speichern. Aber auch hier spielen wieder nicht nachweisbare Gedächtnismoleküle eine Rolle.

Die Gedächtnisforschung erwies sich bisher wie eine Sackgasse, aus der kein Weg herausführt. Sheldrakes morphischen Felder jedoch bieten nicht nur eine Lösung des Problems an, sondern erlauben darüber hinaus eine Erklärung, weshalb selbst in stark beschädigten Gehirnen Erlerntes nicht verloren geht:

„Wenn Erinnerungen an morphische Felder geknüpft wären, brauchten sie nicht im Gehirn gespeichert zu sein, sondern könnten als morphische Resonanz eines Organismus mit seiner eigenen Vergangenheit gegeben sein. Wird das Gehirn geschädigt, so könnten diese Felder die Zellen in anderen Hirnregionen so organisieren, daß sie die ausgefallenen Funktionen übernehmen können. Daß Erlerntes selbst nach erheblicher Schädigung des Gehirns noch zur Verfügung steht, könnte auf den selbstorganisierenden Charakter der Felder zurückzuführen sein."

Der selbstbewußte Geist des Menschen

Der Philosoph Karl Popper und der Gehirnforscher John C. Eccles sehen das menschliche Ich, unser persönliches Bewußtsein, als ein „Quasi-Wesen", das zwar mit dem Gehirn in ständiger Wechselwirkung steht, aber eine **unabhängige Einheit** darstellt. Diese Ich, das J.C.Eccles den **Selbstbewußten Geist** nennt, läßt sich nicht lokalisieren.

Dieser selbstbewußte Geist ist im Gegensatz zum Gehirn nicht ein Teil der physischen und biologischen Welt. Jedoch steht er mit der Großhirnrinde in Verbindung. Ständig tastet er sie ab, empfängt Signale von ihr und wirkt umgekehrt auf Hirnereignisse ein. Er kontrolliert das Gehirn.

K.Popper ist der Meinung,"daß das Gehirn dem Ich gehört und nicht umgekehrt. Das Ich ist fast immer aktiv. Die Aktivität des Ich ist, wie ich meine, die einzige echte Aktivität, die wir kennen. Das aktive, psychophysische Ich ist der aktive Programmierer des Gehirns (das der

Computer ist), es ist der Ausführende, dessen Instrument das Gehirn ist.“ J.Eccles stellt darüber hinaus noch die Frage nach dem endgültigen Schicksal des selbstbewußten Geistes:

„Dieser unser selbstbewußter Geist besitzt diese mysteriöse Beziehung zu dem Gehirn und gewinnt in der Folge davon Erfahrungen von menschlicher Liebe und Freundschaft, von den wundervollen Schönheiten der Natur und von der intellektuellen Erregung und Freude, die uns durch den Genuß und das Verständnis unseres kulturellen Erbes geschenkt wird. Soll dieses gegenwärtige Leben ganz im Tode enden oder können wir Hoffnung haben, daß ein weiterer Sinn entdeckt werden wird?“

Weiter fragt er: „Unser Beginnen zu sein ist ebenso mysteriös wie unser Aufhören zu sein im Tode. Können wir deshalb nicht Hoffnung ableiten, weil unsere Unkenntnis unseres Ursprungs zu unserer Unkenntnis über unsere Bestimmung paßt?“ Eccles sieht eine mögliche Antwort: „So könnte es einen zentralen Kern geben, das innerste Selbst, das den Tod des Gehirns überlebt, um eine andere Existenz anzunehmen, die ganz jenseits irgendetwas, das wir uns vorstellen können, liegt.“

Beide Forscher verlassen mit ihren Vorstellungen von unserem Ich die mechanistische Welt vieler Biologen. Dieses Ich ist einer Welt des Geistes zugehörig. Einer Welt, der möglicherweise auch die morphischen Felder R. Sheldrakes zuzuordnen sind. Es ist eine nichtmaterielle Sphäre schöpferischer Kräfte, die die materielle Welt beeinflußt und lenkt.

Auf diese noch weitgehend unbekannten Zusammenhänge und Wechselwirkungen sollte die zukünftige Forschung ihr Augenmerk lenken. R.Sheldrake hat erste Wege aufgezeigt, die zu einer grundlegenden Erkenntniserweiterung führen könnten. Auch wenn anfangs nur kleine Fortschritte zu erwarten sind, ist das Ziel doch größter Anstrengungen wert. Denn es gelten zweifellos die Worte Gordon R. Taylors:

„Auf der ganzen Welt erkennt man nun mehr und mehr, daß das Leben komplexer und auch geheimnisvoller ist, als wir vermutet hatten. Die Wahrscheinlichkeit, daß manches niemals verstanden werden wird, erscheint uns nicht mehr so beängstigend wie früher einmal. Die Wahrscheinlichkeit, daß im Universum Kräfte am Werk sind, von denen wir noch kaum eine Ahnung haben, ist nicht mehr zu phantastisch, um in Betracht gezogen zu werden."

Kapitel 5
Auf der Suche nach Wahrheit

Das Ziel, die Wirklichkeit als Ganzes zu erkennen, wird möglicherweise immer ein menschlicher Wunschtraum bleiben. Einer der Gründe hierfür ist in uns selbst zu suchen. Auch wenn uns die wissenschaftlichen Erkenntnisfortschritte oftmals in Erstaunen versetzen, sollten wir darüber nicht vergessen, daß wir Menschen nur Geschöpfe einer Evolution sind, die sicher noch nicht abgeschlossen ist. Die Evolution des irdischen Lebens begann vor mehr als als dreieinhalb Milliarden Jahren, die Evolution des Geistes erst vor wenigen Millionen Jahren. Wir müssen daher davon ausgehen, daß sie noch lange nicht ihren Gipfelpunkt erreicht hat. Das heißt die Erkenntnisfähigkeit wird in Zukunft weiter zunehmen. Vorläufig düften ihr noch deutliche Grenzen gesetzt sein. Selbst wenn viele Naturwissenschaftler der Ansicht sind, daß ihr eindrucksvolles Bild einer ausschließlich materiellen Natur der Wirklichkeit recht gut entspricht, sollten wir diesem Optimismus gegenüber recht skeptisch sein.

Unsere Erkenntnisfähigkeit ist nicht unbegrenzt

Entsprechend ihrer Entwicklungshöhe ist das Bild, das Lebewesen von ihrer Umwelt erlangen können, sehr unterschiedlich. Die Welt der Insekten beispielsweise dürfte in erster Linie Artgenossen, Feinde und Nahrungsquellen zum Inhalt haben. Ihre Handlungsweise wird von Instinkten geprägt und ihr Lebensinhalt besteht im wesentlichen aus Futterrsuche und Fortpflanzung.

Ein Hund dagegen ist bereits zu einer deutlich erweiterten Wahrnehmung seiner Umwelt befähigt. Sein Geist erfaßt und verarbeitet emotionale Reize. So kann er zum Beispiel deutlich Freude empfinden. Selbst tiefgreifende Gefühle, wie innige Liebe zu einem anderen Wesen, werden ihm immer wieder von zuverlässigen Beobachtern bescheinigt. Auch zu einfachen Denkvorgängen ist er mit Sicherheit in der Lage. Ein abstraktes Denken dagegen ist ihm nicht möglich. Physikalische Gesetzmäßigkeiten etwa oder der Sinn eines Gedichtes bleiben ihm garantiert verschlossen.

Unser menschliches Weltbild schließlich erscheint im Vergleich dazu fast keine Begrenzungen zu kennen. Dank mathematischer Ableitungen vermögen wir uns sogar Wissensbereiche zu erschließen, die unserem Anschauungsvermögen unzugänglich sind. Dennoch wäre es vermessen, wollten wir dem menschlichen Geist eine grenzenlose Erkenntnisfähigkeit zubilligen. Ganz klar bringt dies Karl Popper zum Ausdruck:

„Wir müssen uns mit der Tatsache abfinden, daß wir in einer Welt leben, in der fast alles, was wirklich bedeutend ist, im wesentlichen unerklärt bleibt. Wir versuchen unser Bestes, um Erklärungen zu geben, und wir dringen durch die Methode der mutmaßlichen Erklärung immer tiefer in die wirklich unglaublichen Geheimnisse der Welt ein. Aber wir sollten uns stets vor Augen halten, daß das gleichsam nur ein Kratzen an der Oberfläche ist und daß letztlich alles unerklärt bleibt, besonders all das, was mit dem Dasein, der Existenz zu tun hat.“

Obwohl uns diese Einsicht eigentlich zur Bescheidenheit mahnen sollte, zeigt die Geschichte der Wissenschaften, daß jede Epoche ihr Weltbild für das endgültige und allein richtige hielt. Stets verteidigten die Vertreter der jeweiligen Lehrmeinung ihre Vorstellungen und bekämpften jede neue Idee, die an ihrem Lehrgebäude zu rütteln wagte.

Bis in die zweite Hälfte des vorigen Jahrhunderts waren elektromagnetische Wellen undenkbar. In unserem Jahrhundert stieß die Quantentheorie zunächst auf völliges Unverständnis und heftige Ablehnung. Jetzt sind es die morphischen Felder und der Gedanke, daß der Geist die Materie beeinflussen und lenken könnte, die von den äußerst zahlreichen Anhängern eines mechanistisch geprägten Weltbilds als geradezu existenzbedrohend empfunden werden. Sie reagieren daher mit einer dogmatischen Verhärtung ihrer Positionen. Dies ist äußerst bedauerlich. Denn auf dem Gebiet der modernen Meßverfahren und Analysenmethoden wurden in den letzten Jahren derart rasante Fortschritte erzielt, daß durchaus auch in Bereichen, die heute noch als nicht meßbar und damit als nicht existent angesehen werden, in Zukunft wesentliche Erkenntnisse zu erwarten sind.

Wie dringend heute eine wissenschaftliche Neubesinnung erforderlich ist, läßt beispielsweise die Unsterblichkeitstheorie des amerikanischen Physikers Frank. J. Tipler erkennen. Er versucht in seiner Theorie die Auferstehung und ein ewiges Leben aus den Gesetzen der Physik abzuleiten. Dabei nimmt er zwar die Existenz eines allgegenwärtigen, allmächtigen Gottes an, gleichzeitig aber macht er zur Vorbedingung, „daß wir ein menschliches Wesen als rein physikalisches Objekt, als biochemische Maschine auffassen, die an Hand der bekannten physikalischen Gesetze umfassend und erschöpfend beschrieben werden kann. Es gibt keine geheimnisvollen >> vitalen << Kräfte.“ Wenn Leben lediglich „eine Art der Informationsverarbeitung und der menschliche Geist - wie auch die Seele - ein hochkomplexes Computerprogramm“ sein sollen, werden dann nicht die geistigen Erfahrungen der gesamten Menschheit achtlos beiseite geschoben? Auch gibt John Davidson zu bedenken:

„Wir leben in einem Kosmos, der ganz und gar aus Sein, aus Erfahrung besteht. Sogar unser Wissen von dem, was wir Gehirn nennen, ist nur Sinneserfahrung, und die hat ihren Ort in unserem Geist. Körper und Gehirn sind demnach nur Sinneserfahrungen oder Wahrnehmungen in den vielfältigen Bereichen unseres Seins.“ Darüber hinaus stellt er die Forderung: „Wir müssen eine Wissenschaft der Psychophysik entwickeln, die Energetik und Physik des Geistes.“

Eine Theorie des Geistes ist gesucht

Rund dreihundert Jahre beherrschte die Newtonsche Mechanik das physikalische Denken. In unserem Jahrhundert führte die Relativitätstheorie und die Quantentheorie zu einer wesentlichen Erweiterung des Weltbilds. Aufgabe des 21. Jahrhunderts sollte die Suche nach einer Theorie des Geistes sein, nach einer Theorie, die vor allem die Zusammenhänge zwischen Geist und Materie, sowie zwischen Geist und biologischem Leben zum Inhalt hat. Sie kann mit Sicherheit nicht von Physikern, Biologen und Chemikern allein, sondern nur gemeinsam mit Psychologen und Neurologen erstellt werden. Auch Theologen der großen Weltreligionen sollten miteinbezogen werden, sind religiöse Erfahrungen doch ein wesentlicher Aspekt der geistigen Welt. Wie die meisten Theorien wird auch diese im Laufe der Zeit manchen Änderungen und Erweiterungen unterworfen sein. Doch schon in ihren Anfängen ist zu erwarten, daß sich unseren Vorstellungen von den in der Natur wirksamen Kräften gänzlich neue Dimensionen eröffnen.

Die Ausgangsbasis für die Entwicklung dieser Theorie muß eie Vielzahl der unterschiedlichsten Experimente sein. Zunächst sind es drei Bereiche, die erfolgreiche Ansätze versprechen. Das erste Gebiet, auf dem bereits erste Versuchsreihen mit positiven Ergebnissen durchgeführt wurden, umfaßt die formbildenden Felder R. Sheldrakes.

Der zweite Bereich beinhaltet die Anpassungen der Tiere und Pflanzen. Hier könnte besonders die Klärung des Zeitfaktors wesentliche Rückschlüsse erlauben. Denken wir an den australischen Klee, den wir im 18. Kapitel näher kennenlernen werden. Er verringerte durch hormonartige Abwehrstoffe innerhalb weniger Jahrzehnte die Fruchtbarkeit seiner Freßfeinde ganz drastisch. Sollten sich ähnliche Fälle öfters nachweisen lassen, wäre dies ein wesentlicher Hinweis auf die Einwirkung eines schöpferischen Prinzips. Denn Zufallsmutationen könnten niemals in derart kurzer Zeit so sinnvolle und wirksame Abwehrmaßnahmen zustande bringen.

Als dritter Bereich schließlich, der zahlreiche neue Erkenntnisse erhoffen läßt, ist die Parapsychologie anzusehen. Diese Wissenschaft von den außersinnlichen Wahrnehmungen wird auch heute noch von vielen Naturwissenschaftlern mit einem Tabu belegt. Und das, obwohl schon seit Jahrzehnten eigentlich kein Zweifel mehr an der Realität jener Phänomene berechtigt ist.

C. G. Jung und Wolfgang Pauli waren nicht nur von der Existenz außersinnlicher Erscheinungen überzeugt, sondern haben diesen mit Hilfe ihrer Synchronizitätstheorie eine Erklärung gegeben. Auch etliche andere Wissenschaftler, wie Robert H. Thouless und Berthold P. Wiesner unternahmen interessante Erklärungsversuche.

Schließlich spricht die Tatsache für sich, daß an mehreren Universitäten Lehrstühle für Parapsychologie bestehen. Gerade in diesem Hochschulrahmen beschränkte man sich nicht auf die Auswertung von Zufallsbeobachtungen, sondern führte umfangreiche quantitative Versuche durch. Sie erbrachten einen eindeutigen Nachweis für telepathische, hellseherische und telekinetische Fähigkeiten beim Menschen. Sogar die Möglichkeit einer Vorausschau, die sogenannte Präkognition, ließ sich in exakten Versuchsserien bestätigen.

Nicht selten wird versucht, die positiven Ergebnisse mit dem Vorwurf mangelnder Sorgfalt in Frage zu stellen. Die Gründe für die unter Naturwissenschaftlern verbreitete Ablehnung der Parapsychologie spricht R. Sheldrake sehr deutlich aus:

Sie „setzen das mechanistische Weltbild mit der Vernunft schlechthin gleich und verteidigen es leidenschaftlich. Sie sind wissenschaftliche Fundamentalisten. Wenn man dem Paranormalen auch nur einen Fußbreit Boden einräumt, so befürchten sie, wird die ganze wissenschaftliche Kultur in einem Sumpf von Aberglauben und Religion versinken. Deshalb sind paranormale Phänomene in ihren Augen von vornherein unsinnig, und der Glaube an sie ist eine Verirrung aufgrund von Unwissenheit oder Wunschdenken oder - bei denen, die es besser wissen sollten - Zeichen von intellektueller Schwäche."

Hans Bender umreißt die Bedeutung der Parapsychologie mit folgenden Worten: „Eines ist jedenfalls gewiß: Die paranormalen Erscheinungen in ihren verschiedenen Formen sprengen den bisherigen Beziehungsrahmen unserer wissenschaftlichen Weltauslegung. Sie sind der Schlüssel zu einer erweiterten Ordnung der Natur und der Stellung des Menschen darin. Die Ordnung der körperlichen Welt, die wir in den vertrauten Anschauungsformen Raum und Zeit erfahren, spiegelt offenbar nur einen Teilaspekt einer übergreifenden Wirklichkeit."

Was verraten Wünschelruten ?

Um zu klären, ob dem altbekannten Phänomen des Wünschelrutengehens eine wissenschaftliche Bedeutung zukommt, unterzogen die Münchener Professoren Hans-Dieter Betz und Herbert L. König in einem großangelegten Forschungsprojekt zahlreiche Wünschelrutengänger einer eingehenden Prüfung. Es war ein Projekt, das eine finanzielle Förderung durch das Bundesforschungsministerium erhielt. Von dreiundvierzig Rutengängern zeigten zehn, das heißt fast ein Viertel überdurchschnittliche, zum Teil sogar ausgezeichnete Leistungen. Eine hervorragende Bestätigung erhielten sie durch den Geowissenschaftler Hans Berckhemer von der Universität Frankfurt, der mit praktischen Erfahrungen aufwarten konnte. In Sri Lanka wurden im Zuge der Entwicklungshilfe hunderte von Brunnenbohrungen durchgeführt. Stützte sich die Suche nach unterirdischen Wasserquellen auf geologische Erkundungen, verzeichnete man eine Erfolgsquote von dreißig Prozent. Bei sechshunderteinundneunzig Bohrungen unter Zuhilfenahme eines Wünschelrutengängers lag die Erfolgsrate bei sechsundneunzig Prozent!

Was ließe sich nicht alles erreichen, wenn die mechanistisch denkenden Wissenschaftler angesichts derartiger Befunde ihre prinzipielle Abwehrhaltung gegen vorläufig nichterklärbare Phänomene aufgäben und ihr enormes geistiges Potential bei der Suche nach einem neuen Naturverständnis mit einbrächten.

Die Bedeutung außersinnlicher Wahrnehmungen

Die Telepathie gehört wohl zu den am besten erforschten paranormalen Erscheinungen. Zahlreiche Experimente ergaben, daß die Übertragung von Gedanken anscheinend unabhängig von Raum und Zeit ist. Anfangs schrieb man elektromagnetischen Wellen die Informationsübermittlung zu. Als man jedoch die beiden Versuchspersonen, das heißt sowohl den Sender als auch den Empfänger der Botschaften in gut geerdete Bleikammern setzte, die undurchlässig für elektromagnetische Wellen waren, kam es zu keiner Beeinträchtigung der telepathischen Verbindung. Der Abstand zwischen Sender und Empfänger spielt offensichtlich keine Rolle. Eine Strecke von eintausendsiebenhundert Kilometer zwischen St.Petersburg und Sewastopol konnte erfolgreich überbrückt werden. Sogar eine transatlantische Übertragung ist inzwischen gelungen.

Möglicherweise spielen Felder, die mit den morphischen Feldern vergleichbar sind, bei der Telepathie eine Rolle. Das bisherige Fehlen geeigneter physikalischer Meßgeräte sollte kein Hinderungsgrund für die Erforschung dieses Phänomens sein. So entwickeln die Physiker beispielsweise zum Nachweis der bislang hypothetischen Gavitationswellen Meßapparaturen mit immer größerer Empfindlichkeit. Auch wenn ihre Suche seit Jahren erfolglos verläuft, sind sie überzeugt, daß ihnen eines Tages der Nachweis dieser von der Theorie vorausgesagten Wellen gelingt. Warum sollte Ähnliches nicht auch bezüglich der Telepathie möglich sein? Vorausgesetzt, bestehende Vorurteile werden aufgegeben. Im übrigen zeigen die Pflanzenexperimente von Cleve Backster, wie man erste Nachweisversuche beginnen könnte.

C.Backster hatte in seinen Versuchen Pflanzen an Polygraphen angeschlossen. Diese elektrischen Meßgeräte gelangen auch in Lügendedektoren zur Anwendung. Sie registrieren Änderungen des elektrischen Widerstands und zeichnen diese in Form von Meßkurven auf. Zu seiner Überraschung mußte Backster erkennen, daß die Pflanzen offensichtlich seine Gedanken wahrnehmen konnten. So war beispielsweise der Auschlag des Polygraphen besonders stark, wenn seine Gedanken eine Bedrohung der Pflanze enthielten. Sogar die Bedrohung oder Abtötung niederer Organismen veranlaßten die jeweils an den Polygraphen angeschlossenen Pflanze zu einer deutlichen Reaktion. William M. Bonduranz ist der Ansicht, „daß es eine primäre Form unmittelbarer Kommunikation zwischen allen lebenden Wesen geben könnte, die über die Naturgesetze, die wir bisher kennen, hinausgeht." Inzwischen fanden Backsters Beobachtungen in mehreren Instituten eine Bestätigung.

Entscheidende Schwierigkeiten für das gegenwärtige Weltbild ergeben sich aus der Präkognition. Das Vorausahnen zukünftiger Ereignisse stellt nicht nur unsere Auffassung von der Zeit in Frage, sondern gibt gleichzeitig auch Anlaß zu der Überlegung, ob der Ablauf der Geschehnisse in unserer Welt einer Vorausbestimmung unterliegt.

Kaum geringer sind die Probleme, die aus den Ergebnissen einiger Psychokinese-Experimente resultieren. Einer der Wissenschaftler, die sich seit Jahren mit der Untersuchung psychokinetischer Effekte befassen, ist John B. Hasted von der Universität London. In einem seiner Experimente sollten Kinder und Jugendliche versuchen, allein mit Hilfe ihres Willens Büroklammern zu verbiegen. Diese befanden sich in einem Glaskolben, dessen Öffnung so eng war, daß die Klammern nur im aufgebogenen, gestreckten Zustand eingeführt werden konnten. Ein vierzehnjähriger Junge benötigte nur fünf Minuten, um die Metallteile zu einem Drahtknäuel zu verformen.

Derartige Experimente zeigen, daß der menschliche Geist offensichtlich Materie verändern kann. Dies ist ein Befund, der in völligem Widerspruch zu den bisherigen physikalischen Theorien steht und der zeigt, wie dringend diese einer Erweiterung bedürfen. Die Ergänzungsbedürftigkeit ihres Weltbilds haben die Physiker übrigens inzwischen an Hand eigener Beobachtungen feststellen müssen.

Unsicherheiten im Weltbild der Physik

Eine der physikalischen Kräfte, die auch heute noch den Physikern ernsthafte Probleme bereitet, ist die Gravitation. Zwar hatte Isaak Newton schon vor rund drei Jahrhunderten das Gravitationsgesetz herausgefunden. Doch immer wieder tauchen im Zusammenhang mit dieser Kraft neue Rätsel auf.

1970 führten die Physiker Erwin J. Saxl und Mildred Allen während einer Sonnenfinsternis Pendelversuche durch. Im Augenblick der unmittelbaren Verfinsterung geschah etwas völlig Unerwartetes: Die Schwingungsdauer des Pendels vergrößerte sich! Die anschließenden Berechnungen der beiden Physiker ergaben, daß die Stellung des Mondes bei der Verfinsterung nicht die Ursache für die Schwingungsänderung sein konnte. Sie kamen daher zu dem Schluß, daß die Gravitationstheorie einer Erweiterung erfahren müßte. Bis heute allerdings fand ihre Forderung keine Beachtung.

In den letzten Jahren traten bei genauen Messungen der Gravitationskonstante in tiefen Bergwerken und Bohrlöchern unerklärliche Abweichungen von den theoretischen Werten auf. Diese Abweichungen veranlaßten einige Physiker zu der Annahme, daß eine bisher unentdeckte Abstoßungskraft existiert.

Bereits vor Jahrzehnten hat Paul Dirac neben anderen Physikern die Meinung geäußert, daß sich die Gravitationskonstante aufgrund der Expansion des Universums ändern könnte. Eine experimentelle Überprüfung dieser Voraussage ist zur Zeit leider noch nicht möglich, da eine derartige Änderung geringer wäre als die gegenwärtige Meßgenauigkeit.

Bei einigen anderen Naturkonstanten, wie etwa der Lichtgeschwindigkeit, traten im letzten halben Jahrhundert eigenartige Veränderungen auf, die nicht auf etwaige Meßfehler zurückzuführen sind. Sollten sich diese Konstantenänderungen auch in den nächsten Jahrzehnten fortsetzen, wäre dies von grundlegender Bedeutung für die physikali-

schen Theorien.
Inzwischen hegen einige Physiker sogar Zweifel, ob unser Universum tatsächlich einem explosionsartigen Ereignis seine Entstehung verdankt. Derartige Beispiele lassen erkennen, daß wir von einem gesicherten physikalischen Weltbild noch weit entfernt sind.

Der Geist des Universums

Das Ende unseres Jahrhunderts ist offensichtlich eine Zeit der wissenschaftlichen Umorientierung. Auf der einen Seite verteidigen noch viele Naturwissenschaftler das Bild einer mechanistischen, materiellen Welt, in der der Geist nur als Folgeprodukt der Materie erscheint. Andererseits gewinnen immer mehr Menschen die Überzeugung, daß diese Welt der Materie nur einen Teilaspekt der Realität darstellt. Sie sehen in dem Universum eine Schöpfung des Geistes. Der Geist ist es, der die Materie hervorgebracht hat und sie beherrscht. Welchen Namen dieser schöpferische Geist trägt, ist letztlich unwesentlich. Ob er Gott genannt wird oder Universeller Geist oder Die Urkraft. Er ist jedenfalls der Ursprung und zugleich das Ziel aller Dinge. Und gleichzeitig auch die Kraft, die alles miteinander verbindet.

Seit mehr als drei Jahrtausenden gelangen die Menschen immer wieder zu dieser Erkenntnis. Bereits in der altindischen >>Bhagavad Gita<< spricht der Erhabene : „Ich bin der Ursprung von Allem. Das ganze Weltall entspringt aus mir."

Der römische Kaiser und Philosoph Marc Aurel schreibt in seinen >>Selbstbetrachtungen<< : „Alles ist wie durch ein heiliges Band miteinander verflochten. Nahezu nichts ist sich fremd. Alles Geschaffene ist einander beigeordnet und zielt auf die Harmonie derselben Welt. Aus allem zusammengesetzt ist eine Welt vorhanden, ein Gott, alles durchdringend." Und weiter sagt er: „Stelle dir stets die Welt als ein Geschöpf vor, das nur aus einer Materie und aus einem einzigen Geiste besteht."

Von dem Mystiker Meister Eckhart erfahren wir: „Gott ist Alles in Allem, und in jedem Dinge ist Gott Alles.“ und „Alles, was der Mensch hier an äußerlicher Vielheit hat, ist im Wesen eins. Alle Grashalme, alles Holz und alle Steine, alle Dinge hier sind eins.“

Schließlich formuliert in unserer heutigen Zeit Xuan Thuan Trinh angesichts der Erfahrungen der Quantenphysik die Jahrtausende alte Einsicht neu: „Ein allgegenwärtiger und geheimnisvoller Einfluß sorgt dafür, daß jeder Teil das Ganze enthält und das Ganze jeden Teil widerspiegelt. Alle Lebewesen des Universums, die gesamte Materie, das Buch, das Sie in den Händen halten, die sie umgebenden Möbel, die Kleider, die Sie tragen, alle Objekte, die wir für Bruchteile der Wirklichkeit halten, bergen in sich die Gesamtheit. Jeder von uns hält die Unendlichkeit in der Hand.“

Den Schöpfer des Universums dürfte es kaum berühren, wenn selbst Tausende Wissenschaftler auf einem kleinen Planeten seine Existenz bestreiten, da er sich der von ihnen geforderten Meßbarkeit in exakten Experimenten unzugänglich zeigt.

Der Skepsis aller einer materiellen Weltsicht verhafteten Menschen stehen heute die Erfahrungen der Mystiker und der Quantenphysik gegenüber. Erfahrungen, die, so unterschiedlich ihre Ausgangsbasis auch sein mag, in den entscheidenden Punkten übereinstimmen. Sie sprechen für eine Schöpfung, deren Großartigkeit und Komplexität kein wissenschaftlicher Deutungsversuch gerecht zu werden vermag. Den Weg zu dieser Einsicht kann allerdings jeder von uns nur allein finden!

Jener schöpferische Geist, der alles Leben, ja den ganzen Kosmos durchzieht, ist es, der die Lebewesen zu den erstaunlichsten Anpassungen befähigt. Dabei spielt es keine Rolle, ob und wie weit der betreffende Organismus sich dieses Geistes bewußt zu werden vermag. Selbst Einzeller und Pflanzen vollbringen unter seinem Einfluß Leistungen, die eigentlich nur von logisch denkenden Wesen zu erwarten sind. Auf welchem Wege er dies alles bewirkt, entzieht sich bislang unserer Kenntnis. Möglicherweise wird es uns niemals gelingen, diese Wechselwirkungen zwischen Geist und lebender Materie intellektuell zu erfassen. Dann würde die Natur für uns immer ein Mysterium bleiben. Auch angesichts dieser Möglichkeit sollten wir uns jedoch um weitere Erkenntnisfortschritte bemühen. Selbst wenn wir der Wahrheit nie direkt ins Angesicht blicken können, so mag es uns vielleicht gelingen, einen Zipfel des Schleiers anzuheben, der sie vor unseren geistigen Augen verbirgt.

Deswegen sei bereits hier der Wunsch und die Hoffnung geäußert, daß sich immer mehr Wissenschaftler der verschiedenen Disziplinen, vor allem aus der jüngeren Generation, vorurteilsfrei an der Erforschung ungeklärter Phänomene beteiligen. Das heißt an dem Versuch einer Aufhellung jener Erscheinungen, die allesamt verschiedene Äußerungsformen des Geistes sind, dem auch unser menschlicher Geist als winziger Teil angehört.

II. Eine Schöpfung voll genialer Ideen

Kapitel 6
Tarnung ist der beste Schutz

Vor mir liegen zwei seltsame Gehäuse von Meeresschnecken. Beide entsprechen so gar nicht dem gewohnten Bild eines Schneckenhauses. Das eine erinnert vielmehr an ein abgenagtes Fischgerippe (Abb.1), vom Meerwasser ausgelaugt und gebleicht. Wie Überreste einer Mahlzeit sieht es aus. Jeder hungrige Meeresräuber muß hier den Eindruck haben, daß er zu spät gekommen ist.

Ein anderer war schneller gewesen und hatte den ungenießbaren Teil der Beute zurückgelassen. Sollte er dennoch die lebende Schnecke riechen, dann stellen ihn die langen, stachelartigen Fortsätze des Gehäuses vor eine unlösbare Aufgabe. Das andere Schneckengehäuse wirkt wie ein kleiner Haufen leerer Schnecken und Muschelschalen (Abb.2). Wiederum nur tote Relikte, Spuren von längst erloschenem Leben. Uninteressant für jeden Angreifer.

In beiden Fällen handelt es sich, wie wir zugeben müssen, um eine vorzügliche, hochwirksame Tarnung. Ein Geniestreich der Natur. Hätten diese Schnecken ein hochentwickeltes Gehirn, dann müßten wir dessen Leistung größte Anerkennung zollen. Doch leider ist dies nicht der Fall. Das winzige Nervenzentrum einer Schnecke vermag beim besten Willen nicht über erfolgreiche Tarnungsmechanismen nachzudenken. Langsames Kriechen, Nahrungserwerb und Fortpflanzung der Art, das sind im wesentlichen die Aktivitäten, die von den kleinen Nervenknoten gesteuert werden.

Müßten wir uns da nicht eigentlich sehr wundern? Vor allem wenn wir bedenken, daß die zweite Schnecke eine Vielzahl kleiner Gehäuse, Muschelschalen und manchmal auch Korallenstückchen sich selbst auf ihr Schneckenhaus geklebt hat, um es für Feinde unsichtbar zu machen. Leider haben viele von uns inzwischen in unserer hochtechnisierten

Welt das Wundern verlernt. Ist nicht alles rational erklärbar, in vielen Fällen sogar genau zu berechnen? Ist es nicht der Instinkt, der die Schnekke ihr Gehäuse auf so raffinierte Weise tarnen läßt? Sinnvolle Lebensäußerungen niederer Tiere werden doch heute als Instinkthandlungen erklärt. Nur, woher haben die Tiere diesen Instinkt? Es sind Fragen, die uns auch in den nächsten Kapiteln immer wieder begegnen werden. Zunächst jedoch wollen wir sehen, welchen Einfallsreichtum die „Natur" zeigt, wenn es um das Erfinden vorteilhafter Tarnungsmöglichkeiten geht.

Lebende Äste, Blätter und Stacheln

Nähern wir uns in einem Laubwald einem Baumstamm, so kann es geschehen, daß sich plötzlich ein Stückchen Baumrinde abzulösen scheint und wegfliegt. Nur zwei kurz aufleuchtende rote Flecke verraten, daß es ein **Rotes Ordensband** ist, ein Schmetterling, den wir in seiner Ruhe gestört haben. Sitzt er mit geschlossenen

Flügeln auf der Baumrinde, so ist die Tarnfärbung der Flügeldecken derart perfekt, daß kein Feind den Falter zu erkennen vermag. Ähnlich gut sind auch viele andere Schmetterlinge durch ihre gemusterte Flügelzeichnung an die Umgebung angepaßt.

Nicht selten kann man Schmetterlingsraupen sehen, beispielsweise die Raupen des **Birkenspanners**, die sich ruckartig durch ein Zusammenziehen und Strecken an einem Ast entlang bewegen. Das Verhalten dieser Raupen ändert sich aber sofort, wenn Gefahr droht. Schon ein plötzlicher Schatten kann bewirken, daß sie sich blitzartig in die Länge strecken und anschließend stocksteif in dieser Position verharren. Dadurch erwecken sie den Eindruck eines kurzen Aststückes.

Bei anderen Insekten wiederum dienten Blätter als Vorlage der Tarnkleidung. Das **Wandelnde Blatt** hat, wie schon der Name dieser Heuschreckenart verrät, ganz die Form eines Blattes angenommen. Da es außerdem noch grün gefärbt ist, vermag ein Vogel das Wandelnde

Blatt zwischen den Blättern eines Baumes oder Strauches beim besten Willen nicht zu entdecken.
Schließlich gibt es eine Heuschreckenart, die für ihre Feinde unsichtbar wird, sobald sie sich auf einem Rosenstock niederläßt. Ihre Körperform ähnelt nämlich täuschend den Stacheln der Rosen.

Doch nicht nur Insekten sind in der Lage, Pflanzenteile zu imitieren. So gibt es unter den Fischen wahre Meister der Tarnung. Besonders eindrucksvoll ist es dem **Fetzenfisch** gelungen. Der ganze Körper dieses mit den Seepferdchen verwandten Fisches ist ringsum mit lappenartigen Fortsätzen versehen (Abb.3).
Diese Körperauswüchse erinnern in Form und Farbe verblüffend an Meerestang, so daß der Fetzenfisch den Eindruck eines abgerissenen Tangstückes erweckt.

Tarnung dient nicht immer friedlichen Zwecken

Wir alle kennen die herrliche Fellzeichnung der Tiger, Leoparden und Jaguare. Sie bewirkt, daß diese Raubtiere im Dschungel, in jener Mischung aus Hell und Dunkel, aus Grün und anderen Farben, für die Augen ihrer Beutetiere nicht zu erkennen sind. Das Chamäleon schafft es, seine Körperfarbe zu verändern und der jeweiligen Umgebung anzupassen, so daß es den Insekten nicht auffällt. Noch besser und vor allem schneller können die Schollen und die Tintenfische ihre Umgebung nachahmen. Diese Tiere besitzen in ihrer Haut Zellen mit verschiedenen Farbstoffen. Indem sie diese Zellen ausdehnen oder zusammenziehen, können sie auf der Haut unterschiedliche Farb- und Formmuster erzeugen. Setzen sie sich beispielsweise auf einen Kiesuntergrund, dann werden in dem Hautmuster Gestalt und Farbe der Kieselsteine imitiert. Bei sandigem Untergrund graben sich diese Tiere oftmals auch noch ein, um ganz sicher zu gehen, daß sie von ihrer Beute nicht erspäht werden.

Der südamerikanische **Blattfisch** hat die Gestalt eines braunen Blattes angenommen. Seine Flossen sind nahezu farblos und daher im Wasser nicht wahrnehmbar. Sogar die Blattadern erscheinen in der Körperzeichnung des Fisches. So hervorragend getarnt, läßt er sich reglos durch das Flußwasser treiben. Begegnet ein kleinerer Fisch dem vermeintlichen treibenden Blatt, dann schnappt dieses plötzlich zu und verschlingt das ahnungslose Opfer.

Nicht weniger interessant geht es bei den Anglerfischen zu. Die Haut des Anglerfisches **Phrynelox scaber**, der leider keinen deutschen Namen besitzt, trägt seltsam geformte Fortsätze, die ihm das Aussehen von Korallen verleihen (Abb.4).
Zusätzlich besitzt dieser Fisch noch eine Angel mit Köder. Ein Flossenstrahl, der schräg nach vorne geführt ist, bildet die Angelrute. Ein Anhängsel an dem Ende des Flossenstrahls ist rosafarben, hat die Form eines Wurmes und kann sich hin und her bewegen. Das ist der Köder, dem nur wenige Fische widerstehen können. Versuchen sie, den zappelnden „Wurm“ zu verspeisen, so verschwinden sie blitzartig im Rachen des Anglerfisches. Sie werden von ihm mit einer kräftigen Schluckbewegung regelrecht eingesaugt.

Ein eigenes Haus ist Gold wert

Betrachten wir die Kleinlebewelt eines Tümpels, so begegnen uns immer wieder eigenartige, röhrenförmige Gebilde, in denen eine Insektenlarve steckt. Es sind die Gehäuse der **Köcherfliegenlarven**. Diese sammeln winzige Holzstückchen,Pflanzenteile und Sandkörner und kleben das Material mit selbstgesponnenen feinen Fäden zu einer Röhre zusammen. Stets tragen die Larven diese Wohnröhre mit sich herum, da sie wie pflanzliches Abfallmaterial aussieht und den Larvenkörper vor feindlichen Blicken verbirgt.

Wer hat nicht schon auf einer Frühlingswiese die hell leuchtenden Klümpchen des Kuckucksspeichels entdeckt? Sie enthalten die Larven der **Schaumzikade**. Das Verfahren, mit dem die Larven den Schaum erzeugen, ist verblüffend einfach. Aus ihrem Hinterleibsende sondern sie einen zähen Schleim ab und lassen in diesen ihre verbrauchte Atemluft einströmen. Die sich bildenden Luftblasen lassen die Flüssigkeit aufschäumen. Auf diese Weise erhalten die Zikadenlarven ein Haus, das zwar nur aus Schaum besteht aber einen wirksamen Schutz vor Feinden gewährt.

Ganz eigene Wege beschreiten bei der Tarnung einige Schmetterlingsraupen. Normalerweise bildet sich bei ihrer Verpuppung eine feste Puppenhülle. In dieser vollzieht sich dann die Umwandlung zum Schmetterling. Manche Raupen, wie die des **Seidenspinners**, sind in der Lage, aus Drüsen Spinnfäden abzusondern und diese um sich herum zu einem Kokon zu verweben. Die Seidenspinnerraupe fertigt ihren Kokon aus einem bis zu viertausend Meter langen Seidenfaden. Noch erstaunlicher ist das Raupenverhalten der Schmetterlinge **Aethria carnicauda** und **Dinia aeagrus**. Wollen sich die Raupen dieser beiden Falterarten verpuppen, so spinnen sie zunächst viele Seidenringe um sich und den Pflanzenstengel. Dann zupfen sie sich ihre langen Rückenhaare aus und kleben diese auf die Seidenringe, so daß ein schützendes Gehäuse entsteht. Zum Schluß errichten sie noch aus weiteren ausgerissenen Haaren ein Dach über ihrem Haus.

Ein Garten auf dem Rücken

Wer kennt nicht die Bilder von Soldaten im Manöver, die sich zur Tarnung Zweige auf die Helme stecken. Eine Erfindung von Militärstrategen, sollte man meinen. Doch diese Idee ist viel älter und nicht menschlichem Geist entsprungen.

Krabben nehmen einen bevorzugten Platz auf dem Speisezettel von Tintenfischen ein. Sie wären daher gut beraten, würden sie sich den Blicken ihrer Feinde entziehen. Tatsächlich haben einige Krabbenarten dieses Problem auf sehr elegante Art gelöst.

Die **Maskenkrabbe** schneidet und reißt mit ihren kräftigen Greifscheren von Algen, Polypen und Schwämmen kleine Stücke ab. Anschließend befestigt sie diese auf ihrem Rücken und ihren Beinen. Für den richtigen Halt des Materials hat die Natur aufs beste ihre Vorsorge getroffen. Der Chitinpanzer der Krabbe ist auf Rücken und Beinen mit zahlreichen Borsten versehen, die ihrerseits alle mit feinen Widerhaken ausgestattet sind. Es ist hier ein Verankerungsprinzip verwirklicht, wie wir es von Klettverschlüssen her kennen. Hat die Krabbe ihr Werk vollendet, dann erscheint sie einem Angreifer als unscheinbares Pflanzenhäufchen, keinesfalls aber als die begehrte Beute. Raubt man im Experiment einer Krabbe ihren Pflanzenschmuck, so begibt sie sich sofort, wie von einer unsichtbaren Macht getrieben, auf die Suche nach neuem Tarnmaterial.

Nicht nur Meeresbewohner vermögen sich derart zu tarnen. Wohl jeder kennt die zarten hellgrün gefärbten **Florfliegen**, die sich an Sommerabenden öfters in die Wohnungen verirren. Sie gehören zu der Gruppe der Netzflügler. Die Larven einiger dieser Netzflügler besitzen auf ihrem Rücken ebenfalls hakenartige Borsten. Um sich zu tarnen, fassen sie mit ihren Mundwerkzeugen kleine Pflanzenteile sowie die leeren Hüllen der von ihnen ausgesaugten Insekten. Dann biegen sie ihren Kopf zurück und befestigen das Material an den Borsten.

Besonders interessant ist die Bepflanzung einiger Rüsselkäfer der Gattung **Gymnopholus**. Diese auf Neu Guinea lebenden Käfer tragen einen wahren Garten auf ihren Flügeldecken und Teilen der Beine mit sich herum. Moose, Flechten, Pilze und Algen bilden einen dichten Bewuchs. Zwölf verschiedene Pflanzenfamilien finden sich in dieser üppigen Gartenanpflanzung. Borsten und Körpervorsprünge verschaffen den Pflanzen Halt. Außerdem sondern die Käfer einen klebrigen Saft ab, der die Befestigung unterstützt. Doch was wäre ein richtiger Garten ohne Tiere. Und tatsächlich fehlen diese in dem Käfergarten nicht. Fadenwürmer, Milben und Rädertiere gedeihen in großer Zahl prächtig zwischen den Pflanzen.

Kapitel 7
Meister im Warnen und Täuschen

Es ist ein schöner Sommertag. In ein Buch versunken sitze ich im Garten. Als ich wieder einmal aufblicke, entdecke ich ein großes gelb gestreiftes Insekt, das sich schnell in unruhigem Flug über die kleine Wiese bewegt. Eine Hornisse! Nachdem sie die kleine Grünfläche mehrmals überquert hat, umkreist sie eine Blütenstaude. Vorsichtig nähere ich mich der Hornisse. Doch was muß ich erkennen. Die vermeintliche Hornisse entpuppt sich bei genauem Hinsehen als ein Schmetterling. Es ist ein **Hornissenschwärmer**, völlig harmlos, da er keinen Giftstachel besitzt. Im Aussehen und Flugverhalten ist er aber einer wehrhaften Hornisse täuschend ähnlich. Deshalb wird so schnell kein Vogel wagen, nach diesem Insekt zu schnappen. Ein wunderbarer Schutz, der durch eine Vorspiegelung falscher Tatsachen zustande kommt. Eine derartige Nachahmung vom Aussehen oder Verhalten anderer Tiere wird als **Mimikry** bezeichnet. Sie ist in der Natur gar nicht so selten anzutreffen. Unser Hornissenschwärmer ahmt die „Warntracht" der Hornisse nach. Gelb und Rot sind Farben, die an Feinde eine Warnung signalisieren. Sie bedeuten: „Vorsicht, ich bin gefährlich!" oder „Achtung, ich schmecke abscheulich!". In einer Kombination mit schwarzen Streifen oder Flecken wird der Kontrast und damit die Wirkung noch verstärkt. Dadurch, daß zahlreiche Insekten sowie andere Tiere die gleichen Warnfarben in Verbindung mit den Mustern „Streifung" oder „Fleckung" benutzen, erhöht sich deren Wirksamkeit. Vögel oder welche sonstigen Freßfeinde es auch sein mögen prägen sich die Warnsignale ein, sobald sie einmal schlechte Erfahrungen gemacht haben. Begegnen sie zukünftig wieder den gleichen Signalen, so beachten sie in der Regel die Warnung, ohne sich von der Echtheit der Botschaft zu überzeugen. Die Warntracht „Gelb-Schwarz" oder „Rot-Schwarz" bietet daher auch den Nachahmern, wie etwa dem Hornissenschwärmer, einen ausgezeichneten Schutz. Dieses Prinzip funktioniert, wie man heute weiß, sehr zuverlässig, solange der Anteil der Nachahmer 6O Prozent nicht übersteigt. Das heißt, noch nicht einmal die Hälfte der Tiere, die eine Warnfärbung tragen, müssen giftig oder ungenießbar sein.

Tiere mit Warnfarben

Die Raupe des **Monarchfalters** zeigt eine schwarzweiße Bänderung auf ihrem Körper. Dazwischen befinden sich orangegelbe Flecke. Es ist eine auffallende Warnzeichnung, die sehr zu Recht besteht. Denn diese Schmetterlingsraupe ist nicht nur gegen das starke Abwehrgift ihrer Futterpflanzen immun, sie vermag es sogar in ihrem eigenen Körper zu speichern. Die Futterpflanzen gehören zu den Schwalbenwurzgewächsen und enthalten Glykoside. Dies sind Herzgifte, die einen bitteren Geschmack aufweisen und schon in geringer Dosis Brechreiz auslösen. Kein Wunder, daß daher Vögel die warnende Färbung der Monarchfalterraupe beachten. Doch damit ist die Geschichte noch nicht zu Ende. Das von der Raupe gespeicherte Gift bleibt nicht nur während der Puppenruhe erhalten, sondern wird in großer Menge dem jungen Monarchfalter mit auf den Weg gegeben. Die Dosis des im Falter enthaltenen Giftes ist so hoch, daß sie sogar mittelgroße Säugetiere töten könnte. Es hat den Anschein, als ob der Falter seine Unangreifbarkeit ahnt. Bei Gefahr ergreift er im Gegensatz zu anderen Schmetterlingen nicht die Flucht. Er verläßt sich ganz auf seine orangeschwarze Warnfärbung. Da der Monarchfalter sich aber ausschließlich von Nektar ernährt, erhält er kein Gift nachgeliefert. Die Folge ist, daß seine Giftigkeit nachläßt. Alte Falter enthalten so gut wie keine Abwehrstoffe mehr in ihrem Körper. Sie werden dennoch von den Vögeln gemieden, da diese davon nichts wissen. Die schlechten Erfahrungen, die sie einmal mit jungen Faltern gemacht haben, läßt sie hinfort um sämtliche

Exemplare dieser Schmetterlingsart einen großen Bogen machen. Nur einer Vogelart, dem **Schwarzkopfknacker**, vermag das Gift nichts anzuhaben. Prompt stört sich dieser Vogel nicht an der Warntracht und verspeist die Monarchfalter als fette Leckerbissen. Dieses Phänomen einer Anpassung an eine andere bereits bestehende Anpassung läßt sich in der Natur sehr häufig beobachten.

In unserer einheimischen Tierwelt finden wir neben zahlreichen Insekten auch höher entwickelte Tiere, die sich einer Warntracht bedienen. Beispiesweise die Rotbauch- und die Gelbbauchunke. Der Bauch dieser Unken ist rot beziehungsweise gelb gefärbt und trägt schwarze Flecken. Sehen sie sich mit einer Gefahr konfrontiert, dann recken sie dem Feind ihre leuchtende Bauchseite entgegen.

Noch eindrucksvoller ist die Zeichnung des Feuersalamanders, dessen Haut zahlreiche Giftdrüsen enthält. Seine grell gelben Flecke auf tiefschwarzem Untergrund sind als Warnung wirklich nicht zu übersehen.

Neben dem Tarnen und Warnen gehört das Täuschen der Feinde zu den besonders erfolgreichen Überlebensstrategien der Tiere. Wer es schafft, den Angreifer, und sei es im letzten Augenblick, zu verblüffen oder zu erschrecken, vermag meist die tödliche Gefahr abzuwenden.

Zwei große Augen blicken dich an

Sitzt ein Schmetterling ungestört auf einer Pflanze, sind seine Flügel in der Regel geschlossen. Dann sind nur die unscheinbar gefärbten Flügelunterseiten zu sehen. Oftmals zeigen diese sogar eine regelrechte Tarnfärbung. Wird der Falter aber aufgeschreckt, klappt er die Flügel auf und fliegt anschließend weg. Zahlreiche Schmetterlinge, wie etwa das **Pfauenauge**, tragen auf den Flügeloberseiten zwei große augenähnliche Flecke. Bei geschlossenen Flügeln sind sie nicht zu sehen. Versucht nun ein Vogel einen solchen Schmetterling zu fangen, so starren ihn beim Aufklappen der Flügel plötzlich zwei große Augen an (Abb.5).

Von diesem Anblick verwirrt oder erschreckt gibt der Angreifer meist sein Vorhaben auf und sucht das Weite.
Auch unter den Vögeln findet man einzelne Arten, die sich zusätzliche falsche Augen zugelegt haben. So besitzt der in Afrika lebende **Perlkauz** zwei große, dunkle Augenflecke im Nacken. Da sie auch noch weiß umrandet sind, muß ein von hinten ankommender Feind den Eindruck haben, daß der Kauz ihn sieht und erkennt.

Ein Tier, das sich teilen kann

Bei einem Herbstspaziergang begegnete ich an einem sonnigen Waldrand einer Katze, die eine Eidechse gefangen hatte. Sie spielte mit ihr, so wie sie es auch gerne mit anderer Beute zu tun pflegt: Loslassen, wieder fangen, loslassen, wieder fangen! Plötzlich brach bei diesem grausamen Spiel der Schwanz der Eidechse ab. Er zappelte im Sand des Weges hin und her und lenkte dadurch die Aufmerksamkeit der Katze auf sich. Die Eidechse aber war sofort davongehuscht und im Herbstlaub verschwunden, lange bevor die Katze begriff, daß der Hauptteil der Beute fehlte.

Eidechsen besitzen an ihrem Schwanzansatz eine Stelle, die schon von der Natur auf ein Abbrechen vorpräpariert ist. Hält ein Räuber die zappelnde Eidechse an ihrem Schwanz fest, so bricht er ab, ohne daß die Eidechse eine nennenswerte Verletzung erleidet. Im Laufe der Zeit wächst der Schwanz wieder nach, allerdings nicht bis zu seiner ursprünglichen Länge. Doch besser ein kürzerer Schwanz als nicht mehr zu existieren! Es hat sich sogar herausgestellt, daß dieses lebensrettende Verfahren wiederholbar ist.

Es gibt noch eine andere Tiergruppe, die sich durch eine Opfergabe das Leben zu retten vermag: die **Seegurken**. Diese walzenförmigen Tiere sind mit den Seesternen und Seeigeln verwandt. Sie leben auf dem Meeresgrund und ernähren sich von Kleinlebewesen. Diese erbeuten sie mit ihren zehn kleinen Fangarmen, die von einer klebrigen

Substanz bedeckt sind. Wie an einem Fliegenfänger bleibt die Beute daran haften. Anschließend werden die Fangarme zur Mundöffnung geführt und die Nahrung dort abgestreift. Bei dieser bequemen Ernährungsweise brauchen sich die Seegurken auf dem Meeresgrund kaum fortzubewegen. Das ist für sie an sich angenehm, leider aber mit einem erhöhten Gefahrenrisiko verbunden. Entdeckt ein Feind diese langsamen, wehrlosen Tiere, hätte er es nicht schwer, ihnen den Garaus zu machen. Doch die Natur hat diesen hilflosen Wesen auf geniale Weise geholfen. In höchster Not spucken sie dem Angreifer ihre gesamten Eingeweide entgegen. Der Feind sucht nach dieser ungewöhnlichen Behandlung entweder das Weite oder er verzehrt die Opfergabe, derweil die Seegurken Zeit haben, sich in Sicherheit zu bringen.

Ähnlich der Eidechse, die ihren Schwanz regenerieren kann, vermögen die Seegurken ihre inneren Organe, nachdem sie diese geopfert hatten, innerhalb weniger Tage neu zu bilden.

Vorne ist hinten und nicht umgekehrt

Die größten Erfolgschancen hat ein Räuber, wenn er seinen Angriff auf den Kopf des Beutetieres richtet. Meist ist es dabei für ihn nicht schwer, das Kopfende des ausersehenen Opfers zu erkennen. Doch nicht immer! Bei einigen Schmetterlingen, wie etwa dem **Zipfelfalter**, ist der Kopf sehr unauffällig gestaltet. Die hinteren Flügelenden dagegen sind leuchtend gefärbt und zu einem falschen Kopf geformt. Zusätzliche Flügelfäden täuschen die Schmetterlingsfühler vor. Kein Wunder, wenn da ein Vogel den Schmetterling am verkehrten Ende zu packen sucht und dieser ihm dabei entwischt.

Auch eine Reihe von Fischen führen ihre Feinde auf ähnliche Weise in die Irre. Sie verstecken ihre dunklen Augen unter einer schwarzen Binde und tragen dafür am hinteren Körperende ein großes künstliches Auge, das die Aufmerksamkeit jedes angreifenden Raubfisches auf sich lenkt (Abb.6). Welche Überraschung für ihn, wenn das Opfer plötzlich

scheinbar rückwärts die Flucht ergreift.
Manche Schlangen und Echsen besitzen ein leuchtend gefärbtes Hinterende.

Fühlt sich die ungiftige Schlange **Cylindrophis rufus** angegriffen, schmiegt sie ihren unscheinbaren Kopf eng an den Körper und hebt ihre Schwanzspitze steil empor. Diese ist leuchtend rot gefärbt und von einem weißen Querband begrenzt (Abb.7). Lauert hier jetzt nicht eine angriffsbereite gefährliche Schlange auf eine Blöße ihres Gegners? Diese drohende Signalsprache versteht jeder Schlangenjäger und bleibt friedlich.

Gäbe es einen Wettbewerb für tierische Täuschungskünstler, dann hätte die in Thailand lebende **Langkopfzirpe** beste Aussichten ihn zu gewinnen. Sitzt sie auf einer Pflanze, so verbirgt sie den kleinen Kopf zwischen den Vorderbeinen. Jetzt fallen nur noch ihre Flügelenden auf. Sie sind zu einem markanten künstlichen Kopf umgestaltet: Zwei große Augen mustern die Umgebung, schwarze schnabelartige „Mundwerkzeuge“ mahnen zur Vorsicht und große, lange Fühler verraten die Sprungrichtung des Tieres (Abb.8). Diesen Eindruck hat jeder Insektenfresser. Was er daher nicht erwartet, ist, daß die Zirpe bei seiner Annäherung in hohem Bogen nach „hinten“ wegspringt.

Hilfe für eine Muschel

Ein ganz anderer Grund zur Täuschung besteht für die Muschel **Lampsilis ovata**. Ihre winzigen Larven wachsen in den Kiemen von Fischen heran, denen sie die lebensnotwendigen Nahrungsstoffe entziehen. Gelangen die Larven beim Einatmen des Fisches zu den Kiemen, so beißen sie sich an diesen fest und ernähren sich hinfort von Fischblut. Würde nun die Muschel ihre jungen Larven einfach in das Wasser entlassen, gelangten vermutlich nur wenige an das vorgesehene Ziel. Denn die Wahrscheinlichkeit, von einem Fisch eingeatmet zu werden, ist für diese Winzlinge ziemlich gering. Daher wollte die Muschel auf Nummer Sicher gehen. Doch wie bringt man seinen Nachwuchs in das Maul eines Fisches? Hier ist guter Rat teuer. Aber wieder einmal hat die Natur eine hilfreiche Lösung gefunden. Der Mantelrand des Muschelweibchens ist lappenartig erweitert und zu einer regelrechten Fischattrappe umgeformt. das eine Ende des Mantellappens hat die Gestalt eines Fischkopfes und trägt einen dunklen Augenfleck. Das andere Ende gleicht dem Schwanz eines Fisches (Abb.9). Da dieser Mantelanhang regelmäßige Bewegungen ausführt, scheint der künstliche Fisch mit seinem Schwanz zu wedeln. Welcher Raubfisch sollte da widerstehen können. Bevor er jedoch die vermeintliche Beute schnappen kann, bläst die Muschelmutter einen ganzen Haufen von Larven derart kräftig ins Wasser, daß sie dem Räuber ins weit geöffnete Maul fliegen. Mit dem Strom des Atemwassers gelangen die Larven von dort in Sekundenschnelle zu ihrem Ziel, den Kiemen.

Zeugen diese Anpassungen der Lebewesen nicht von einem ungewönlichen Einfallsreichtum der Natur? Nur, wer oder was verbirgt sich hinter dieser so oft zitierten „Natur" ? Wie kommen jene erstaunlichen, oftmals geradezu genialen Ideen zustande?

Angesichts dieser Fragen sollten wir uns jetzt zunächst einmal etwas näher ansehen, welche Erklärungen die Mehrheit der Biologen für die Entstehung jener Tierleistungen und für die gesamte Entfaltung der Tier- und Pflanzenwelt anzubieten hat.

Kapitel 8
Das Zeitalter Darwins

Wenn heute im Fernsehen die Familie Feuerstein als Steinzeitmenschen zusammen mit einem zahmen kleinen Saurier die Kinderherzen erfreut, lächeln viele Erwachsene voller Nachsicht. Wissen sie doch, daß Saurier und Steinzeitmenschen Jahrmillionen von einander trennen. Vor hundertfünfzig Jahren hätte man dies noch ganz anders gesehen. Damals galt es als selbstverständlich, daß ein Schöpfer sämtliche Lebewesen auf der Erde zur gleichen Zeit geschaffen hatte und diese daher von Anbeginn an nebeneinander existierten. Sogar über den Zeitpunkt des Schöpfungsaktes hatte man damals recht konkrete Vorstellungen. Nachdem im 17. Jahrhundert der Erzbischof James Ussher das Jahr 4004 v. Chr. als Schöpfungsdatum verkündet hatte, schien den Menschen über zwei Jahrhunderte hinweg eine Zeitspanne von rund sechstausend Jahren für das bisherige irdische Leben lang genug zu sein.

Eine Revolution in der Biologie

Obwohl schon Darwins Großvater, der Arzt und Naturforscher Erasmus Darwin 1794 in seinem Werk „Zoonomia" eine Evolution des Lebens vermutete und Jean Baptiste Lamarck rund hundert Jahre später sogar konkrete Vorstellungen über die Ursachen der Stammesentwicklung veröffentlichte, hielt sich der Gedanke einer spontanen Schöpfung bis weit in das 19. Jahrhundert hinein. Die Schöpfungsdarstellung der Bibel vermochte lange Zeit sämtliche wissenschaftlichen Bedenken zu zerstreuen. Erst als 1859 Charles Darwins Buch „Über den Ursprung der Arten durch natürliche Zuchtwahl" erschien, begann sich die Betrachtungsweise zu ändern. Mit seinem Werk löste Darwin zunächst einen Sturm der Entrüstung aus. Bald aber führten seine Ideen

zu einem Wandel des biologischen Weltbilds.
Charles Darwin war ein genialer Naturforscher. Seine Naturstudien und Forschungsreisen führten ihn zu der Erkenntnis, daß der Daseinskampf in der Natur die Triebkraft war, die eine Höherentwicklung der Lebewesen verursachte. Je besser ein Tier oder eine Pflanze der Umwelt angepaßt war, desto größer waren die Überlebenschancen. Weniger gut angepaßte Lebewesen starben aus. Neue Eigenschaften, die durch den Zufall bedingt auftraten, beispielsweise die Fähigkeit zum Fliegen, erlaubten die Eroberung neuer Lebensräume und schufen Vorteile gegenüber einfacher gebauten Lebensformen. Je leistungsfähiger die Lebewesen wurden, desto bessere Chancen hatten sie im Lebenskampf. Diese natürliche Auslese führte nach Darwins Meinung dazu, daß im Laufe der Zeit eine Evolution von einfachsten Lebensformen zu immer höher entwickelten Tier- und Pflanzenarten stattfand.

Vom Einzeller zum Menschen

Heute ist diese sogenannte Evolution des Lebens wissenschaftliches Allgemeingut geworden. Wir wissen, daß das Leben im Meer seinen Anfang nahm. Die ältesten Lebensspuren finden wir in Gesteinen, die aus Meeresablagerungen entstanden. Man bezeichnet derartige Gesteine als Sedimente. Da es heute möglich ist, mit radioaktiven Methoden das Alter eines Gesteins zu bestimmen, läßt sich der Zeitpunkt angeben, wann das Leben auf der Erde begann. In südafrikanischen Sedimentgesteinen mit dem erstaunlichen Alter von zwei Milliarden Jahren fand man versteinerte Algen. In Australien wurden einzellige Formen entdeckt, die vor dreieinhalb Milliarden Jahren lebten. Den bisherigen Altersrekord halten einzellige Lebensspuren in norwegischen Sedimentgesteinen. Sie blicken auf eine Vergangenheit von 3,8 Milliarden Jahren zurück. Diese Funde berechtigen uns zu der Annahme, daß das Leben auf unserer Erde vor fast vier Milliarden Jahren seinen Anfang nahm. Dies ist erstaunlich, da das Alter der Erde, ja unseres ganzen Sonnensy-

stems nicht viel mehr als 4,5 Milliarden Jahre beträgt.
Die ersten irdischen Kleinstlebewesen dürften in ihrer Lebensweise, vor allem in ihrem Stoffwechsel, den heutigen Bakterien und primitiven Algen sehr ähnlich gewesen sein. Sie mußten die Fähigkeit besitzen, ihre Lebensenergie aus anorganischen Substanzen wie Wasser, Gasen und Salzen zu beziehen. Einzellige Tiere konnten auf der Erde erst viel später entstehen. Sind sie doch auf organische Nahrung angewiesen, das heißt auf die Existenz anderer Lebensformen oder deren Überreste. Wie diese ersten Tiere aussahen, können wir uns recht gut vorstellen. Vermutlich ähnelten sie den Amöben, die wir heute noch in vielen Gewässern antreffen. Es sind winzige Klümpchen aus Zellplasma. Da diesen Einzellern eine feste Außenhaut fehlt, können sie ihre Gestalt beliebig verändern. Sie kriechen, besser gesagt, sie fließen über die Oberfläche von Wasserpflanzen. Stoßen sie dabei auf Bakterien, Kieselalgen oder sogar kleinere Wimpertierchen, so umfließen sie diese und nehmen sie in ihrem Körper auf. Unverdauliche Teile werden beim Weiterfließen der Amöbe ausgeschieden, das heißt sie bleiben einfach liegen. Will sich eine Amöbe fortpflanzen, teilt sich zunächst ihr Zellkern. Anschließend schnürt sich ihr Plasmakörper in der Mitte durch. Es entstehen zwei Hälften. Jede davon ist eine neue Amöbe, die sich selbständig weiterbewegt. Diese Vermehrung durch einfache Zellteilung ist bei Einzellern die Regel.

Die Weiterentwicklung von derart einfachen Lebewesen bis zu den Wirbeltieren und dem Menschen beanspruchte einen Zeitraum von fast vier Milliarden Jahren. Zunächst entstanden aus den Einzellern andere wirbellose Tiere, wie Schwämme, Quallen, Seesterne, Trilobiten, Muscheln, Schnecken oder Tintenfische. Vor rund vierhundert Millionen Jahren traten dann die ersten Wirbeltiere auf. Es waren die Fische. Achtzig Millionen Jahre später begannen die Wirbeltiere das Wasser zu verlassen und das Festland zu erobern. Zuerst waren es Amphibien, deren heutige Nachfahren uns allen als Frösche und Salamander bekannt sind. Diese Amphibien waren und sind auch heute noch teilweise an das

nasse Element gebunden. Ihre Larven besitzen nämlich Kiemen, das heißt sie können nur im Wasser existieren.
Erst vor zweihundertfünfzig Millionen Jahren waren mit dem Auftreten der Reptilien echte Festlandbewohner entstanden. Siebzig Millionen Jahre später erschienen die ersten Säugetiere auf der Erde und vor etwa hundertfünzig Millionen Jahren schließlich die Vögel.

Interessant ist, daß die Säugetiere über viele Jahrmillionen hinweg ein Schattendasein führten. Es war jene Zeit, in der die Riesensaurier die Erde beherrschten. Mit dem Aussterben der Saurier vor rund sechzig Millionen Jahren begannen die Säugetiere regelrecht aufzublühen. Damals setzte eine geradezu rapide Entwicklung ein. Aus Zwergformen entstanden die heute bekannten Arten. So entwickelte sich beispielsweise in den letzten fünfzig Millionen Jahren das Urpferd, das die Größe eines Zwergpudels besaß und auf vier beziehungsweise hinten auf drei Zehen lief, zu dem Wildpferd, dem Stammvater aller heutigen Pferderassen. Der Mensch schließlich, der den vorläufigen Abschluß des Entwicklungsstammbaumes bildet, trat erst in den letzten zwei bis drei Millionen Jahren in Erscheinung.

Auch die Pflanzen zeigen eine ähnliche stammbaumartige Entwicklung. Sie entfalteten sich, ausgehend von einzelligen Algen, ebenfalls zuerst im Meer. Landpflanzen traten erst vor vierhundertsechzig Millionen Jahren auf. Es waren sogenannte Sporenpflanzen. Wir finden sie heute noch recht häufig als Moose, Farne und Schachtelhalme. In der Steinkohlezeit, dem Erdzeitalter des Karbon, bildeten sie in Form mächtiger Bäume die ausgedehnten Steinkohlewälder und schufen damit die Grundlage für die heutigen Kohlelagerstätten. Vor hundertdreißig Millionen Jahren schließlich setzte die Entwicklung der höheren Blütenpflanzen ein, die heute den Hauptanteil der irdischen Pflanzenwelt stellen.

Zufall und natürliche Auslese sind die Kriterien, die nach Darwins Meinung die Evolution der Pflanzen und Tiere steuern. Auch heute noch nach mehr als hundertdreißig Jahren bestimmen seine Ideen das Denken der meisten Biologen. Vor allem seit die moderne Vererbungslehre, die Genetik, das Zustandekommen von Erbänderungen erklären kann. Als sogenannte „Neodarwinisten" vertreten sie die Selektionstheorie. Diese häufig auch als Große Synthese bezeichnete Theorie versucht die Evolution rein mechanistisch zu erklären: als Produkt von zufallsbedingten Mutationen und einer natürlichen Auslese.

Als Mutationen bezeichnet man die Erbänderungen, die in der Natur immer wider auftreten und die sich heute auch künstlich erzeugen lassen. Wie sie zustande kommen, wollen wir uns im Folgenden kurz ansehen.

Gene verkörpern die Erbmerkmale

Grundlage alles Erbgeschehens sind, wie man heute weiß, die Gene. Ob es unsere Haar- und Augenfarben sind oder die Farbmuster von Schmetterlingsflügeln oder die Formen von Blättern, alle diese Merkmale, die sich von Generation zu Generation weitervererben, werden als Gene bezeichnet. Sie bestimmen die Gestalt eines Lebewesens, seinen Stoffwechsel, ja sogar seine erbbedingten Handlungsweisen.

Diese Gene haben ihren Sitz in den Zellkernen sämtlicher Zellen, ganz gleich, ob es sich dabei um ein einzelliges Lebewesen oder ein Tier handelt, dessen Körper aus Milliarden von Zellen besteht. Sie sind in den Zellkernen nicht willkürlich verteilt, sondern befinden sich in mikroskopisch feinen Fäden, den sogenannten Chromosomen. In diesen Chromosomen sind die Gene wie die Perlen einer Perlenkette hintereinander aufgereiht.

Inzwischen ist es sogar gelungen, den molekularen Feinbau vieler Gene zu entschlüsseln. Man weiß jetzt, daß jedes Chromosom ein fadenförmiges Riesenmolekül enthält, die sogenannte DNA. Diese Abkürzung bedeutet Desoxiribonukleinsäure. Das Riesenmolekül hat die Form einer Strickleiter. Die beiden „Seitenseile" bauen sich jeweils aus einer langen Kette von Zucker- und Phosphatmolekülen auf. Die

„Strickleitersprossen“ bestehen stets aus zwei aneinander gekoppelten Basen (Abb.15a). Das Eigenartige ist, daß es nur vier verschiedene Basen gibt, von denen jeweils zwei aneinander passen, das heißt ein Paar bilden können. Es sind dies Guanin (G) und Cytosin (C), beziehungsweise Thymin (T) und Adenin (A).

Will sich eine Zelle teilen, dann muß sich der DNA-Faden verdoppeln, da er die lebenswichtigen Gene enthält. Zu diesem Zweck spaltet er der Länge nach auf. Anschließend muß jede Fadenhälfte den fehlenden Teil ergänzen. Das geschieht, indem die passenden Molekülbausteine angelagert werden (Abb.15b).

Nachdem wir jetzt den Aufbau des DNA-Moleküls kennen, ist die Frage relativ einfach zu beantworten, worum es sich eigentlich bei einem Gen handelt. Ein Gen ist ein Teilstück des DNA-Moleküls. Es umfaßt in der Regel einige hundert Basenpaare. Die größten Gene besitzen mehrere tausend, das kleinste nur 21 Basenpaare.

Obgleich es nur vier verschiedene Basen gibt, erlauben diese eine unvorstellbare Fülle von Kombinationen. Ein Vergleich mit den vielbenutzten Sicherheitsschlüsseln mag uns dies veranschaulichen. Ein Sicherheitsschlüssel weist in der Regel drei unterschiedliche Zacken beziehungsweise Einkerbungen auf: ganz große, mittelgroße und kleine. Meistens sind fünf bis sechs davon hintereinander auf einem Schlüssel angeordnet. Durch die verschiedene Reihenfolge lassen sich weit über hunderttausend Schließsysteme bauen, die jeweils nur mit einem ganz bestimmten Schlüssel zu öffnen sind.

Bei den Genen dagegen haben wir vier verschiedene Basen. Sie entsprechen den unterschiedlich großen Zacken des Schlüssels. Aber während beim Schlüssel nur sechs Zacken hintereinander liegen, enthält ein Gen eine Reihe von mehreren hundert Basen aneinandergefügt. Deren Reihenfolge kann vielfältig variieren, beispielsweise

AACTGCCCGATC......oder CATGAGGGTTAAA.... .

Damit steigt die Zahl der Kombinationsmöglichkeiten fast ins Unermeßliche. Die DNA eines Lebewesens könnte daher wesentlich mehr

Gene enthalten als tatsächlich vorhanden sind. Beim Menschen sind es über hunderttausend Gene, die sämtliche Erbinformationen tragen.

Mutationen verändern die Lebewesen

Durch äußere Einflüsse, beispielsweise durch Strahleneinwirkung, kann sich die Reihenfolge der Basen ändern. In diesem Fall erhält das betroffene Gen neue Eigenschaften und das zugehörige Körpermerkmal, etwa die Augenfarbe, verändert sich. Eine Mutation ist enstanden.

Als die Genetiker dies erkannt hatten, waren sie überzeugt, den Schlüssel zum Verständnis der Evolution gefunden zu haben.

Immer wieder treten in der Natur durch Zufall spontane Mutationen auf. So ist zum Beispiel die Blutbuche durch eine Mutation entstanden. Blätter der Buche sind normalerweise durch das darin enthaltene Chlorophyll grün gefärbt. Bei einem Baum, den man im Jahre 119O bei Zürich entdeckte, wurde infolge einer Mutation ein roter Blattfarbstoff zusätzlich gebildet. Er überlagert die helle Grünfärbung und gibt den Blättern der Blutbuche den dunklen rötlichen Farbton. Da diese Mutation bei der Weitervermehrung des Baumes erhalten blieb, ist die Blutbuche heute in fast jedem Park anzutreffen.

Bereits seit Jahrtausenden nutzen Tier- und Pflanzenzüchter das gelegentliche Auftreten von Mutationen aus. Denken wir nur an die Getreidepflanzen, die der Mensch in Kleinasien vor rund achttausend Jahren aus Wildgräsern zu züchten begann. Oder an die Vielfalt der heutigen Hunderassen. Sie leiten sich alle von einem Vorfahren ab, dem Wolf.

Ein schönes Beispiel, wie man durch systematische Suche relativ schnell zu bestimmten Züchtungsergebnissen gelangen kann, ist die Lupine. Diese Pflanze bidet mit den Knöllchenbakterien eine Lebensgemeinschaft, eine sogenannten Symbiose. Die Bakterien leben in den Wurzeln der Lupine und speichern dort große Mengen Stickstoff, da sie im Gegensatz zu den meisten Pflanzen in der Lage sind, den Luftstickstoff chemisch zu binden. Deshalb wurde die Lupine häufig zur Gründüngung verwendet. Das heißt die Landwirte bauten die Lupine auf einem Feld an und pflügten im Herbst deren Wurzeln unter. Die im darauffolgenden Jahr angebauten Nutzpflanzen fanden dann einen reich mit Stickstoff versorgten Boden vor. Gerne hätten die Landwirte die oberirdischen Teile als Viehfutter verwendet. Leider enthielten sie einen Bitterstoff, der dazu führte, daß die Tiere diese Pflanze verschmähten. So blieb nichts anderes übrig, als die Hoffnung darauf zu setzen, daß bereits durch Mutation eine Lupine entstanden war, der dieser störende Bitterstoff fehlte. Es galt jetzt nur, diese bitterstoffreie Pflanze unter den vielen anderen Lupinen herauszufinden. Den Forschern war klar, daß wenn überhaupt eine derartige Pflanze bereits existierte, diese äußerst selten war. Rechnet man doch, daß ein Gen sich durch Mutation erst nach fünfhunderttausend bis fünf Millionen Generationen ändert. Deshalb entwickelten sie als erstes eine Nachweisreaktion für den Bitterstoff, die sich ohne großen Zeitaufwand durchführen ließ. Dann begaben sie sich auf die Suche. Nachdem sie eineinhalb Millionen Pflanzen durchgetestet hatten, waren sie im Besitz von fünf Lupinen, die keinen Bitterstoff enthielten. Als man diese auf Versuchsfeldern vermehrte, zeigte es sich, daß die neu geschaffene „Süßlupine" einen großen Nachteil besaß. Die Hülsen ihrer Früchte waren nicht platzfest. Sie öffneten sich vorzeitig, so daß die Samen vor der Ernte herausfielen. Es war praktisch unmöglich, Saatgut in ausreichender Menge zu produzieren. Daher mußte die Suche nach einer geeigneten Mutation aufs neue beginnen. Und wieder hatten die Forscher Erfolg. Unter zehn Millionen Süßlupinen fanden sie ein Exemplar, das platzfeste Hülsen besaß. Damit war die Ausgangspflanze für die heute weit verbreitete Süßlupine gefunden.

Derartige Züchtungserfolge bestärkten die Anhänger der Selektionstheorie in ihrer Auffassung, daß Mutationen in Verbindung mit einer natürlichen Auslese die treibenden Kräfte der Evolution sind. Bei den Fortschritten der Evolution würde demnach der Natur die gleiche

Aufgabe zukommen, die der Forscher bei der Pflanzen- und Tierzüchtung wahrnimmt.

Ohne Zielrichtung geht es nicht

Wie wir gesehen haben, können sich durch Mutationen einzelne Eigenschaften von Tieren und Pflanzen ändern. Nur ist es leider so, daß die meisten zufällig enstandenen Mutationen für die betroffenen Lebewesen gar keinen Vorteil bringen, sondern sich oftmals sogar nachteilig auswirken. Denken wir nur an die zahlreichen Erbkrankheiten, die durch Mutationen entstanden sind. Vor allem aber führt eine Mutation stets nur zu einer geringfügigen Veränderung des Tieres oder der Pflanze. Um einen Wandel von einem kaltblütigen Reptil zu einem warmblütigen Säugetier hervorzubringen oder von einem hornschuppigen Reptil zu einem gefiederten Vogel, genügen nicht einzelne Mutationen. Herzu ist eine Fülle von Erbänderungen erforderlich. Und alle diese Mutationen müssen einander ergänzen, das heißt sie müssen in eine ganz bestimmte Richtung laufen.

Auch die Entwicklung von Organen, wie etwa des Auges, läßt die Unzulänglichkeit der Selektionstheorie erkennen. Die Enstehung des Auges kann man an Hand heute lebender Tiere gut nachvollziehen. Sie begann mit lichtempfindlichen Zellen in der Haut von Tieren. Mit ihnen können diese Tiere, beispielsweise der Regenwurm, zwischen hell und dunkel unterscheiden. Als nächstes folgten flache lichtempfindliche Pigmentbecher, dann tiefe, höhlenförmige Grubenaugen. Sie bestehen aus zahlreichen lichtempfindlichen Nervenzellen. Zwischen diesen sind dunkle Pigmentkörner eingelagert, um die Nervenzellen vor seitlichem Lichteinfall zu schützen. Das Grubenauge nimmt daher nur Licht wahr, das durch seine Öffnung hinein gelangt. Auf diese Weise kann das Tier bereits sehr gut unterschiedliche Lichtintensitäten orten.

Ein weiterer Entwicklungsschritt führte zu Grubenaugen mit einer kugelförmigen Sammellinse, die das einfallende Licht zu bündeln ver-

mochte. Viele Schnecken besitzen in ihrem oberen Fühlerpaar derartige Linsenaugen. Mit ihrer Hilfe können sie Lichtrichtungen wahrnehmen. Sie sind auf diese Weise in der Lage, sich bei ihren Kriechbewegungen an der Sonne zu orientieren.
Den krönenden Abschluß der Augenentwicklung bildete die Kombination einer bilderzeugenden Linse mit einer leistungsfähigen Netzhaut aus Millionen Sinneszellen. Sie erlaubt das Wahrnehmen präziser Bilder und damit ein genaues Erfassen der Umwelt. Wir finden diese perfekten Linsenaugen bei Tieren, deren Gehirn groß genug ist, um eine entsprechende Bildverarbeitung zu ermöglichen. Es sind dies die Tintenfische und sämtliche Wirbeltiere.

Ein solcher Entwicklungsweg setzt die Ausrichtung auf ein Ziel voraus. Es muß vor seinem Beginn bereits eine klare Zielvorstellung bestehen, ebenso eine Einsicht in zahlreiche physikalische und chemische Zusammenhänge. So muß ein Wissen um die lichtsammelnde Wirkung einer Linse vorhanden sein, genau so über ihre Fähigkeit, Bilder zu erzeugen. Nicht zuletzt muß auch die Bildaufnahme durch Nervenzellen und die Bildverarbeitung durch ein leistungsfähiges Gehirn bereits vorher als Endziel feststehen. Kurz gesagt: Der Entwicklung des Linsenauges liegt eine geniale Idee zugrunde!

Das gleiche gilt für die Anpassungen der Muschel Lampsilis ovata, der wir am Schluß des vorigen Kapitels begegneten. Eine Zufallsmutation könnte bei ihr wohl zu einer Erweiterung des Mantelrandes geführt haben. Damit hieraus aber eine Fischattrappe entstehen konnte, bedurfte es gleich mehrerer aufeinander abgestimmter Mutationen. Die Erzeugung von rhythmischen Bewegungen in der Attrappe erforderte mindestens eine weitere Mutation. Nicht anders ist es bei dem Larven-Ausstoßmechanismus, wenn ein Fisch sich nähert. Und schließlich dürfen wir die Larven selbst nicht vergessen. Um sich an den Fischkiemen festbeißen zu können, benötigen sie eine Beißvorrichtung, die Muschellarven normalerweise nicht besitzen. Ein derartiger Beißapparat vermag sich jedoch nicht ohne einige einander ergänzende Mutationen zu bilden. Jede dieser zahlreichen erforderlichen Erbänderungen ergäbe ohne die übrigen Mutationsschritte keinen Sinn, schon gar nicht einen Auslesevorteil. Mit anderen Worten, die Selektionstheorie vermag derartige Probleme nicht zu lösen.

Das haben inzwischen auch einzelne namhafte Wissenschaftler erkannt. So ist der Nobelpreisträger Manfred Eigen zu der Ansicht gelangt, „daß Gene, die eine optimale Funktionseinheit repräsentieren, nicht per Zufall entstehen konnten, sondern das Ergebnis eines auf ein Optimum ausgerichteten zielstrebigen Prozesses sein müssen."

Offen bleibt dabei die Frage, auf welchem Wege die Zielsetzung und Zielsuche erfolgt. Es sind weder Naturgesetze bekannt, die sich dafür verantwortlich machen ließen, noch Mechanismen, nach denen sie ablaufen könnten.

Handelt es sich bei den genialen Ideen und Erfindungen, die überall in der Natur zu beobachten sind, nicht eher um Ausdrucksformen eines schöpferischen Geistes? Naturgesetze vermögen zwar Abläufe von physikalischen und chemischen Reaktionen zu regeln. Doch welches Naturgesetz ist befähigt, kreative Ideen hervorzubringen?

In den folgenden Kapiteln wollen wir uns mit weiteren Anpassungungen von Pflanzen und Tieren befassen, die sich so gar nicht in das Schema „Evolution = Mutationen + natürliche Auslese" einfügen.

Kapitel 9
Geheimnisvolle Welt der Einzeller

Langsam, fast unmerklich schiebt sich ein winziges Schleimklümpchen über die Oberfläche einer Wasserpflanze. Es ist beinahe durchsichtig und kaum einen Millimeter groß. Welches räuberische Tier vermöchte es zu entdecken? So gut ist es seiner Umgebung angepasst. Es ist eine Amöbe, die wir bereits im vorigen Kapitel kennenlernten. Sie hat wegen ihrer Unauffälligkeit nahezu keine Feinde. Dennoch gibt es zahlreiche verwandte Arten, die jedes Risiko ausschließen wollen und sich einen zusätzlichen Schutz schaffen. Es sind dies die sogenannten beschalten Amöben. Sie sind in der Lage, obwohl sie nur aus einer einzigen Zelle bestehen, sich kleine schützende Gehäuse zu bauen.

Mein Haus ist das schönste!

Die Innenwand ihres Gehäuses stellen diese Amöben im allgemeinen aus organischen Stoffen her, die ihr Zellkörper ausscheidet. Die Außenhülle dagegen fertigen diese winzigen Künstler aus den unterschiedlichsten Materialien an. Sehr oft sind es feine Quarzsandkörnchen, die mit Kieselsäure zusammengekittet werden. Nicht selten gelangen auch Kieselalgenschalen zum Einbau. Bei anderen Arten wiederum sind es kleinste quadratische Kalkplättchen, die die Außenwand zieren. Nur an der Unterseite des Gehäuses lassen sie eine Öffnung. Aus dieser strekken sie feine, bewegliche Plasmafortsätze heraus, ihre „Scheinfüßchen". Mit ihnen spazieren sie auf den Wasserpflanzen herum und nehmen dabei die Nahrung auf.

Was die Bauleistungen anbelangt, werden die beschalten Amöben von anderen Wurzelfüßern, zu denen sie selbst übrigens auch gehören, bei weitem übertroffen. Jene ausgezeichneten Baumeister sind die meeresbewohnenden **Foraminiferen**. Was soviel wie „Lochschalenträger" heißt. Manche dieser Foraminiferen erweisen sich schon bei der Beschaffung ihres Baumaterials als sehr anspruchsvoll und wählerisch. Einzelne Arten nehmen nur kleine Schüppchen von Glimmer, andere nur Kieselnadeln von Schwämmen. Man fand sogar Foraminiferen, die ihr Gehäuse aus Edelsteinen anfertigten und zwar aus winzigen Kristallen von Granat. Die meisten Arten jedoch schaffen sich kunstvolle Gehäuseschöpfungen aus Kalk.

Die größten Baukünstler unter den Wurzelfüßern sind die **Radiolarien**. Ihre feingliedrigen, gehäuseartigen Skelette aus Kieselsäure sind von unvergleichlicher Schönheit (Abb.11). Aus den zahlreichen Öffnungen dieser Gebilde ragen lange dünne Plasmafäden hervor. Sie umgeben die Radiolarien nach allen Seiten wie ein großer Strahlenkranz und wirken wie Leimruten, an denen die Nahrungspartikel kleben bleiben. Das Plasma enthält Hohlräume, die zum Teil mit Gasen gefüllt sind. Dadurch wird den Radiolarien das Schweben im Wasser erleichtert.

Wohl kaum ein Goldschmied könnte einen größeren Einfallsreichtum zeigen. Welche Triebkraft läßt eine winzige Zelle derart eindrucksvolle Gebilde hervorbringen?

Das perfekte Pantoffeltierchen

Bringt man etwas Heu in ein Glas Wasser und läßt dieses zwei bis drei Wochen stehen, dann gehen die Pflanzenreste in Fäulnis über und an der Wasseroberfläche bildet sich ein dicke, trübe Haut. Sie enthält Millionen von Bakterien. Diese wiederum dienen winzigen einzelligen Tieren, die sich geschickt mit Hilfe von Wimpern fortbewegen können, als Nahrung.

Als vor mehr als dreihundert Jahren Forscher mit ihren selbstgebauten Mikroskopen in derartigen Heuaufgüssen die Einzeller entdeckten, glaubten sie, diese seien durch Urzeugung aus den faulenden Pflanzenresten entstanden. Heute weiß man natürlich, daß das Auftauchen von Wimpertierchen in Heuaufgüssen ganz andere Ursachen hat. Trocknet nämlich ein kleine Wasseransammlung, beispielsweise ein flacher Tümpel oder ein Wassergraben aus, dann kapseln sich die Wimpertierchen rechtzeitig ein. Sie bilden unter Wasserabgabe eine feste Hülle. Es ensteht eine sogenannte **Cyste**. Dise vermag extreme Witterungsbedingungen, zum Beispiel Trockenheit, ausgezeichnet zu überstehen. Durch den Wind werden die Cysten an Pflanzen wie etwa Gräser geweht. Gelangen sie mit diesen wieder in Wasser, so löst sich die Hülle der Cyste auf und das darin enthaltene Wimpertierchen erwacht wieder zu aktivem Leben.

Und welche Aktivitäten die mikroskpisch kleinen Wimpertierchen zeigen! Obwohl sie nur aus einer einzigen Zelle bestehen, enthält ihr Körper eine ganze Reihe von Einrichtungen, die Funktionen von Organen erfüllen. Da sie aber nicht wie Organe höherer Tiere aus Millionen von Zellen bestehen, nennt man sie **Organellen** (Abb.12).

Ein Zellmund strudelt mit Hife von Wimpern Nahrung in den trichterförmigen Schlund. An dessen Ende bilden sich um die ankommenden Nahrungspartikel herum Nahrungsvakuolen. Haben diese genügend Nahrungsteilchen, beispielsweise Bakterien, aufgenommen, so lösen sie sich ab und wandern durch das Plasma des Wimpertierchens. Dabei wird die Nahrung allmählich verdaut. Unverdauliche Teile werden an einer anderen durchlässigen Stelle des Zellkörpers, dem sogenannten Zellafter, ausgeschieden. Besonders auffallend sind die beiden pulsierenden Bläschen, die sich im Rhythmus von einigen Sekunden füllen und anschließend durch die Zellhaut nach außen entleeren. Sie scheiden dabei überschüssiges Wasser und darin gelöste Abfallstoffe aus. Das heißt sie erfüllen gewissermaßen die Funktion der Nieren von höheren Tieren.

Zur Fortbewegung besitzt das Pantoffeltierchen mehrere tausend Wimpern. Sie schlagen alle im gleichen Takt, so daß es ausgezeichnet schwimmen kann. Stößt es gegen ein Hindernis, so wendet es und schwimmt in einer anderen Richtung davon. Wie es den Gleichschlag der Wimpern bewerkstelligt, weiß man bis heute nicht. Bekannt ist lediglich, daß die Wimpern an ihrer Basis durch feine Fibrillen miteinander verbunden sind. Der Steuermechanismus selbst ist jedoch bislang ein Rätsel. Bei höheren Tieren erfolgt die Steuerung über Nerven, die aus zahlreichen Nervenzellen und Nervenfasern bestehen.

Sogar an die Verteidigung hat die Natur bei den Wimpertierchen gedacht. Unter ihrer Haut lagern Tausende sogenannter Trychocysten. Bei Gefahr, beispielsweise wenn Sauginfusorien sie überfallen, stoßen sie aus den Trychocysten Fäden mit pfeilförmigen Spitzen aus. Die zu Tausenden abgeschossenen Pfeile bilden eine wirksame Abwehr.

Doch hiermit erschöpft sich noch nicht die Leistungsfähigkeit des Pantoffeltierchens. Experimente zeigten, daß es deutlich auf verschiedene Reize zu reagieren vermag. Zum Beispiel auf chemische Reize. Setzt man einer Wasserprobe, die zahlreiche Pantoffeltierchen enthält, einen Tropfen Säure zu, so flüchten die Tierchen aus der unmittelbaren Umgebung des Säuretropfens. Schwimmen sie dabei zu weit weg, kehren sie sogleich um und nähern sich wieder dem Tropfen. Schließlich umgeben sämtliche Pantoffeltierchen ringförmig die Säureansammlung. Sie bevorzugen offensichtlich eine ganz bestimmte Säurekonzentration. In ähnlicher Weise reagieren sie auf Lichtreize, Temperaturreize und Berührungsreize. Sogar mit elektrischem Gleichstrom läßt sich ihre Schwimmrichtung beeinflussen.

Sind diese Leistungen des Pantoffeltierchens nicht eigentlich erstaunlich? Zellen sind die Bausteine, aus denen sich sämtliche Lebewesen zusammensetzen. Wohl sind die Zellen entsprechend ihren Aufgaben unterschiedlich gestaltet. Eine Muskelzelle sieht anders aus als eine Knochenzelle und eine Nervenzelle ähnelt keinesfalls einer Leberzelle. Doch hier bei den Einzellern begegnen wir Differenzierungen im Aufbau und Verhalten, wie wir sie sonst nur von höher entwickelten Tieren kennen. Ob es sich dabei um den Bau kunstvoller Gehäuse oder die Entwicklung von Organellen handelt oder um die reizempfindlichen Wimpertierchen, die in in ihrem gesamten Verhalten wie winzige Modellausgaben von komplizert gebauten Wassertieren wirken. Es ist eine ungewöhnliche Formenvielfalt, die bereits in der kleinsten Lebenseinheit, der selbständigen Zelle, erkennbar wird. In ihr offenbart sich ein einzigartiger Erfindungsreichtum, der mit Sicherheit nicht dem Zufall entsprungen ist.

Kapitel 10
Was Ameisen alles können

Bei einem Waldspaziergang ist ihnen wohl schon jeder von uns begegnet, den Ameisenhaufen der **Roten Waldameise**. Aus Nadeln, kleinen Aststückchen und anderen Pflanzenteilen errichtet, beherbergen sie bis zu zwei Millionen Tiere. Wir haben hier Tierstaaten vor uns, die diese Bezeichnung wirklich verdienen.
Während sich die Rote Waldameise von Insekten und anderen Kleintieren ernährt, zeigen manche Ameisenarten eine ganz ungewöhnliche Spezialisierung.

Pilze sind eine köstliche Mahlzeit

Die **Blattschneiderameisen** machen ihrem Namen alle Ehre. Sie ziehen zu vielen Tausenden aus, erklettern die Bäume und zerschneiden dort die Blätter kunstvoll in viele kleine Stücke. Ihr Eifer ist dabei so groß, daß sie in einer Nacht ganze Bäume kahl fressen können. Die zerlegten Blattstücke schleppen sie auf ihren Ameisenstraßen in den großen Bau. Selbst wenn ein Blatteil zehnmal so schwer wie ihr eigenes Körpergewicht ist, schaffen sie dessen Heimtransport. Zu Hause angekommen, werden sämtliche Blattstücke in die unterirdischen Gartenanlagen gebracht. Dort wird das gesamte Blattmaterial fein zerkleinert und zu Gartenbeeten verarbeitet. Diese Beete bilden den Nährboden für ergiebige Pilzkulturen. Dabei ist es erstaunlich, daß die Ameisen in ihren unterirdischen Pilzgärten nur eine ganz bestimmte Pilzart in Reinkultur züchten. Wie gute Gärtner, die ihr Gemüse von Unkraut frei halten, achten die Arbeiterinnen der Blattschneiderameisen darauf, daß sich keine störenden Pilzarten oder schädlichen Bakterien auf ihren Beeten ansiedeln. Zu diesem Zweck scheiden die kleinen Gärtnerinnen aus einer Brustdrüse ein Sekret mit Herbiziden, Bakteriziden und Wuchsstoffen aus. Damit „gießen“ sie regelmäßig ihre Pilzkulturen und verhindern so einen Schadbefall. Haben die Pilzfäden die richtige Länge erreicht, werden sie mit Bissen von den Arbeiterinnen beschnitten. An den Bißstellen bilden die Pize große nahrhafte Verdickungen, die sogenannten Ambrosia-Knöllchen. Diese werden regelmäßig geerntet und dienen dem ganzen Volk als Nahrung.

Probleme könnte es geben, wenn ein junge Königin nach dem Hochzeitsflug einen neuen Staat gründen will. Wehe, wenn ihr dann keine Pilze zur Verfügung stünden! Wie wollte sie dann sich und ihr heranwachsendes Volk ernähren. Doch auch hier hat die „Natur“ Vorsorge getroffen. Instinktiv packt das junge Ameisenweibchen vor dem Hochzeitsflug etwas Pilzgeflecht in eine Mundtasche, die sie speziell für diesen Zweck besitzt. Sobald sie nach der Paarung den Grundstein für den zukünftigen Ameisenbau gelegt, das heißt eine Erdkammer gegraben hat, widmet sie sich als erstes dem Anlegen einer Pilzkultur. Sie holt aus ihrer Mundtasche das mitgenommene Stückchen Pilz hervor und versieht es mit Dünger, auf daß es nachher gut gedeihe. Woher sie den Dünger nimmt? Nun, an Einfällen mangelt es der „Natur“ wirklich nicht. Die junge Königin zerteilt zunächst das Pilzgeflecht in mehrere kleine Stücke. Jedes davon hält sie anschließend unter ihre hintere Körperöffnung und läßt etwas von ihren Exkrementen darauf tropfen. Aus jedem der so gedüngten Pilzteilchen entwickelt sich nach kurzer Zeit ein üppig wachsendes Pilzbeet. Erst jetzt, wenn die Königin den Pilzgarten angelegt hat, beginnt sie mit der Aufzucht einiger Arbeiterinnen.

Ameisen, die Blätter zusammenkleben können

Hoch in den Kronen von Bäumen bauen die **Weberameisen** ihre Laubnester. Zweifellos eine gute Idee, da ihre Feinde sie dort wesentlich schlechter als am Erdboden erreichen können. Die Verwirklichung dieser Idee erforderte allerdings einen beträchtlichen Einfallsreichtum.

Zunächst müssen die Ameisen benachbarte Blätter zueinander hinziehen. Ein Unterfangen, das gar nicht so leicht auszuführen ist. Denn selbst wenn die Entfernung zwischen den einzelnen Blättern nicht zu groß ist, haben diese aufgrund ihrer Elastizität die Eigenart, beim Loslassen wieder in ihre Ausgangslage zurückzuschnellen. Deshalb packen viele Ameisen gleichzeitig mit vollen Kräften zu (Abb.13a). Können sie den Rand der gegenüberliegenden Blätter nicht mit ihren Kieferzangen erreichen, so bilden mehrere Ameisen eine lebende Brücke (Abb.13b). Jede der beteiligten Ameisen hält eine weitere am Hinterleib fest, bis die vorderste schließlich den Blattrand fassen kann. Dann klettern alle langsam rückwärts und ziehen auf diese Weise das Blatt heran. Und nun kommt das Erstaunliche! Die Ameisen verbinden mit Hilfe feiner Spinnfäden die Blattränder unlösbar miteinander, sie kleben sie gewissermaßen zusammen. Doch wer liefert ihnen den Klebstoff? Besitzen sie selbst doch keine Spinndrüsen. So unwahrscheinlich es klingen mag, sie benutzen ihre eigenen Larven als Klebstofflieferanten. Diese besitzen nämlich im Kopf Drüsen, aus denen sie Spinnfäden ausscheiden können.

Kaum daß die Blattränder von den Ameisen zusammengezogen sind, tragen andere Arbeiterinnen Larven herbei. Mit ihren Kieferzangen umklammert jede dieser Ameisen die Körpermitte ihrer Larve und drückt sie etwas zusammen. Sogleich tritt aus dem Larvenkopf ein Spinnfaden aus. Durch ein Hin- und Herbewegen der Larve bestreicht die Ameise die benachbarten Blattränder mit den klebrigen Fäden und klebt sie auf diese Weise aneinander. Sie benutzt die Larve wie unsereins eine Tube Klebstoff!

Die Frage ist nur: Wer hat ihnen diesen Trick beigebracht?

Blumenzüchter unter den Ameisen

In den tropischen Regenwäldern des Amazonasgebietes leben Ameisen, die ihre Nester ebenfalls auf Bäumen errichten. Das Gerüst ihrer

Bauten besteht jedoch nicht aus Blättern sondern aus dichtem Wurzelwerk von Blumen. Bei ihrem Nestbau gehen die Ameisen ganz zielstrebig vor. Sie schaffen Erde auf die Bäume hinauf und bringen dort in kleinen Erdbeeten die Blumensamen zum Keimen. Mit ihrem Kot düngen die Ameisen regelmäßig ihren Blumengarten. Das häufig anfallende Regenwasser führt in Verbindung mit dieser Düngung dazu, daß die Blumen ausgezeichnet gedeihen und eine üppige Blütenpracht entfalten. Es sind keineswegs beliebige Pflanzen, die zum Bau der Ameisennester verwandt werden. Stets wählen die Tiere Blumenarten aus, die Beerenfrüchte erzeugen und sich durch eine schnelle und reiche Bewurzelung auszeichnen. Vor allem fällt auf, daß es sich in der Regel um Blumen handelt, die anderenorts so gut wie nicht vorkommen, das heißt sie sind Spezialzüchtungen dieser Ameisen.

Die lebenden Honigtöpfe

In heißen Trockengebieten sind die **Wüstenameisen** anzutreffen, die auch den reizvollen Namen „Honigameisen des Göttergartens“ tragen. Sie zeichnen sich durch eine wohl einmalige Art der Vorratshaltung aus. Ihre Nahrung besteht aus den Honigabsonderungen von Galläpfeln. Leider scheiden die auf der Zwergeiche häufig vorkommenden Galläpfel nur Honig aus, solange die Gallwespenlarve in ihnen heranwächst. Den Ameisen steht daher nur eine sehr begrenzte Zeit zum Sammeln der Honigvorräte zur Verfügung. Doch sie wissen sich zu helfen. Zahlreiche Arbeiterinnen schleppen den Honig in den Bau und verfüttern ihn dort eifrig an einige Artgenossen. Deren im Hinterleib sitzender Kropf wird durch diese Prozedur immer dicker. Schließlich schwillt der ganze Hinterleib auf das Vielfache seiner ursprünglichen Größe an. Allmählich werden die fast bis zum Platzen gefüllten Ameisen zu kaum mehr bewegungsfähigen lebenden Honigtöpfen. Sie hängen an der Decke der Vorratskammern und warten bis ihre Zeit gekommen ist (Abb.14). Während der langen Trockenperiode, in der kein frischer Honig aufzutreiben ist, werden die Honigtöpfe von den übrigen Ameisen langsam geleert. Der Inhalt eines dieser Töpfe reicht, um fünfzig Ameisen einen Monat lang mit Nahrung zu versorgen. Da ein Ameisenbau rund sechshundert solcher Töpfe enthält, ist die Ernährung des gesamten Ameisenvolkes gesichert. Mit der Abnahme des Inhalts beginnt der aufgeblähte Hinterleib wieder zu schrumpfen. Sind die „Honigtöpfe“ endlich ganz geleert, so ist ihre Arbeitsfähigkeit wieder hergestellt und sie sind von den übrigen Arbeiterinnen nicht mehr zu unterscheiden.

Kapitel 11
Kooperation heißt das Zauberwort

Wenn ein Habicht einen jungen Hasen schlägt oder ein Löwe ein Zebra überwältigt, sind das spektakuläre Ereignisse, die den Kampf ums Dasein in der Natur zu bestätigen scheinen. In Wirklichkeit sind dies auffallende Formen des Nahrungserwerbs, die nichts mit einem Konkurrenzkampf zu tun haben. Konkurrenz könnten es allenfalls zwischen Löwen, Geparden, Leoparden und Hyänen geben. Doch vermeiden Fleischfresser, wie James Gould feststellt,"Konkurrenz, indem sie zunächst an unterschiedlichen Orten und zu unterschiedlichen Zeiten jagen und indem sie unterschiedliche Techniken für den Fang unterschiedlicher Teile der Beutepopulationen verwenden." Hinzu kommt, daß diese Raubtiere nie die Existenz der Weidetiere gefährden könnten, da zwischen Jägern und Gejagten zahlenmäßig ein Gleichgewicht besteht. Nähme die Zahl der Zebras, Gnus und Gazellen stark ab, so würde sich auch die Zahl ihrer Feinde entsprechend deutlich verringern. Solange der Mensch nicht störend eingreift, herrscht in der Natur ein harmonisches Gleichgewicht.

Die Behauptung Darwins, alle Lebewesen würden einem harten Konkurrenzkampf unterliegen, hält einer Nachprüfung nicht stand. So stellen George Stanciu und Robert Augros hierzu fest: „Einen erbarmungslosen Kampf zwischen Arten kann man künstlich im Labor herbeiführen, doch fällt es schwer, klare Beispiele dafür zu finden, daß vom Menschen ungestört in der Natur lebende Arten sich gegenseitig Schaden zufügen." Zahlreiche namhafte Biologen wie John Weins, John Rotenberry, P.S. Messenger oder E.J. Kormondy kommen auf Grund ihrer umfangreichen Beobachtungen ebenfalls zu dem Ergebnis, daß die Konkurrenz in der Natur keine wesentliche Rolle spielt.

Selbst im kleinsten Raum ist Platz für viele Gäste

Es zeigt sich sogar, daß die Natur ganz offensichtlich bemüht ist, Konkurrenzkämpfe zwischen den Tierarten zu vermeiden. Sie hat regelrechte Strategien entwickelt, um dieses Ziel zu verwirklichen. Eine dieser Möglichkeiten besteht darin, daß Tiere sich in ihrer Ernährungsweise spezialisieren, um sich dadurch eine Futterquelle teilen zu können.

So haben zwanzig verschiedene Insektenarten die amerikanische Weymouthkiefer geschickt untereinander aufgeteilt. Zwei Arten ernähren sich vom Holz, eine von der Rinde, vier von der Wachstumsschicht zwischen Rinde und Holz und zwei von den Wurzeln. Drei weiteren Arten haben es die Zweige angetan. Schließlich fressen drei Arten mit Begeisterung nur die Knospen und fünf Arten die so reichlich vorhandenen Kiefernadeln.

Die Honigbiene trägt drei Milbenarten als Parasiten mit sich herum. Jede von ihnen hat einen anderen Körperabschnitt besiedelt, so daß kein Konkurrenzkampf zwischen ihnen entstehen kann.
Ähnlich verfahren fünf verschiedene Kegelschneckenarten, die auf dem Meeresboden vor der Küste Hawais leben. Jede von ihnen bewohnt einen von fünf parallel zur Küste verlaufenden Streifen und jagt ausschließlich in diesen nach Beute.

In Afrika teilen sich Zebras, Gnus und Gazellen konkurrenzlos eine Nahrungsquelle, da sie sich in der Art und Weise ihrer Nahrungsaufnahme unterscheiden. Das Gnu reißt mit seiner Zunge die zarten Seitentriebe der Steppengräser ab. Das Zebra dagegen bewältigt mit seinen scharfen Schneidezähnen die trockeneren, langen Grashalme. Die Gazellen finden an den Stellen, die Gnus und Zebras abgeweidet haben, immer noch reichlich Nahrung. Denn sie bevorzugen die ganz niedrigen, dicht auf dem Boden wachsenden Pflanzen.

Eine weitere Möglichkeit zur Vermeidung von Konkurrenz ist die zeitliche Aufteilung des Lebensraumes. So lassen sich beispielsweise in Wiesen und Wäldern zwei Lebensgemeinschaften beobachten. Zu den Tieren der einen Gemeinschaft gehören Fliegen, Bienen, Schmetterlinge, Eidechsen, Schlangen und die meisten Vögel. Sie entfalten am Tage ihre Aktivitäten. Die andere Gemeinschaft löst diese Tagtiere in der Dämmerung und Nacht ab. Bei ihr finden wir nachtaktive Tiere wie Fledermäuse, Nachtfalter, Mäuse und Eulen. Auf diese Weise wird der gleiche Lebensraum doppelt genutzt, das heißt er bietet einer wesentlich größeren Artenzahl ein konkurrenzfreies Dasein.

Laß mich bei dir wohnen

Nicht nur ein friedliches Nebeneinander der Lebewesen ist in der Natur die Regel. Oftmals gewähren Tier anderen Arten Unterschlupf oder Herberge.

Die südafrikanische **Rennmaus**, ein friedliebendes Nagetier, bewohnt zusammen mit dem **Ichneumon**, einem kleinen Raubtier, die gleiche Erdwohnung. Wäre der Kampf ums Dasein wirklich von grundlegender Bedeutung, müßte das Ichneumon längst Alleinbesitzer der Höhle sein. Tatsächlich aber teilen sich beide die Wohnung ohne sich gegenseitig zu stören. Der kleine Räuber ist tagsüber auf Jagd und verschläft die Nacht in der gemeinsamen Behausung, während die Rennmaus mit beginnender Dunkelheit diese verläßt und erst gegen Morgen zurückkehrt.

Die Gemeinschaftsnester des afrikanischen **Siedelsperlings** enthalten eine große Zahl von Nestkammern. In unbewohnten Kammern nisten sich gerne andere Vögel ein, die sich auf diese Weise den Bau eines eigenen Nestes sparen. Einer dieser fremden Mietgäste ist der Halsbandzwergfalke. Zum Dank für die freie Unterkunft schützt er die Sperlingskolonie vor räuberischen Echsen. Und was besonders erstaunlich ist, er vergreift sich weder an den Sperlingen noch an ihren hilflosen Jungen.

Die **Brandgans** verrichtet ihr Brutgeschäft in Kaninchen-, Dachs- oder Fuchsbauten. Dabei stört es sie nicht, wenn die Bauten noch bewohnt sind. Selbst mit dem Fuchs lebt sie friedlich in dessen Bau zu-

sammen, ohne daß dieser ihr auch nur eine Feder ausrupft!
Unter den Meeresbewohnern gibt es ebenfalls zahlreiche Einmieter. So bieten Schwämme dank ihrer zahlreichen Poren kleineren Meerestieren ausgezeichnete Unterschlupfmöglichkeiten. Ein besonders großer Schwamm, den man vor der Küste Floridas fand, beherbergte dreizehntausendfünfhundert Tiere. Neben zwölftausend kleinen Krebsen waren achtzehn verschiedene Tierarten vertreten.

Der **Bernhardskrebs**, der wie die übrigen Einsiedlerkrebse ein ungepanzertes Hinterteil besitzt, versteckt dieses in einem leeren Schneckengehäuse. Doch nicht nur er allein weiß den Schutz des Schneckenhauses zu schätzen. Ein Schuppenwurm fühlt sich von diesem genauso angezogen. Er hält, vom Krebs geduldet, ebenfalls Einzug in die geräumige Behausung. Dort verhält er sich meist ganz ruhig, das heißt er ist ein vorbildlicher Untermieter. Nur wenn der Krebs Nahrung gefunden hat und mit seiner Mahlzeit beginnt, erwacht der Wurm aus seiner Lethargie. Er streckt seinen Kopf aus dem Schneckenhaus und beginnt eifrig mitzufressen.

Hilfst du mir, so helfe ich dir

Noch wesentlich bedeutsamer als ein friedliches Nebeneinander kann für ein Lebewesen die partnerschaftliche Zusammenarbeit mit einer anderen Tier- oder Pflanzenart sein. Eine derartige Koorperation, die man als **Symbiose** bezeichnet, bringt beiden Partnern Vorteile. Dadurch sind sie in der Lage, Probleme zu lösen, die für das Einzelwesen gar nicht oder nur schwer lösbar wären.

Der afrikanische **Honiganzeiger** ist ein Vogel, der liebend gern das Wachs von Bienenwaben frißt. Leider vermag er den Bau der Bienen nicht zu öffnen. Daher hält er Ausschau nach einem **Honigdachs**. Sobald er diesen Honigfresser entdeckt hat, umflattert er ihn mit lauten Rufen. Der Dachs antwortet mit deutlichem Grunzen und folgt dem von Baum zu Baum vorausfliegenden Vogel. Sowie beide den begehrten Bienenbau erreicht haben, bricht der Honigdachs den Bau auf und labt sich an dem süßen Honig. Die Stiche der aufgebrachten Bienen vermögen seinen dichten Pelz nicht zu durchdringen. Hat er sein Schlemmermahl beendet, frißt der Honiganzeiger in aller Ruhe das Wachs der Waben sowie die Larven und Puppen der Bienen.

Eine Kooperation zwischen zwei Tieren bei der Nahrungsbeschaffung ist recht häufig. so begleiten Schwalben nicht selten Starschwärme, wenn diese über Obstplantagen herfallen. Sie erbeuten dabei die von den Staren aufgescheuchten Insekten.

Kernbeißer findet man häufig in der Gesellschaft von Wachholderdrosseln. Während die Wachholderdrosseln das Fruchtfleisch von Beeren fressen, tun sich die Kernbeißer an den zurückgelassenen Kernen jener Beeren gütlich.

Gazellen und Paviane bilden in der Steppe zusammen oft größere Gesellschaften, wobei sie einander sehr gut ergänzen. Die Gazellen wittern Feinde meist rechtzeitig auf Grund ihres ausgezeichneten Riechvermögens. Die Paviane dagegen nehmen diese mit ihren scharfen Augen schon in großer Entfernung wahr.

Mehrere Vogelarten verbringen den größten Teil ihres Lebens auf dem Rücken afrikanischer Steppentiere. Sie schlafen sogar auf ihnen. Zebras, Büffel, Antilopen, Nashörner, auch Warzenschweine und Giraffen ertragen ihre Anwesenheit mit größter Geduld. Wissen sie doch, daß die Vögel sie von lästigen Zecken und anderen Insekten befreien. Gleichzeitig achten ihre Vögel auf drohende Gefahren. Bemerken sie ein sich anschleichendes Raubtier, so stoßen sie laute Alarmrufe aus und warnen auf diese Weise ihren Partner.

Der afrikanische **Karminspint** reitet voller Ausdauer auf dem Rükken eines größeren Vogels, der **Trappe**. Hier besteht ebenfalls eine Putz- und Freßgemeinschaft. Der Spint kann von seinem Ruheplatz aus Insekten fangen, von denen die Trappe umflogen wird. Dafür befreit er den großen Vogel von Hautschmarotzer.

Besonders innig ist die Symbiose zwischen einem Krebs der Gattung **Alpheus** und einer **Meeresgrundel**. Während der Krebs im Sandgrund mit großer Ausdauer eine fast dreißig Zentimeter lange Höhle gräbt, sitzt der kleine Fisch auf einem Sandhaufen vor dem Höhleneingang und hält mit seinen ungewöhnlich großen Augen nach möglichen Feinden Ausschau. Bemerkt er eine Gefahr, so alarmiert er den Krebs und beide huschen in die Höhle. Doch die gemeinschaftlichen Bande dieser beiden Tiere sind noch viel enger. Da der Krebs sehr schlecht sieht, verläßt er sich bei der Nahrungssuche ganz auf seinen Partner. Beide gehen gemeinsam auf die Jagd. Voran der Fisch, dicht gefolgt vom Krebs, der ständig Berührungskontakt mit der Schwanzflosse seines Jagdgefährten hält. Ist ihnen das Jagdglück hold gewesen, verspeisen sie gemeinsam ihre Beute.

Ein festes Haus mit Leibwächtern

Einsiedlerkrebse besitzen einen ungepanzerten Hinterleib. Sie wären daher ein willkommenes Opfer für so manchen Angreifer. Doch sie wissen sich zu helfen. Schamhaft verbergen sie ihren verwundbaren Körperteil in einem leeren Schneckengehäuse. Mit jeder Häutung wächst aber der Körper des Krebses, so daß allmählich sein Haus zu eng wird. Es bleibt ihm daher nichts anderes übrig, als sich nach einer neuen Wohnung umzusehen. Hat er diese, das heißt ein passendes Schnekkenhaus gefunden, dann greift er zunächst mit einer seiner Scheren tief in das Innere des Gehäuses hinein. Es könnte ja besetzt sein. Was geschehen würde, wenn er sein weiches Hinterteil ohne diese Vorsichtsmaßnahme hineingleiten ließe, vermag sich jeder leicht auszumalen. Ist es tatsächlich leer, dann bewerkstelligt er seinen Umzug so schnell wie es ihm möglich ist.

Das Haus allein befriedigt jedoch noch nicht das Sicherheitsbedürfnis des Einsiedlerkrebses. Er sucht und findet stets noch ein bis zwei oder auch noch mehr Leibwächter, die ihn vor möglichen Angriffen schützen. Diese treuen Helfer sind Seerosen. Fast jeder kennt sie aus

Meeresaquarien. Dort sitzen sie ruhig, Blumen ähnlich, auf Steinen oder den Glaswänden. Nur wenn ein kleiner Fisch oder eine Krabbe unvorsichtigerweise gegen ihre Fangarme stößt, kommt Leben in eine Seerose. Blitzartig umschlingt sie mit ihren Tentakeln das Opfer, lähmt es mit ihrem Nesselgift und schiebt es anschließend in die Mundöffnung. Aus diesem Grund genießen die Fangarme der Seerose bei den Meeresbewohnern größten Respekt. Die darin sitzenden Nesselkapseln, aus denen bei Berührung feine Nesselfäden hervorschießen und tödliches Nesselgift injizieren, sind äußerst gefürchtet. Und das weiß offensichtlich der Einsiedlerkrebs auch. Da er es dank seines dicken Panzers nicht aus eigenen schlechten Erfahrungen gelernt haben kann, muß es ihm eingegeben sein.

Hat der Eisiedlerkrebs nun auf seiner Suche eine Seerose entdeckt, dann betrillert er sie mit seinen Vorderbeinen und Scheren ganz vorsichtig, fast zärtlich. Solange bis sie in sein Vorhaben einwilligt und sich von dem Untergrund, an dem sie sich festgesaugt hatte, loslösen läßt. Hat er dies nach einiger Zeit geschafft, hebt er sie mit seinen Scheren kopfüber nach hinten, bis ihre Fußscheibe sein Schneckenhaus berührt. Kaum spürt die Seerose einen Fußkontakt mit dem Gehäuse, saugt sie sich an diesem fest. Jetzt besitzt der Einsiedlerkrebs einen äußerst wehrhaften Partner. Meist sucht er jedoch noch eine zweite Seerose, die er dann des Gleichgewichtes wegen symmetrisch zur ersten auf sein Schneckenhaus pflanzt (Abb.15).

Kraken, die Todfeinde der Krebse und Krabben, wagen höchstens einmal einen kurzen Angriff auf den so bewehrten Einsiedlerkrebs. Bei der ersten schmerzhaften Berührung mit den Tentakeln der Seerose ziehen sie sich zurück und machen in Zukunft einen großen Bogen um ein derartiges Gespann, sobald sie seiner ansichtig werden. Doch nicht nur der Einsiedlerkrebs, auch die Seerose hat ihre Vorteile von der Partnerschaft. Sie wird von dem Krebs zu immer neuen Nahrungsgründen mitgenommen. Hat dieser auf seiner Wanderung einen toten Fisch oder eine andere Nahrung gefunden, beginnt er sofort zu fressen. Die Seerose wartet zunächst geduldig. Ist der Krebs gesättigt, sind meist noch beträchtliche Nahrungsreste übrig. Während er jetzt nach der ausgiebigen Mahlzeit eine Ruhepause einlegt, beugt sich die Seerose herab, ergreift mit ihren Tentakeln die Speisereste und verleibt sie sich ein.

Beide Tiere ziehen aus dieser Partnerschaft den größten Nutzen. Nur, daß sie keine Möglichkeit haben sich dessen bewußt zu werden. Wenn sie diese Symbiose so zielstrebig eingehen, folgen sie ausschließlich unbewußten Instinkten.

Um einiges einseitiger ist die Partnerschaft zwischen der Krabbe **Lybia tesselata** und kleinen Seerosen. Diese Krabbe nimmt in jede Schere des vordersten Beinpaares eine Seerose und trägt sie beständig mit sich herum. Naht ein Angreifer, dann hält sie ihm die beiden Seerosen wie zwei Waffen drohend entgegen und schlägt ihn auf diese Weise prompt in die Flucht.

Hautpflege gratis !

In kleinen Meereshöhlen wohnt die **Putzergarnele**. Wartend steht sie am Höhlemeingang und bietet durch Winken mit ihren Fühlern vorbeischwimmenden Fischen ihre Putzdienste an. Meist braucht sie nicht lange zu warten bis ein von Hautparasiten geplagter Fisch ihre Dienste in Anspruch nimmt. Damit die Garnele sein Kommen keinesfalls als Angriff mißversteht, bewegt er sich rückwärts in die Putzstube. Sorgfältig befreit ihn die Garnele von sämtlichen Plagegeistern. Wenn er sein Maul aufsperrt, weiß sie, daß er auch dort Beschwerden hat. Vorsichtig tastet sie dann das Innere seines Rachens ab und entfernt vorhandene Schmarotzer. Erleichtert verläßt nach beendigter Reinigung der Fisch die Höhle, und die Garnele ist ebenfalls zufrieden. Hat sie doch als Lohn für ihre Dienste eine schmackhafte Kleintiermahlzeit erhalten.

Erstaunlich ist auch das Verhalten der kleinen blauweiß gestreiften **Putzerfische**, die in den Korallenriffen der warmen Meere zu Hause sind. Infolge der günstigen Lebensbedingungen hat sich eine äußerst reichhaltige Tierwelt entwickelt. Zum Leidwesen der Fische auch zahlreiche Hautschmarotzer, die ihnen zur Last fallen. Die Putzerfische haben sich ganz darauf spezialisiert, die geplagten Fische von ihren Parasiten zu befreien und das entfernte Kleingetier als eigene Nahrung zu verzehren. Sie brauchen daher auch gar nicht lange auf Kundschaft zu warten. Im Gegenteil, nicht selten stehen die Fische vor den Putzstationen regelrecht Schlange, obwohl die Putzer mehr als fleißig sind. Einer von ihnen schafft es, in zwei Stunden bis zu hundert Fische zu säubern. Bereitwilligst halten die Fische still. Sie öffnen ihre Kiemendeckel und ihr Maul so weit wie möglich, damit der kleine Putzer auch den engsten Winkel noch erreichen kann. Durch leichtes Anstoßen und Betrillern mit den Bauchflossen zeigt dieser seinem Kunden an, welche Körperstelle er jeweils gerade zu reinigen gedenkt. Sogar die Zähne großer Raubfische werden einer sorgfältigen Inspektion unterzogen, wobei der Kunde bewegungslos verharrt. Auch beschädigte oder kranke Hautstellen werden von dem Putzerfisch behandelt. Manche Stammkunden suchen immer wieder den gleichen Putzer auf, nicht selten sogar mehrmals am Tage.

Einige Raubfische, wie etwa der Zackenbarsch, erwiesen ihrem Pfleger dadurch ihre Dankbarkeit, daß sie ihn vor Feinden beschützen. Bei Gefahr schließen sie Maul und Kiemendeckel so weit, daß der Putzer gerade noch ein- oder ausschlüpfen kann, ein Angreifer ihn aber nicht zu behelligen vermag. Ist die Luft wieder rein, sperrt der Barsch wieder Maul und Kiemen weit auf, so daß der Putzer seine Reinigungsdienste weiterführen kann. Fühlt sich der Kunde ausreichend gesäubert, so fordert er seinen Helfer durch Schütteln des Körpers zur Beendigung der Arbeit auf. Dieser reagiert auf das Signal, indem er zum nächsten, bereits wartenden Kunden schwimmt und ihn zu pflegen beginnt.

Die Doppelsymbiose der Termiten

Die in den Subtropen lebenden Termiten bilden riesige Tierstaaten mit Millionen Einzeltieren und errichten mehrere Meter hohe Bauten. Sie ernähren sich meistens von zerkautem Holz. Bei der Verdauung helfen ihnen einzellige Tiere, die in einer Gärkammer ihres Verdauungssystems angesiedelt sind. Es ist eine echte Symbiose, bei der die Einzeller Unterkunft erhalten und dafür als Gegenleistung die Zellulose des Holzes aufspalten und damit für die Termiten verdaulich machen. Lange Zeit war man der Meinung, daß es sich bei jenen Einzellern um Wimpertierchen handelt, da sie sich im Nahrungsbrei mit Hilfe von Wimpern fortbewegen. Genaue Untersuchungen ergaben jedoch etwas ganz Erstaunliches. Die vermeintlichen Wimpern bestanden in Wirklichkeit aus Bakterien! Diese Bakterien hatten sich an der Zellhaut des Einzellers festgesetzt und waren so beweglich, daß sie, ähnlich wie Ruderer in einem Ruderboot, die Einzeller durch den Darmsaft der Termiten bewegten. Dies bedeutet aber nicht weniger als eine weitere Symbiose, diesmal zwischen einem Einzeller und einer Bakterienart. Auf menschliche Verhältnisse übertragen erinnert das Ganze an die Beziehungen zwischen Hauswirt, Mieter und Untermieter.

Algen leben mit zahlreichen Tieren in einer Symbiose. Sie bilden mit Urtieren, Rädertieren, Hohltieren, Würmern und Schnecken enge Lebensgemeinschaften. Noch größer ist die Zahl der Lebewesen, seien es Tiere oder Pflanzen, die eine Symbiose mit Bakterien eingegangen sind. Selbst wir Menschen bilden dabei keine Ausnahme. Denken wir nur an die Bakterien, aus denen sich unsere „Darmflora“ zusammensetzt. Sie erzeugen unter anderem Fettsäuren und wichtige Vitamine, wie das Vitamin K.

David Kirk fragt sich daher zu recht, ob überhaupt ein Tier zu finden ist, das nicht wenigstens mit einem anderen Lebewesen in einer symbiotischen Wechselbeziehung steht.

Nicht Darwins Kampf ums Dasein ist das entscheidende Lebensprinzip, sondern die friedliche Koexistenz der Arten. Das heißt ihr konkurrenzfreies Zusammenleben. Dieses gipfelt in dem Streben nach gegenseitiger Unterstützung und Hilfe. Die enge Kooperation zwischen verschiedenartigen Lebewesen erweist sich als eines der wichtigsten Ziele der Evolution. Oder wie es Lewis Thomas formuliert: „Die Notwendigkeit, Partnerschaften und kooperative Vereinigungen zu bilden, ist die vielleicht älteste, stärkste und grundlegendste Kraft der Natur."

Kapitel 12
Seltsame Formen der Brutfürsorge

Wenn wir im Mai bei einem Waldspaziergang zum ersten Male den Kuckuck rufen hören, dann klopft so mancher von uns schnell mit der Hand auf die Geldbörse. Soll dies doch zur Folge haben, daß es einem hinfort nicht an Geld mangelt. Das heißt für viele gilt der Kuckuck als Glücksbringer. Diese Meinung wird jedoch von einigen Waldbewohnern durchaus nicht geteilt. Es sind die Singvögel, die diesen grauen Gesellen fürchten. Verzichtet er doch auf das Brutgeschäft und überläßt lieber Singvögeln die Aufzucht seiner Jungen. In einem unbewachten Augenblick legt das Kuckucksweibchen in ein fremdes Nest ein Ei. Nicht in irgend ein beliebiges. Grasmükke, Teichrohrsänger, Wacholderdrossel, Gartenrotschwanz, Baumpieper, Bachstelze und Bergfink gehören zu den bevorzugten Stiefeltern seiner Kinder. Stets wählt er die Singvogelart, bei der er selber aufgewachsen ist. Um die Täuschung der zukünftigen Pflegeeltern perfekt zu machen, trägt das Kuckucksei die gleiche Färbung wie die Eier der auserwählten Singvogelart. Nur die Größe des Eis vermag er nicht dem Singvogelgelege anzupassen. Es ist meist eine Nummer zu groß. Was jedoch die Singvogeleltern nicht hindert, es zusammen mit den eigenen Eiern auszubrüten. Im Gegenteil, je größer ein Ei ist, desto stärker ist der Brutanreiz, den es auf die Eltern ausübt.

Kaum daß der junge Kuckuck aus dem Ei geschlüpft ist, beginnt er seine Stiefgeschwister über den Nestrand hinauszuschieben, so daß sie in die Tiefe stürzen. Er folgt dabei einem Instinkt, der ihm angeboren ist. Dieser verhindert, daß die Brut verhungert, da das Futter bei der Größe des Jungkuckucks niemals für ihn und seine Stiefgeschwister ausreichen würde. Auch wenn die Pflegeeltern jetzt nur ein Kind aufzuziehen haben, kommen sie aus der ständigen Jagd nach neuem Futter nicht heraus. Bald ist der junge Kuckuck so groß geworden, daß er über die Nestränder hinausragt. Entsprechend groß ist sein Appetit, den es zu befriedigen gilt. Zum Dank für die gute Pflege wird er später der gleichen Singvogelart seine Eier anvertrauen.

Gewebte, geschneiderte und getöpferte Nester

Die kunstvollen Nester der **Webervögel** findet man oft in großer Zahl im Geäst tropischer Bäume. Ihre Entstehung verdanken sie den Webervogelmännchen. Diese suchen sich zunächst geeignete Zweigspitzen aus, um die sie ihre Nester weben wollen. Danach holen sie sich Grashalme oder ganz dünne Streifen von Palmblättern und beginnen, von der Nestspitze ausgehend, mit ihrer Flecht- und Webarbeit. Geschickt verknüpfen und verknoten sie die Halme zu einem dichten, regensicheren Nest. Nur an der Unterseite lassen sie eine Einschlupföffnung. Manche Webervogelarten bauen sogar eine richtige Einlaßröhre, um etwaigen Räubern das Eindringen ins Nest unmöglich zu machen. Dabei ist es geradezu erstaunlich, welche unterschiedlichen Webmuster und Knoten sie mit ihrem Schnabel, gelegentlich auch unter Zuhilfenahme der Zehen, zustande bringen.

Nicht weniger interessant ist die Nestbautechnik des **Schneidervogels**. Als erstes hält er Ausschau nach einem besonders großen Blatt. Dieses rollt er tütenförmig zusammen. Damit es nicht wieder aufrollen kann, vernäht er kunstgerecht wie ein Schneider die Ränder miteinander (Abb.16). Zu diesem Zweck holt er sich Baumwoll- oder Bastfasern. Nachdem er mit seinem Schnabel in die Blattränder Löcher gestochen hat, zieht er die mitgebrachten Fäden durch die Löcher und verknotet geschickt die Fadenenden. Die so entstandene Nesttüte wird innen sorgfältig mit Tier- oder Pflanzenwolle ausgepolstert, damit die ausgebrüteten Jungvögel ein weiches Kinderbett vorfinden.

Eine Milbe im Ohr

Nachtschmetterlinge sind bevorzugte Beutetiere der Fledermäuse. Doch zahlreiche Falter sind in der Lage, die Ultraschallschreie der Fledermäuse rechtzeitig zu hören. Sobald sie diese Ortungssignale wahrnehmen, lassen sie sich im Sturzflug fallen und entziehen sich auf diese Weise erfolgreich ihren Feinden.

Bestimmte Milben legen nun ihre Eier in die Hörorgane jener Schmetterlinge. Das wäre an sich nicht schlimm, wenn der Falter nicht dadurch sein Hörvermögen verlieren würde. Beide „Ohren" voller Milben bedeutet für ihn Taubheit, das heißt eine hohe Wahrscheinlichkeit, von Fledermäusen gefangen zu werden. Ist eines der beiden Hörorgane dagegen noch intakt,vermag er sich weiterhin vor ihnen zu retten. Und nun kommt etwas so Erstaunliches, daß sogar die Insektenforscher darüber verblüfft waren. Die Milben halten sich immer nur in einem der Hörorgane auf. Selbst wenn man eine Milbe in das andere Ohr hineinsetzt, verläßt es dieses sofort und begibt zu dem schon von Milben belegten Organ. Auch wenn dort schon Überfüllung herrscht, das zweite Ohr bleibt unangetastet! So als wüßten die Milben, welche Gefahr eine Taubheit des Schmetterlings für sie bedeutet.

Seepferdmännchen werden schwanger

Die kleinen Seepferdchen erfreuen sich allgemeiner Beliebtheit. Wirken sie doch äußerst anmutig, wenn sie in einem Aquarium sich mit ihren Schwänzen an Wasserpflanzen festhalten und dabei hin und her wiegen. Nicht jeder weiß das diese Tiere zu den Fischen gehören, da sie einem „normalen" Fisch gar nicht ähnlich sehen. Auch was ihre Fortpflanzung anbelangt, verhalten sie sich ganz ungewöhnlich. Schon bei dem einleitenden Liebesspiel ergreift das Weibchen die Initiative. Zärtlich schmiegt es sich an das Seepferdmännchen und umschlingt es mit seinem Schwanz. Bei der eigentlichen Paarung gar scheinen die Geschlechter vertauscht zu sein. Das Weibchen führt eine penisähnliche Papille in eine Bauchöffnung des Männchens ein. Durch diese überträgt sie ihre Eier in eine große Bruttasche im Bauche des Männchens. Dort werden sie sogleich mit Samenflüssigkeit übergossen. Während das Seepferdweibchen nach der Eiübergabe erleichtert hinweg schwimmt, fällt ihrem „schwangeren“ Manne die Mutterrolle zu.

In seiner Bauchtasche entwickeln sich aus den Eiern zunächst Embryonen, die allmählich zu kleinen Seepferdchen heranwachsen. Ihre Ernährung und Versorgung mit Sauerstoff obliegt dem väterlichen Körper. Wenn die Seepferdkinder an Größe zunehmen, schwillt der Bauch ihres Vaters gewaltig an. Ist schließlich der Zeitpunkt der Geburt gekommen, so preßt er, anscheinend nicht ohne Schmerzen, seine Kinder aus der Bauchtaschenöffnung heraus (Abb.17).
Wie man sieht, bringt die Natur es auch fertig, die Lasten bei der Zeugung umgekehrt zu verteilen.

Zwei Dutzend Kinder im Fischmaul

Ganz eigenartig geht es bei dem afrikanischen **Maulbrüter** zu. Naht die Paarungszeit, gräbt das Männchen im Sand- oder Kiesgrund des Gewässers eine flache Mulde. Dann lockt es mit einem Balztanz ein Weibchen herbei und veranlaßt es zur Eiablage. Kaum hat es die ersten Eier in die Grube gelegt, dreht es sich auch schon um und nimmt die Eier mit seinem Maul auf. So schnell das Männchen auch sein mag, bei einer derartigen Eile des Weibchens kann es beim besten Willen nicht die Eier besamen. Ein wenig mehr Zeit benötigt es schon. Und die wußte glücklicherweise die Natur ihm zu verschaffen. Auf seiner Afterflosse prangen nämlich einige auffallende orangefarbene Flecke. Sie gleichen in Größe und Aussehen täuschend den Maulbrütereiern. Diese Eiimitationen hält das Männchen just in dem Moment seiner Frau vor die Augen, in dem sie sich auf ihre frisch gelegten Eier stürzt. Und tatsächlich hat er mit diesem Trick Erfolg. In seinem Bestreben, kein Ei zu vergessen, versucht das Weibchen diese vorgetäuschten Eier aufzusammeln (Abb.18). Die Zeit, die bei diesem vergeblichen Bemühen verstreicht, nutzt das Männchen, um seine Spermienflüssigkeit ins Wasser zu ergießen. Während sich das Weibchen immer noch mit den Eiattrappen abmüht, gelangen die Spermien in ihr Maul. Dort können sie die echten Eier befruchten. Hat das Weibchen sein Maul voller Eier, zieht es sich an einen geschützten Ort zurück. Nun beginnt eine harte Zeit für die Maulbrütermutter. Drei bis vier Tage darf sie weder essen noch schlucken. Solange dauert es, bis sich die Eier zu kleinen Fischen entwickeln. Durch den ständigen Strom frischen Atemwassers werden sie im mütterlichen Mund gut mit Sauerstoff versorgt. Sind ihre Kinder endlich geschlüpft, dann öffnet die Mutter ihren Rachen und entläßt sie ins Freie. Damit ist ihre aufopferungsvolle Fürsorge aber noch nicht abgeschlossen. Für etliche weitere Tage noch beschützt sie gewissenhaft ihre Kleinen. Sobald ein gefährlich wirkender Fisch sich nähert, saugt sie mit Windeseile ihre Kinder in ihr großes Maul ein. Selbst der letzte Nachzügler wird von ihr noch aufgenommen. Ist die Gefahr vorüber, öffnet sie ihr Maul, spuckt ihre Kinderschar aus und sieht zu, wie sich die Kleinen munter im Wasser herumtreiben.

Was brave Froscheltern alles leisten

Frösche legen ihre Eier, den Froschlaich, in der Regel einfach im Wasser am Rande eines Teiches oder anderen flachen Gewässers ab und überlassen sie dort ihrem Schicksal. Da die Zahl der Eier in die Tausende geht, macht es nichts aus, wenn ein Teil von ihnen räuberischen Tieren zum Opfer fällt. Es schlüpfen immer noch genügend viele Froschlarven. Einer ganzen Reihe von Froscharten hat jedoch die Natur Wege eröffnet, bei denen nur eine geringe Eizahl erforderlich ist.

Der afrikanische **Baumfrosch** bringt seine Jungen, so unwahrscheinlich dies auch klingen mag, auf Bäumen zur Welt. Männchen und Weibchen erklettern zu diesem Zweck gemeinsam einen Baum, dessen Zweige über ein Gewässer ragen. An einen dieser Zweige beginnt das Weibchen seine Eier zu legen. Zugleich scheidet es eine schleimartige Flüssigkeit aus. Während das Weibchen weitere Eier legt und das Männchen diese mit Samenflüssigkeit übergießt, schlagen beide Tiere mit ihren Beinen die abgesonderte Flüssigkeit zu Schaum. Nach einiger Zeit sind die befruchteten Eier von einem richtigen Schaumnest umhüllt. Da dessen Außenhaut sich allmählich verfestigt, bietet es den heranwachsenden Kaulquappen einen ausgezeichneten Schutz. Zusätzlich wird es noch von der Froschmutter bewacht und vor dem Austrocknen bewahrt. Wird es zu trokken, so feuchtet sie es mit ihrem Urin an. Setzt eines Tages ein kräftiger Regen ein, dann weicht das Schaumnest auf und die Kaulquappen fallen sanft in das darunter befindliche Wasser. Dort vollenden sie ihre Umwandlung zum Frosch.

Eine wandelnde Kinderstube

Zum Schluß wollen wir noch eine ganz eigenartige Kröte kennenlernen. Es ist die in Brasilien lebende **Wabenkröte**. Ein mächtiges Tier, das eine Länge von zwanzig Zentimetern erreichen kann. Bei der Paarung klettert das Männchen wie bei Fröschen üblich auf den Rücken des Weibchens, um die Eier zu besamen. Statt die Eier aber in das Wasser abzulegen, stülpt die Wabenkröte ihre schlauchförmige Kloake nach außen und hält sie über ihren Rücken. Das Männchen drückt daraufhin die darin enthaltenen Eier heraus und verstreicht sie auf dem Weibchenrücken.

Nach dem Besamen der Eier gehen mit der Krötenmutter seltsame

Veränderungen vor. Ihre Rückenhaut beginnt zu wachsen. Sie wird immer dicker, überwuchert die Eier, bis sie schließlich eine Höhe von einem bis eineinhalb Zentimeter erreicht hat. Nun liegen die Eier eingebettet in dieser Rückenschicht, jedes Ei in einer eigenen wabenförmigen Zelle, die mit einer Kappe aus Körpersekret verschlossen ist (Abb.19). Rund drei Monate dauert die Umwandlung vom Ei zur Kröte. In dieser langen Zeit werden die Jungen von der mütterlichen Rückenhaut mit Nahrung versorgt. Ist ihre Entwicklung abgeschlossen, strecken sie ihre kleinen Krötenbeine aus den Waben und fangen an, aus ihrer wandelnden Kinderwiege herauszuklettern.

Kapitel 13
Es werde Licht in der Finsternis

In der Natur gibt es Phänomene, die wir heute mit dem größten Selbstverständnis zur Kenntnis nehmen, obwohl sie uns eigentlich in Erstaunen versetzen müßten. Zu diesen Phänomenen gehört die Fähigkeit zahlreicher Lebewesen, Licht zu erzeugen.

Die meisten Tiere und Pflanzen haben sich in ihrem Lebensrhythmus auf den Wechsel von Tag und Nacht eingestellt. Am Tag sind sie aktiv, während der lichtlosen Nacht dagegen haben sie ihre Ruhephase. Andere Lebewesen wiederum nutzen diese an Aktivitäten arme Zeit, in der ihnen ganze Lebensräume konkurrenzlos offen stehen. Es sind dies die Dämmerungs- und Nachttiere wie Eulen oder Nachtschmetterlinge. Manche von ihnen bringen es sogar fertig, mit selbsterzeugtem Licht die Dunkelheit aufzuhellen. Oder aber sie gehen mit Leuchtbakterien eine Symbiose ein, das heißt sie lassen sich von diesen Mikroorganismen das Licht produzieren.

Die Stoffe des Luzifer

Die Chemiker stellen ganz nüchtern fest, daß zwei Stoffe zur biologischen Lichterzeugung erforderlich sind, das Luziferin und die Luziferase. Bei Anwesenheit von Sauerstoff wird dann das Luziferin in Oxiluziferin umgewandelt und Lichtenergie wird freigesetzt. Es ist sogenanntes **kaltes Licht**, da nahezu die gesamte freiwerdende Energie in Form von Licht abgestrahlt wird. Bei den Leuchtkäfern beispielsweise sind es genau hundert Prozent. Eine herkömmliche Glühbirne dagegen weist einen Lichtanteil von kaum fünf Prozent auf. Der größte Teil der Energie wird bei ihr als Wärmeenergie freigesetzt und geht damit verloren. Bei dem kalten Licht der Tiere handelt es sich jedoch um wesentlich mehr als einen chemischen Vorgang. Dahinter verbirgt sich wieder einmal eine ganz zielorientierte Strategie der „Natur".

Als Ende des vorigen Jahrhunderts die Glühbirne erfunden wurde, die ohne offene Flamme ein kontinuierliches Licht erzeugt, schien vielen die menschliche Kultur um einen wesentlichen Schritt weitergebracht zu sein. Und als es einige Zeit später gelang, mit Hilfe an- und abschaltbarer Scheinwerfer nachts Nachrichten über größere Entfernungen zu morsen, galt dies als eine bedeutende Erfindung menschlichen Geistes. Beide Erfindungen wurden jedoch von der Natur viel früher vorweggenommen. Bakterien und eine Reihe von Tieren erlangten vermutlich schon vor Jahrmillionen die Fähigkeit, im Dunkeln Lichtsignale auszustrahlen und diese für verschiedene Zwecke zu nutzen.

Eine nächtliche Laterne lockt Wanderer an

Eine Lampe in einer dunklen Sommernacht übt auf Insekten eine magische Anziehungskraft aus. Viele Nachtfalter versuchen immer wieder sich regelrecht in diese Lichtquelle hineinzustürzen.

Ist es nicht erstaunlich, daß Tiefseefische diese anziehende Wirkung einer einsamen Lichtquelle in dunkler Umgebung zu nutzen wissen? Nicht nur, daß sie sich dem ungeheuren Wasserdruck angepaßt haben. Herrscht doch in tausend Meter Wassertiefe bereits ein Druck von hundert Bar, fünfzigmal so viel wie in einem Autoreifen. Viele Tiefseefische benutzen kompliziert gebaute Leuchtorgane, um die Finsternis ihres Lebensraumes aufzuhellen. Einige sogar, um damit ihre Beute anzulocken. Meist sind sie dabei eine Symbiose mit Leuchtbakterien eingegangen. In speziellen Drüsen versorgen sie ihre lichtspendenden Partner ausgiebig mit Nahrung. Diese revanchieren sich durch eine intensive Lichtproduktion. Da es mehrere Luziferine gibt, ist es nicht verwunderlich, daß Licht in verschiedenen Farben ausgestrahlt wird. Am häufigsten ist gelbgrünes Licht anzutreffen, doch mitunter ist es auch bläulich, orange oder rot gefärbt. Nicht selten sind diese Leuchtorgane der Tiefseebewohner wie richtige Scheinwerfer konstruiert. Mit einem Reflektor auf der Rückseite und einer vorgeschalteten Sammellinse, um das Licht zu bündeln.

So tragen viele **Tiefseeangler** an einem umgebildeten Rückenflossenstrahl ein derartiges Leuchtorgan. Diese „Lampe" halten sie wie einen Angelköder in die Nähe ihres weit geöffneten Maules. Ahnungslose kleine Fische oder Krebse, die vom Lichtschein angelockt herbeischwimmen, werden sogleich von dem Räuber verschluckt.

Manche Tiefseefische gehen noch einen Schritt weiter. So sitzt bei einigen Fischen der Gattung **Cocorella** das Leuchtorgan im Rachen und beleuchtet die weitgeöffnete Mundhöhle. Der Fisch **Leiognathus splendens** trägt einen mit Leuchtbakterien gefüllten Ring um die Speiseröhre. Dieser strahlt wie ein grünblauer Scheinwerfer und weist den Ankömmlingen den Weg direkt in ihr Verderben. Andere Tiefseeräuber machen mit Hilfe rot leuchtender Organe Jagd auf Tiefseegarnelen.

Auch **Tintenfische**, die in der Meerestiefe leben, besitzen oftmals Leuchtorgane. Diese mit Bakterien gefüllten Lichtdrüsen sind von einer besonderen Zellschicht umgeben. Es sind Zellen, die stark lichtbrechende Kristalle enthalten und dadurch das Licht ausgezeichnet reflektieren. Die Schicht wirkt daher wie ein Hohlspiegel. Da dieser Reflektor zusätzlich noch von einer dunklen Pigmenthülle umgeben ist, kann Licht nur durch die freie Öffnung austreten. Vor diese aber ist eine Sammellinse aus durchsichtigen Zellen geschaltet. Sie bündelt das von den Bakterien erzeugte Licht und läßt es wie aus einem Scheinwerfer austreten.

Viele Tiefseetintenfische nutzen das Licht der Leuchtbakterien auch zu ihrer Verteidigung. Bei Gefahr stoßen sie leuchtende Wolken voll dieser Kleinstlebewesen aus, um ihre Feinde zu irritieren.

Die Lichtsprache der Glühwürmchen

Wer von uns erinnert sich nicht an einen warmen Frühsommerabend, an dem bei einbrechender Dunkelheit gelbgrün leuchtende Glühwürmchen durch die Gärten oder über Wiesen flogen. Was uns da erfreute, waren die Lichtsignale paarungswilliger Leuchtkäfermännchen, die sich auf der Suche nach einem Weibchen befanden. Das Ziel ihrer Wünsche war nicht etwa ebenfalls im Fluge unterwegs, sondern saß wartend irgendwo im Grase. Die Flügeldecken der Weibchen sind nur winzige Stummel, so daß sie einer Larve sehr Ähnlich sehen. Zum Anlocken der Männchen recken sie ihren leuchtenden Hinterleib empor. Die Helligkeit ihrer Leuchtorgane ist beträchtlich. Als ich im Dunkeln neben ein Weibchen meine Armbanduhr hielt, konnte ich bequem die Uhrzeit ablesen.

Im Gegensatz zu unseren beiden einheimischen Glühwürmchenarten, die kontinuierlich leuchten, verständigen sich die Partner der meisten tropischen Leuchtkäfer durch rhythmische Blinkzeichen. Jede Käferart besitzt ihre eigene Signalsprache. Die Männchen von **Photinus pennsylvanicus** beispielsweise senden regelmäßig in dreiviertel Sekunden drei Lichtblitze aus. Die Antwort des Weibchens besteht aus acht Lichtimpulsen in einer Sekunde. Wichtig dabei ist, daß es eine genau festgelegte Zeitspanne verstreichen läßt, bevor es auf das männliche Blinksignal antwortet. Nur wenn die Frequenz der Lichtblitze und die Zeit bis zur Antwort stimmen, läßt sich das Männchen erfolgreich anlocken.

Das Männchen des Käfers **Photinus pyralis** sendet während des Fluges im Rhythmus von sechs Sekunden Lichtsignale von jeweils einer halben Sekunde Dauer aus. In den Sendepausen wartet es auf Antwortsignale eines Weibchens, das irgendwo im Gras sitzt. Sind aber nun mehrere Männchen im Sichtbereich eines Weibchens unterwegs, dann tauchen Schwierigkeiten auf. Das Gewirr der in unregelmäßiger Folge auftretenden Lichtzeichen irritiert das Weibchen derart, daß es überhaupt nicht mehr antwortet. Doch in diesem Falle wissen sich die Männchen zu helfen. Sie stimmen die Signalfolge ihrer Lichtzeichen aufeinander ab, das heißt sie blinken jetzt alle zur gleichen Zeit. Mit dem Erfolg, daß sie wieder weibliche Antwort erhalten.

Die Leuchtkäfer der Gattung **Photuris** verwenden ebenfalls spezifische Signalfolgen und Zeitinterwalle bei ihrem Blinken. Groß war daher die Überraschung, als die Insektenforscher feststellten, daß Photurisweibchen auch auf die Suchsignale der Photinusmännchen Antwort geben. Nicht etwa in ihrer eigenen Sprache. Die hätte ja der fremde Freier nicht verstanden. Sie benutzen täuschend echt die Signalfolge der Photinusweibchen. Und was ist der Grund für dieses Täuschungsmanöver? Sind die signalisierenden Weibchen besonders liebeshungrig? Tatsächlich besitzen sie einen ausgeprägten Appetit, aber nicht auf artfremde Liebesabenteuer. Sobald eines der getäuschten Photinusmännchen sich am Ziel seiner Wünsche wähnt und liebestrunken vor dem blinkenden Weibchen im Gras landet, folgt, noch ehe es recht begreift, was geschieht, ein entsetzliches Erwachen. Das Photurisweibchen packt den ahnungslosen fremden Freier mit ihren Klauen und beginnt ihn als willkommene Nahrung zu verspeisen.

Zwar kennen oder ahnen die Photinusmännchen die Gefahr. Doch bei der großen Konkurrenz - auf ein Weibchen kommen etwa fünfzig Männchen - können sie nicht allzu lang die Echtheit der Blinkzeichen prüfen. Sonst kommen ihnen andere paarungsbereite Männchen zuvor. Außerdem gehen die räuberischen Weibchen sehr gewissenhaft zu Werke. Nicht nur, daß sie die Zeitinterwalle der imitierten Lichtsignale genau einhalten. Sogar die geringere Helligkeit der Photinussignale wird von ihnen berücksichtigt, indem sie die Lichtstärke ihrer eigenen Signale entsprechend herabsetzen. Einige dieser weiblichen Räuber verstehen es, die Blinkzeichen von fünf verschiedenen Photinusarten erfolgreich nachzuahmen. Sie leiden daher nicht so schnell unter Nahrungsmangel. Untersuchungen ergaben, daß etwa sechzehn Prozent der Photinusmännchen falschen Bräuten zum Opfer fallen.

Ist ein Listenreichtum, wie ihn die Photurisweibchen zeigen eigentlich noch zu überbieten? Er ist es tatsächlich. Und zwar durch die Männchen der Photinusart **Macdermotti**. Diese Leuchtkäfermännchen haben das böse Spiel der Photurisweibchen nicht nur durchschaut, sie verstehen sogar, für sich Kapital daraus zu schlagen.
Hat ein Macdermottifreier nach langem Suchen endlich ein eigenes Weibchen erspäht, dann ist ihm bei durchschnittlich fünzig Konkurrenten eine Leuchtkäferhochzeit noch lange nicht sicher. Eines der überall herumfliegenden anderen Männchen kann ihm noch im letzten Moment zuvorkommen. Also greift er zu einer besonderen List. Er beginnt mit der Signalfolge eines räuberischen Photurisweibchens zu blinken. Diese Signale des gefürchteten Räubers irritieren die anderen im Anflug befindlichen Freier und sichern ihm den kurzen Vorsprung, den er für eine erfolgreiche Hochzeit braucht.

Kapitel 14
Jäger mit raffinierten Fangmethoden

Vielseitig sind die Strategien, mit denen jagende Tiere ihre Beute zu überlisten suchen. Ob es eine Katze ist, die sich auf leisen Sohlen anschleicht und dann in weitem Sprung ihr Opfer zu fassen sucht. Oder ein Löwe, der mit seinem Gebrüll die Antilopen in die Fänge seiner versteckt wartenden Weibchen treibt. Oder eine Spinne, die stundenlang reglos in einer Blüte auf ahnungslose Insekten lauert. Sämtliche Jagdmethoden sind optimal dem jeweiligen „Jagdwild" angepaßt. Ist nun eine derartige Perfektion der Jäger nicht ein Zeichen für einen erbitterten Kampf ums Dasein? Diese Frage müssen wir verneinen. Denn gäbe es eine Auslese der Tüchtigsten, wie sie die Selektionstheorie fordert, wären längst die meisten Arten ausgerottet. Genau das Gegenteil ist jedoch zu beobachten. Gerade durch die optimalen Anpassungen erhalten besonders viele Tier- und Pflanzenarten einen Platz in den Lebensräumen unserer Erde.

Vom Gleichgewicht der Natur

Sebst mit den raffiniertesten Fangmethoden vermag nie ein Tier die Existenz einer anderen Tierart zu gefährden. Hierfür gibt es verschiedene Gründe. Zunächst einmal wurden auch die verfolgten Tiere von der Natur nicht stiefmütterlich bedacht. Sie besitzen im Gegenteil sehr wirksame Schutzmechanismen. Sie haben hellwache Sinne, oft ein ausgezeichnetes Fluchtvermögen, können sich hervorragend tarnen oder sind äußerst wehrhaft. Dadurch wird selbst Jagdspezialisten ein Erfolg nicht leicht gemacht. Vor allem der Zeitaufwand ist oftmals beträchtlich. Denken wir nur beispielsweise an den Mäusebussard. Welche Zeit muß er damit verbringen, um sich und seine Brut ausreichend zu ernähren. Wie lange muß er in großer Höhe kreisen, bis er am Boden eine Maus erspäht. Und wenn er dann im Sturzflug herabstürzt, vermag sich das vermeintliche Opfer nicht selten noch rechtzeitig in Sicherheit zu bringen. Das gleiche gilt für die meisten anderen Räuber. Stets ist es nur ein kleiner Prozentsatz, um den eine Tierart durch ihre Feinde verringert wird. Ist aber wie etwa bei vielen Fischen die Zahl der Feinde groß, so vermehren sich diese Tiere entsprechend stark. Es stellt sich in der Natur stets ein Gleichgewicht zwischen Verfolgern und Verfolgten ein, das zwar vorübergehend schwanken kann, jedoch langfristig nie gefährdet ist. Nimmt beispielsweise die Zahl der Feldmäuse zu, so steigt auch die Zahl der Bussarde und Turmfalken. Umgekehrt führt eine Verringerung der Mäusezahl dazu, daß es den Raubvögeln schwer fällt, ihre Brut aufzuziehen. Das heißt die Zahl dieser Jäger geht ebenfalls zurück.

Dieses Gleichgewicht der Natur bleibt auch dann erhalten, wenn sich Tier ungewöhnlicher Fangmethoden bedienen.

Ein Fisch, der schießen kann

Gelegentlich verlassen manche Fische für einen kurzen Augenblick ihren Lebensraum, um im Sprung ein über der Wasseroberfläche fliegendes Insekt zu erhaschen. Diese erstaunliche Leistung wird aber bei weitem noch von den **Schützenfischen** übertroffen.

Die rund zwanzig Zentimeter langen Schützenfische schwimmen in der Uferzone von Flüssen dicht unter der Wasseroberfläche. Dabei halten sie nach Insekten Ausschau, die auf Uferpflanzen sitzen. Hat ein Schützenfisch ein Opfer erspäht, dann schießt er es mit einem gezielten Wasserstrahl von der Pflanze herunter. Wenn es dann zappelnd im Wasser schwimmt, wird es von ihm geschnappt und verspeist. Verblüffend ist die Treffsicherheit dieser Fische. Bis zu einem Abstand von 1,20 Meter verfehlt kein „Schuß“ sein Ziel. Meisterschützen haben schon ein Insekt in dreieinhalb Meter Entfernung getroffen. Um solche Leistungen hervorbringen zu können, muß das Maul des Schützenfisches besonders gestaltet sein. Mit Hilfe einer Rinne im Gaumen und einer stark beweglichen Zunge formt der Fisch eine regelrechte Röhre. Dadurch daß er seine Kiemendeckel ganz rasch zusammenpreßt, erzeugt er einen enorm hohen Wasserdruck. Dieser bewirkt, daß das Wasser mit entsprechender Geschwindigkeit aus der im Maul gebildeten Röhre herausschießt.

Erstaunlich ist, daß der Schützenfisch es schafft, die starke Lichtbrechung zu berücksichtigen, die zwischen der Wasseroberfläche und der Luft auftritt. Diese Lichtbrechung hat nämlich zur Folge, daß das angepeilte Insekt dem Fischauge an einer anderen Stelle erscheint, als es sich tatsächlich befindet. Der Fisch muß daher die Richtung des Wasserstrahles bereits vor dem Abschießen korrigieren, will er nicht an seiner Beute vorbeischießen.

Der Wettkampf zwischen Fledermäusen und Nachtfaltern

Fledermäuse sind Nachttiere, das heißt sie beginnen mit einbrechender Dunkelheit, Insekten zu jagen. Bei der geringen Größe ihrer Beutetiere und derartig schlechten Lichtverhältnissen nützen ihnen ihre Augen wenig. Tatsächlich benötigen sie diese bei ihrer nächtlichen Jagd auch nicht. Sie „sehen" ihre Beute mit Hilfe ihrer Ohren.

Während des Fluges stoßen Fledermäuse regelmäßig Ultraschallschreie aus. Die Frequenz dieser Ultraschallimpulse liegt meist zwischen sechzigtausend und hundertzwanzigtausend Hertz. Die Dauer der einzelnen Schreie ist sehr kurz. Sie beträgt eine zehntel bis eine tausendstel Sekunde. Fünf bis zweihundert dieser Rufe werden in jeder Sekunde ausgestoßen. Treffen sie auf ein Hindernis, so werden sie von diesem reflektiert. Das Echo wird von den hochempfindlichen Fledermausohren registriert und dem Gehirn zur Weiterverarbeitung zugeleitet. Dieses erstellt aus den Signalen räumliche Bilder der Umgebung. Erstaunlich ist das Auflösungsvermögen dieses Ultraschallsehens. Wie

Experimente zeigten, vermag eine Fledermaus Drähte noch wahrzunehmen, deren Dicke nur ein zehntel Millimeter beträgt.
Vergleicht man die Ultraschallortung der Fledermäuse mit modernen Radarsystemen, so gelangt man zu dem Ergebnis, daß das Ortungssystem der Fledermäuse hundert mal so leistungsfähig ist. Vergleicht man die Energieleistung, dann schneidet die Fledermaus noch besser ab. Sie benötigt für ihre abgestrahlten und wiederaufgenommenen Signale nur ein tausendstel Watt. Moderne Ultraschallempfänger dagegen kommen auf sechshundert Watt, Radaranlagen sogar auf zehntausend Watt. Vom Zeitpunkt der Erfindung ganz zu schweigen. Siebzig Millionen Jahre war hier die Natur den neuzeitlichen Technikern voraus.

Bei ihrer nächtlichen Jagd erbeuten die Fledermäuse die unterschiedlichsten Insekten. Besonders leicht machen es ihnen die Fliegen und Mücken. Diese verraten sich durch den hohen Summton ihres Flügelschlags schon von weitem und werden daher in großer Zahl von den Fledermäusen gefangen. Die größeren und daher als Nahrung wesentlich ergiebigeren Nachtschmetterlinge wären längst von den Fledermäusen ausgerottet, hätte sie nicht die „Natur“ mit geeigneten Schutzvorrichtungen ausgestattet. Hierzu gehört ihr völlig geräuschloser Flug. Keine Fledermaus vermag sie zu hören. Umgekehrt aber sind die Nachtfalter in der Lage, die Ultraschallschreie der Fledermäuse schon aus großer Entfernung zu hören. Mit ihren an den Körperseiten liegenden Hörorganen können sie die hohen Frequenzen der Fledermausrufe bereits in dreißig Meter Entfernung wahrnehmen und dadurch rechtzeitig dem Flugbereich der Fledermäuse entfliehen. Selbst wenn sie dabei von einem Ortungsstrahl einer Fledermaus getroffen werden, bleiben sie unentdeckt. So wie die modernen Tarnkappenbomber keine Radarsignale reflektieren und damit für die Radarüberwachung unsichtbar bleiben, besitzen die Nachtfalter eine Abschirmung gegen Ultraschallsignale. Ihr dichter Haarpelz vermag die Ultraschallwellen weitgehend zu verschlucken. Das hat zur Folge, daß die Fledermaus erst ein Echo ihrer

Ortungssignale empfängt, wenn sie sich dem Schmetterling bis auf sechs Meter genähert hat. In der Zwischenzeit hat sich dieser aber meist längst in Sicherheit gebracht. Und selbst wenn er den Feind erst in einem so kurzen Abstand bemerkt, gelingt es ihm oft noch, im Bruchteil einer Sekunde, durch einen Sturzflug zu entkommen.

Eine Gruppe von Nachtfaltern, die **Bärenspinner**, antworten sogar den Fledermäusen auf ihre Ultraschallrufe. Dies wäre die höchste Form des Selbstverrats und geschieht daher vermutlich nicht ohne Absicht. Tatsächlich verfolgen die Bärenspinner mit ihren Ultraschreien einen ganz besonderen Zweck. Sie wollen die Fledermäuse warnen. Davor, daß sie giftig oder zumindest ungenießbar sind. Jede Fledermaus, die einmal einen dieser Falter unter Mißachtung der Warnsignale gefangen hat, wird diese in Zukunft wohlweislich respektieren. Dadurch bleiben nahezu sämtliche Bärenspinner unbehelligt. So erstaunlich es klingt, einige wohlschmeckende Nachtfalter schreien ebenfalls, sobald sie Fledermäuse hören! Und genießen dadurch den gleichen Schutz vor deren Angriffen wie die ungenießbaren Arten.

Kapitel 15
Wie man sich Feinde vom Leibe hält

Stets ist die „Natur“ auf Ausgleich bedacht. Hat sie den Jägern unter den Tieren zu erfolgreichen Jagdmethoden verholfen, so wurden von ihr genau so umsichtig die nicht räuberisch lebenden Tierarten mit wirksamen Schutz- und Verteidigungsmechanismen ausgestattet. Auch hier läßt die Natur einen derartigen Einfallsreichtum erkennen, daß es geradezu vermessen erschiene, wollte man diesen als bloße Folge einer Auslese vorteilhafter Mutationen ansehen.

Eine der Schutzmöglichkeiten, die wir bereits aus dem sechsten Kapitel kennen, besteht in der Tarnung vor Feinden. Das hier verwirklichte Prinzip ist einfach aber wirksam: Wer nicht gesehen wird, kann nicht gefressen werden. Das beginnt bei Farbanpassungen an die Umgebung. So ist beispielsweise das Gefieder von Rebhühnern und anderen Bodenbrütern so gefärbt, daß diese Vögel selbst für ein geübtes Auge mit dem Erdboden völlig verschmelzen. Oft ist sogar der jahreszeitliche Wechsel der Umgebungsfarbe berücksichtigt, etwa beim Hermelin oder dem Schneehuhn. Beide tragen ihm Sommer ein braunes Fell beziehungsweise Gefieder, in den schneereichen Wintermonaten dagegen ein weißes Winterkleid. Höhepunkte der Tarnungskunst sind die raffinierten Nachahmungen von Blättern, Blüten oder Stacheln.

Ebenfalls nicht mehr unbekannt sind uns die Tricks der Täuschung von Feinden. Erinnern wir uns nur an jene Meisterleistungen der Natur wie die falschen Augen oder der falsche Kopf.

Wer schnell ist, lebt sicherer

Wenn ein Hund einen Hasen oder eine Katze verfogt, ist er mitunter der Schnellere. Doch der Hase entzieht sich ihm in der Regel durch geschicktes Hakenschlagen und die Katze ist außer Gefahr, sobald sie einen Baum erreicht hat. In vielen Fällen ist aber die Geschwindigkeit fliehender Pflanzenfresser derart hoch, daß die verfolgenden Raubtiere kaum eine Chance haben. Ob es Widpferde, Zebras oder gar Antilopen sind, sie entziehen sich meistens ihren Feinden durch eine erfolgreiche Flucht. Antilopen erreichen dabei eine Fluchtgeschwindigkeit von einhundert und vier Kilometer pro Stunde. Der **Gepard** ist der einzige Räuber, der an ihre Verfolgung denken kann, da seine Spitzengeschwindigkeit um sechs Kilomter pro Stunde höherliegt.

Nun sind nicht alle Tiere zu einer derartigen Schnelligkeit befähigt. Manche haben stattdessen den Weg unter die Erde gewählt. Mäuse, Hamster, Wildkaninchen, Füchse, Dachse, um nur einige dieser Tiere zu nennen, graben sich Erdhöhlen. Oft sind es sogar ausgedehnte, kompliziert gebaute unterirdische Wohnanlagen mit zahlreichen Kammern und Zugängen. Dorthin ziehen sie sich bei Gefahr zurück und in deren Schutz bringen sie ihren Nachwuchs zur Welt.

Unangreifbar durch Panzer, Stacheln und Stoßzähne

Ob es der Igel ist, das Stachelschwein oder der Ameisenigel. Die langen Stacheln dieser Tiere sind als Abwehrwaffen nicht zu unterschätzen. Auch unter den Meerestieren finden wir stachelbewehrte Exemplare wie Seeigel, Igelfisch oder Igelkrabbe, die wegen ihres Stachelkleides von den meisten potentiellen Feinden verschmäht werden.

Etliche Tiere wie Krokodil, Schildkröte oder Gürteltier erfahren durch ihre Panzerung einen wirksamen Schutz. Wiederum andere, etwa das Nashorn, der Elefant und zahlreiche Huftiere, besitzen Hörner oder Stoßzähne zu ihrer Verteidigung. Wer Zeuge wurde, wie ein Stier in der Arena einen Torero mit seinen Hörnern durchbohrte und anschließend durch die Luft schleuderte, vermag sich vorzustellen, wie es in freier Wildbahn einem Raubtier ergeht, das von den Hörnern eines größeren Huftiers erfaßt wird. Sogar die relativ kleinen Hauer eines Ebers wurden schon so manchem Jagdhund oder Jäger zum Verhängnis. Tintenfische bringen das Kunststück fertig, sich bei Gefahr unsichtbar zu machen. Fühlen sie sich bedroht, stoßen sie „Tinte“ aus, das heißt eine Wolke schwarzbraunen Farbstoffs. Sie nimmt dem Verfolger die Sicht und irritiert ihn so, daß der Tintenfisch Zeit gewinnt, sich ein Versteck zu suchen. Tiefseetintenfische dagegen nebeln sich, da Farbstoffe in der lichtlosen Tiefsee nicht zu erkennen wären, mit einer Wolke aus Leuchtbakterien ein.

Doch auch die ganz Langsamen stehen ihren Feinden nicht hillos gegenüber. Viele Jäger, insbesonders insektenfressende Vögel, erkennen geeignete Nahrung an deren Bewegung. Infolgedessen wirkt ein Erstarren bei Gefahr oftmals lebensrettend. Viele Insekten und Raupen machen von dieser Möglichkeit Gebrauch. Nicht wenige Gliedertiere besitzen sogar einen regelrechten **Totstellreflex**. Berührt man manche Käfer oder Spinnen, so ziehen sie blitzschnell ihre Beine ein und bleiben längere Zeit als winzige unscheinbare Kugel völlig unbeweglich liegen.

Affen und Vögel benutzen Wurfgeschosse

Der Gebrauch von Wurf- und Schlagwaffen ist im Tierreich gar nicht so selten, wie man früher annahm. Besonders Affen bedienen sich häufig derartiger Mittel, um Feinde zu vertreiben. So werfen **Brüllaffen** und **Klammeraffen** gerne aus den Baumkronen, in denen sie sich aufhalten, Äste auf Gegner herab. Ein Forscher wurde um ein Haar von einem fünf Kilogramm schweren Ast getroffen, den ein Klammeraffe auf ihn hinunterwarf. Im südafrikanischen Burenkrieg wurden mehrmals Soldaten von erzürnten **Bärenpavianen** mit einem regelrechten Hagel von großen Steinen bedacht. **Schimpansen** haben nicht selten versucht, Paviane oder Menschen zu verjagen, indem sie diese mit mehrere Kilogramm schweren Steinen bewarfen. Oft bewaffnen sich auch Schimpansenmännchen mit Holzknüppeln und bedrohen damit

ihre Feinde.
Einige Vogelarten verteidigen sich durch gezieltes Herabwerfen von Gegenständen. So wurde ein Zoologe von **Kolkraben** mit faustgroßen Steinen beworfen und auch am Bein getroffen, nachdem er zuvor ihr Nest mit Jungvögeln inspiziert hatte. In einem anderen Fall verteidigten **Kaffernadler** ihr Nest durch Werfen mit kräftigen Holzstöcken. In Australien wurde ein **Buschhuhn** beobachtet, das einem zudringlichen Waran Steine und Sand entgegenschleuderte.

Entdecken Singvögel einen Bussard oder anderen Raubvogel, so stürzen sie sich mit lautem Geschrei auf ihn und versuchen sogar, ihn mit Schnabelhieben zu treffen. Sie „hassen", wie die Zoologen sagen. Im Allgäu begnügen sich **Wachholderdrosseln** seit etwa zwanzig Jahren aber nicht mit dem Hassen. Bemerkt eine Wachholderdrossel einen Habicht oder Bussard, der auf einer Warte, das heißt auf einem erhöhten Holzpfosten oder Baumstumpf sitzt, so fliegt sie ihn im Sturzflug an und spritzt eine ausgiebige Ladung Kot auf sein Gefieder. Laut schreiend wiederholt sie das Manöver. Weitere Wacholderdrosseln, die durch ihr Geschrei angelockt werden, schließen sich diesen Angriffen an und bedenken den völlig konsternierten Raubvogel ebenfalls mit ihren Exkrementen. Tage später findet man ihn dann mit völlig verklebten Gefieder aus Hunger verendet. In einem Halbjahr entdeckte man in dieser Gegend sechzehn Mäusebussarde, einen Habicht und einen Wespenbussard, die mit den gleichen Symptomen zugrunde gegangen waren. Offensichtlich haben die Wacholderdrosseln einen Weg gefunden, ihre größten Feinde erfolgreich zu bekämpfen. Es ist der seltene Fall, daß der Gejagte den Spieß umdreht und selbst zum Jäger wird.

Besonders häufig verwenden Tiere chemische Waffen zu ihrer Verteidigung. Sie erzeugen Gifte und Reizstoffe, die ihre Feinde abschrecken und vertreiben.

Die Kampfstoffe der Käfer

Einige Wasserkäfer können sich ausgezeichnet mit chemischen Kampfmitteln zur Wehr setzen. Der **Gelbrandkäfer** erzeugt in eigenen Abwehrdrüsen den Wirkstoff **Cortexon**. Es ist die gleiche chemische Verbindung, die von den Säugetieren und auch von uns in den Nebennieren als Hormon hergestellt wird. Der einzige Unterschied besteht darin, daß ein Gelbrandkäfer soviel Cortexon zu speichern vermag, wie tausend Rinder erzeugen. Kein Wunder, wenn ein sich verteidigender Gelbrandkäfer angreifende Raubfische regelrecht zu betäuben vermag.

Auch landbewohnende Käfer greifen nicht selten zu chemischen Kampfstoffen, wenn es um ihre leibliche Sicherheit geht. Besonders wirksam sind die Verteidigungsmaßnahmen des **Bombardierkäfers**. Seine Waffen erinnnern in mancher Hinsicht an moderne Raketentriebwerke. Wie die Raketen besitzt auch der Bombardierkäfer eine „Brennkammer", in der er ein Chemikaliengemisch explosionsartig zur Reaktion bringt. Zu diesem Zweck erzeugt er in einer Drüse Hydrochinone und Wasserstoffperoxid. Wird er bedrängt, dann pumpt er diese Mischung in die Brennkammer. Gleichzeitig setzt er aus kleinen Seitendrüsen bestimmte Enzyme zu, die zu einer heftigen chemischen Zersetzung führen. Durch den Explosionsdruck werden die ätzenden Chemikalien dem Angreifer mit hoher Geschwindigkeit aus der Austrittsdüse entgegengeschossen. Gelingt dem Bombardierkäfer nicht eine sofortige Abwehr, vermag er bis zu sieben gezielte Schüsse hintereinander abzugeben.

Ganz anders verwenden die **Spreitungsschwimmer** der Gattung Stenus ihre Wehrdrüsen. Diese Käfer nutzen ähnlich wie die bekannten Wasserläufer die Oberflächenspannung des Wassers aus. Das heißt sie können sich genauso mühelos auf der Wasseroberfläche fortbewegen. Gerät ein Spreitungsschwimmer in eine mißliche Situation, spritzt er aus den Drüsen bestimmte Terpene ins Wasser. Diese verringern sofort die Oberflächenspannung hinter dem Tierkörper. Dadurch erhält er einen kräftigen Vorwärtsschub. Er saust wie von einem Rennbootmotor angetrieben übers Wasser davon. In einer Sekunde legt der kleine Käfer dabei dreiviertel Meter zurück. Reicht diese Fluchtstrecke nicht, kann er das gleiche Manöver mehrmals wiederholen und auf diesem Wege ganz schnell bis zu fünfzehn Meter weit gleiten. Damit vermag er sich auch dem hartnäckigsten Verfolger zu entziehen.

Seeanemonen schlagen Alarm

Zahlreiche Meerestiere warnen bei Gefahr ihre Artgenossen. Auch **Seeanemonen** an der Küste Kaliforniens gehören zu diesen Tieren, die ein chemisches Alarmsystem besitzen. Ihre Hauptfeinde sind räuberisch lebende Meeresschnecken. Wird eine Seeanemone von einer Schnecke angegriffen, so scheidet sie **Anthopleurin** aus. Es ist ein Warnpheromon, das sich im Wasser verteilt und auf diese Weise recht schnell die übrigen Seeanemonen erreicht. Kaum nehmen diese es wahr, ziehen sie in Sekundenschnelle ihre Tentakeln ein, so daß sie den Schnecken keine Angriffspunkte bieten.

Doch die Wirkung des Pheromons geht noch viel weiter. Verspeist die Schnecke ein Stück einer Seeanemone, gelangt das Pheromon in reichlichem Maße in ihren Körper. Da die Schnecke aber diesen Wirkstoff nicht verdauen kann, gelangt er allmählich wieder in das Wasser. Ohne daß sie es ahnt, warnt die Schnecke mehrere Tage lang alle Seeanemonen vor ihren bösen Absichten. Sowie sie auftaucht, ziehen sich alle Anemonen schleunigst zusammen.

Kapitel 16
Ein Wirt allein genügt nicht

Auf ihrer Suche nach immer neuen Lebensräumen hat die „Natur" auch den Parasitismus erfunden. Der Körper von Tieren und Pflanzen vermag, wie die Erfahrung zeigt, einer Vielzahl von Lebewesen Unterkunft und Nahrung zu bieten. Bereits die winzigen Bakterien sind in der Lage, die sich bietenden Möglichkeiten ausgiebig zu nutzen. Aber auch größere Tiere, ganz besonders Würmer, treten als hartnäckige Schmarotzer in Erscheinung.

Ein hilfreicher Schuß

Ein kleiner Fadenwurm mit dem Namen **Dictyocaulus viviparus** lebt als Parasit in der Lunge von Rindern. Seine Larven werden mit dem Rinderkot ausgeschieden. Soll der Wurm nicht aussterben, dann müssen diese Larven von anderen Rindern mit der Nahrung aufgenommen werden. Leider meiden aber die Rinder beim Fressen die Kuhfladen und deren unmittelbare Umgebung aufs sorgfältigste, so daß die Wurmlarven kaum eine Chance haben, einen neuen Wirt zu finden. Für sie ist daher guter Rat teuer. Was sollen sie tun? Die Larven brauchen sich jedenfalls nicht den Kopf zu zerbrechen. Ihr winziges Nervenzentrum vermag ihnen sowieso keinen Rat zu geben. Wieder einmal war es die „Natur", die eine geniale Lösung gefunden hat.

Auf den Kuhfladen wachsen kleine Schimmelpize, die **Pillenwerfer**. Diese vermehren sich wie alle Pilze durch Sporen. Nur, daß bei dem Pillenwerfer die Sporenkapsel auf einem Sporenbehälter sitzt. In dessen Inneren herrscht ein Überdruck von fünfeinhalb Bar, fast dreimal so viel wie in einem Autoreifen. Sind die Sporen herangereift, so platzt der Sporenbehälter und schleudert die Sporenkapsel mit hoher Geschwindigkeit in Entfernungen bis weit über einen Meter. Diese Reisemöglichkeit nutzt die kleine Wurmlarve. Sie klettert in ihrer Not auf die Sporenkapsel des Pillenwerfers und läßt sich von diesem weit hinaus auf das Weideland schießen. Dort wird sie von einem der stets hungrigen Rinder zusammen mit dem Gras gefressen. Und damit kann sie sich in dem neuen Wirt zu einem Fadenwurm entwickeln.

Ein Saugwurm als Täuschungskünstler

Die Saugwürmer leben ausschließlich als Parasiten. Einer von ihnen trägt den klangvollen Namen **Leucochloridium macrostomum**. Er schmarotzt im Darm von Singvögeln, das heißt er ernährt sich von ihrem Darmsaft. Seine von ihm produzierten Eier gelangen mit dem Vogelkot ins Freie und dabei oft auf feuchte Wiesen. Dort aber lebt die Bernsteinschnecke, für die Vogelexkremente ein wahrer Leckerbissen sind. Es bleibt daher nicht aus, daß die Eier in den Schneckendarm gelangen. Dies jedoch ist der Ort, wo aus den Eiern Wurmlarven schlüpfen. Diese Larven erfahren im Schneckenkörper eine komplizierte Umwandlung, bis schließlich sogenannte Sporozystensäcke aus ihnen entstanden sind. Es sind etwa einen Zentimeter große, längliche Gebilde mit einer auffallenden farbigen Querstreifung. Fast wie Raupen sehen sie aus. Und können sich auch wie diese fortbewegen. Sie kriechen in die Fühler der Schnecke, die dadurch kräftig anschwellen (Abb.20). Die Schnecke verläßt daraufhin, wie von einem unsichtbaren Drang getrieben, ihren dunklen Aufenthaltsort und begibt sich an lichte Stellen der Wiese. Gleichzeitig beginnen die Sporozystensäcke in den Schneckenfühlern sich heftig einmal pro Sekunde hin und her zu bewegen. Ein Singvogel, der in diesem Moment die Schnecke entdeckt, hält ihre zappelnden Fühler für Raupen und beißt sie kurz entschlossen ab. Ganz gleich, ob er sie anschließend selbst frißt oder seinen Jungen bringt, die Sporozysten gelangen auf jeden Fall in einen Vogeldarm. Dort steht ihrer Entwicklung zum Saugwurm nichts mehr im Wege.

Ein Gehirn wird manipuliert

Den wohl kompliziertesten aber zugleich raffiniertesten Wirtswechsel finden wir bei dem **Kleinen Leberegel**. Dieses etwa ein Zentimeter großes Tier schmarotzt in der Leber von Schafen, ohne diese jedoch zu schädigen. Die Eier des Leberegels gelangen über den Darm in den Schafskot. Dieser aber wird von verschiedenen Schnecken als ergiebige Nahrungsquelle betrachtet. Beim Fressen des Kots nehmen die Schnecken die Leberegeleier auf. Kaum sind diese in den Schneckendarm gelangt, so schlüpfen aus ihnen winzige Larven. Diese bewimperten Larven schwimmen durch den Darmbrei der Schnecke, bis sie schließlich deren Mitteldarmdrüse erreichen. Dort verwandeln sie sich allmählich in Schwanzlarven. Kaum daß diese entstanden sind, beginnen sie auch schon, mit Hilfe ihres Ruderschwanzes und eines Bohrstachels sich durch den ganzen Schneckenkörper bis zur Lunge vorzuarbeiten. In der Schneckenlunge angelangt, bereiten sie sich auf ihren weiteren Weg vor. Sie bilden eine feste Hülle, das heißt sie werden zu einer Cyste. Hunderte dieser Cysten verkleben miteinander. Von Schleim umhüllt werden sie schließlich durch das Atemloch der Schnecke ausgeschieden. Die nur wenige Millimeter großen Schleimballen bleiben an Pflanzen kleben. Meist dauert es nicht lange, bis sie dort von Ameisen entdeckt und eiligst aufgefressen werden. Damit sind die Larven in den zweiten Zwischenwirt, die Ameisen, gelangt.

Im Ameisendarm löst sich die Cystenhülle auf und die Larven werden wieder beweglich und aktiv. Ihr erstes Ziel ist der Kropf der Ameise. Sind sie dort angekommen, machen sie von ihrem Bohrstachel Gebrauch. Sie bohren sich geschickt durch die Kropfwand. Anschließend verschließen sie sorgfältig die Bohrwunden mit einem Sekret, da es für sie sehr wichtig ist, daß ihr Wirt keinen Schaden nimmt. Als nächstes begeben sich die dreißig bis fünzig Larven auf eine Wanderung durch den Ameisenkörper. An verschiedenen Körperstellen setzen sie sich fest und kapseln sich ein. Sie werden zu einer Ruheform, die der weiteren Ereignisse harrt. Eine der Larven jedoch verhält sich ganz anders. Sie arbeitet sich bis zum Gehirn der Ameise vor und setzt sich dort als sogenannter **Hirnwurm** am Unterschlundganglion fest. Dies ist ein Nervenknoten, der die Kieferbewegungen der Ameise reguliert. Sobald die übrigen Larven mit ihrem Einkapseln fertig sind, geschieht etwas geradezu Ungeheuerliches: Der Hirnwurm steuert von jetzt ab das Verhalten der Ameise!

Beim Einsetzen der Abendkühle verlassen die nichtinfizierten Ameisen sämtliche Pflanzen, auf denen sie tagsüber herumgeklettert sind und ziehen sich in ihren Bau zurück. Die vom Hirnwurm gesteuerte Ameise dagegen beißt sich unter seinem Einfluß an der Pflanze fest und übernachtet gezwungenermaßen auf ihr. Am nächsten Morgen werden viele Pflanzen von den hungrigen Schafen abgeweidet. Dabei bleibt es nicht aus, das die infizierte Ameise im Magen eines Schafes landet.

Der Hirnwurm stirbt jetzt in den Verdauungssäften des Schafsdarmes ab. Er hat seine Aufgabe erfüllt und sich dabei für die Gemeinschaft geopfert. Bei den zahlreichen Dauerkapseln, die ebenfalls in den Schafsdarm gelangten, löst sich die Kapselhülle auf. Zum Vorschein kommen junge Leberegel. Sie wandern vom Darm durch den Gallengang in die Leber. Damit ist der lange Entwicklungskreislauf geschlossen (Abb.21). Er führte von der Schafsleber über die Schnecke zur Ameise und von dort zurück in die Leber. Trotz der zwei Zwischenwirte, der Schnecke und der Ameise, ist es ein sehr erfolgreicher Fortpflanzungsweg. In manchen Schafherden, die man untersucht hat, waren bis zu fünfundsechzig Prozent der Tiere von dem Leberegel befallen. Dabei enthielt die Leber eines Schafes mitunter mehrere tausend Parasiten.

Was offen bleibt, ist die Frage, wie dieser komplizierte Entwicklungszyklus mit seinen zum Teil verblüffenden Details zustande kam. Der Leberegel selbst hat ihn mit Sicherheit nicht geplant. Den Zufall dürfen wir ebenfalls nicht bemühen. Denn zu viele Mutationen waren für sein Zustandekommen erforderlich. Mutationen, die dazu auch alle die gleiche Zielrichtung besitzen mußten. Das heißt eine stichhaltige Erklärung steht noch aus.

Kapitel 17
Pflanzen nehmen Insekten in ihre Dienste

Im Vergleich zu Tieren scheinen vielen Menschen die Pflanzen Lebewesen zweiter Ordnung zu sein. Es fehlen ihnen die bei Tieren so auffälligen Lebensäußerungen. Hinzu kommt die festsitzende Lebensweise der Pflanzen und das Fehlen jeglicher Nerven. Von einem Gehirn ganz zu schweigen.

Bei genauerem Hinsehen zeigt es sich jedoch, daß viele Pflanzen Bewegungen vollführen und auf verschiedene Reize reagieren. So wenden sie sich dem Licht zu. Sie öffnen ihre Blüten bei Helligkeit oder Wärme und schließen sie wieder bei einbrechender Dunkelheit oder Kälte. Kletterpflanzen winden sich um Stämme und Äste oder klammern sich mit Ranken fest. Von zahlreichen Pflanzen werden die Samen oder Sporen weit durch die Gegend geschleudert. Und wenn wir gar die fleischfressenden Pflanzen oder Mimosen betrachten, so zeigt es sich, daß diese Pflanzen es fertig bringen, ganz gezielte Bewegungen in Sekundenschnelle auszuführen.

Auch Pflanzen haben zwei Geschlechter

Besonders erstaunlich ist die Art und Weise, in der sich die Pflanzen um ihre Vermehrung kümmern. Zwar paaren sie sich nicht wie die meisten Tiere. Doch zweigeschlechlich sind sie ebenfalls. Und eine Befruchtung der weiblichen Samenanlage durch den männlichen Pollen ist bei den Blütenpflanzen stets vonnöten. Viele Millionen Jahre lang vollzog der Wind die Bestäubung der Blüten. Er übertrug den Pollen von den männlichen Blüten auf die Narben der getrennt wachsenden weiblichen Blüten. Auch heute noch finden wir zahlreiche derartige

Blütenpflanzen. Zu ihnen gehören so bekannte Nadelbäume wie Kiefer, Fichte und Eibe.

Am Anfang der Kreidezeit, das heißt vor einhundertfünfunddreißig Millionen Jahren erscheinen auf der Erde ganz neue Blütenpflanzen. Sie besitzen Blüten, die auffallende Blütenblätter tragen und sowohl pollenhaltige Staubgefäße als auch weibliche Samenanlagen enthalten. Sie benötigen zu ihrer Bestäubung nicht mehr den Wind. Stattdessen locken sie Insekten an und lassen diese den Pollen auf die Blütennarben transportieren. Es ist erstaunlich, wie sie zu diesem Zweck immer raffiniertere Lockmethoden entwickeln . Manche Pflanzen gehen sogar soweit, daß sie sich regelrechte Insektenfallen zulegen, um ihre Befruchtung sicher zu stellen. Es ist fast so, als wollte die Natur beim Erfinden immer neuer Möglichkeiten sich selbst übertreffen.

Blütenblätter als Wegweiser

Die Blütenblätter vieler Pflanzen zeichnen sich durch leuchtende Farben und beträchtliche Größe aus. Sie sollen den Insekten schon von weitem den Weg zur Blüte weisen. Dabei stellen die Farben oft besondere Einladungen dar. So werden gelbe und blaue Blüten gerne von Bienen angeflogen. Rot dagegen ist eine Vogelfarbe. Aus diesem Grund besitzen Blüten, die von Vögeln bestäubt werden sollen, und Früchte, die von ihnen verbreitet werden, sehr häufig eine intensive Rotfärbung.

Nähern sich die erwünschten Gäste der Blüte, dann werden sie von sogenannten Saftmalen zum Zentrum der Blüte weitergeleitet. Diese Saftmale bestehen aus bunten Flecken, Linien oder Punktreihen auf den Blütenblättern. Beim **Gemeinen Leinkraut** ist es ein oranger Gaumenfleck, beim **Vergißmeinnicht** ein gelber Schlundring, der diese Aufgabe erfüllt. Die Saftmale der **Roßkastanie** sind anfangs gelb. Später, wenn die Blüten schon älter sind, verfärben sie sich ins Rötliche und signalisieren den Insekten damit, daß kein Nektar mehr zu holen ist.

Manche Blüten tragen Saftmale, die unseren Augen verborgen bleiben, für die Insekten aber deutlich erkennbar sind. Es sind Markierungen auf den Blütenblättern, die ultraviolettes Licht besonders stark reflektieren oder absorbieren. Insektenaugen sehen Farben nämlich anders als unsere Augen. Wir können rotes Licht wahrnehmen, die Bienen dagegen nicht. Dafür ist für sie die ultraviolette Strahlung eine Farbe, während diese für uns unsichtbar ist. Infolgedessen erscheinen den Insekten auch viele Blüten in ganz anderen Farben als uns, je nachdem wieviel Ultraviolettstrahlung sie reflektieren. So erscheinen rote Mohnblüten den Bienen nicht schwarz, sondern wegen des reflektierten UV-Lichts leuchtend farbig. Auch grüne Blüten, die unser Auge inmitten der grünen Umgebung kaum bemerkt, besitzen für Insekten aus dem gleichen Grund einen deutlichen Farbreiz.

Herrliche Düfte locken die Insekten

Der reizvolle Duft, der uns an Rosen, am Flieder und manchen anderen Blumen so erfreut, ist von der Natur als Lockmittel für Insekten erfunden worden. Er soll sie zu einem Blütenbesuch verleiten. Viele Blüten werben dabei um ganz spezielle Gäste. So gibt es Blüten, die nach Honig duften, da sie von Bienen bestäubt werden möchten. Andere wiederum richten ihre Botschaft an Aasfliegen. Es darf uns daher nicht wundern, wenn wir diese Düfte als Gestank empfinden. Jene Fliegen jedenfalls fühlen sich von dem Uringeruch des **Aronstabs** oder den nach faulendem Fleisch riechenden Aasblumen magisch angezogen. Besonders wenn diese auch noch ihre Lieblingsfarben Braun, Rotbraun oder Grauschwarz tragen. Genau besehen ist es übrigens eine raffinierte Täuschung, die hier die Pflanzen vornehmen. Denn die Aasfliegen suchen ja eigentlich verwesendes Fleisch. Und das vermag die Pflanze ihnen keinesfalls zu bieten. Lediglich etwas Nektar können sie als Lohn für die Bestäubungsdienste bereitstellen.
Damit die Insekten den Weg zu den Staubgefäßen und der Narbe leicht

und schnell finden, besitzen zahlreiche Blüten neben Saftmalen auch noch zusätzliche Duftmale. Sie sind in der Blüte so angeordnet, daß die Konzentration des Duftes immer mehr zunimmt, je weiter das Insekt in das Blüteninnere vordringt.

Nektar ist eine köstliche Speise

Die schönsten Farben und die herrlichsten Düfte könnten wohl kaum auf Dauer die Insekten zu einem Blütenbesuch und der damit verbundenen Bestäubung verleiten. Erst die Belohnung ihrer Arbeit läßt sie zu so eifrigen Gästen werden. Es ist letztlich die angebotene Nahrung, von der die entscheidende Verlockung ausgeht.

Für viele Insekten stellt bereits der reichlich vorhandene Pollen einen Anreiz dar. Bienen etwa benötigen ihn als Futter für ihre Larven. Andere Blütenbesucher haben es auf Öl abgesehen. Dieses Öl wird von den Blüten der bekannten Pantoffelblume oder einigen Orchideen hergestellt.

Vor allem aber ist es der Nektar, dem nahezu alle Blüten die regelmäßigen Besuche ihrer Bestäuber verdanken. Er wird von Nektardrüsen erzeugt, die meist am Blütengrund sitzen. Chemisch gesehen ist er eine Zuckerlösung, die zusätzlich noch Aminosäuren, Fette und Vitamine enthält. Für die Blütenbesucher aber ist er eine wahre Götterspeise. Ihr zuliebe nehmen sie sogar Unannehmlichkeiten in Kauf. Angefangen bei Stößen und Schlägen mit Staubgefäßen bis hin zu jähen Stürzen in den Schlund von Blütenfallen.

Durch Freiheitsberaubung zur Bestäubung

Der **Frauenschuh** ist nicht nur eine schöne Orchidee. Mit seinem Duft verführt er vor allem Sandbienen zu einem Blütenbesuch. Versuchen die kleinen Bienen auf dem gewölbten Blütenrand zu landen, so finden sie keinen Halt und rutschen in den schuhförmigen Blütenkessel hinein. Ein Zurück gibt es dabei für sie nicht. Denn die Kesselwandung ist extrem glatt und ihr Rand nach innen umgebogen. Hat sich die Sandbiene von ihrem ersten Schreck erholt, entdeckt sie einen Lichtschein. Er dringt durch transparente Fenster in den Seitenwänden des Blütenkessels und weist den Weg zu den Ausgängen. Nachdem es rückwärts kein Entkommen gab, läßt die Biene sich jetzt von dem Lichtsignal leiten. Als eine Biene, die für ihre Brut Erdhöhlen gräbt, fällt ihr dies nicht schwer. Unterwegs stößt sie zunächst gegen die Blütennarbe und hinterläßt auf ihr den im Haarpelz mitgebrachten Pollen. Damit hat sie ihre erste Aufgabe erfüllt. Sie hat die Bestäubung der Blüte durchgeführt. Doch noch eine zweite Aufgabe ist ihr zugedacht. Bevor sie nämlich den Weg ins Freie antreten kann, muß sie sich an den mit Pollen beladenen Staubblättern vorbeizwängen. Dabei nimmt sie eine reichliche Pollenportion mit ihren Haaren auf. Mit diesem Pollen vollzieht sie nach ihrer nächsten Rutschpartie in eine Frauenschuhblüte deren Befruchtung.

Orchideen ahmen Insektenweibchen nach

Gäbe es einen Preis für die ungewöhnlichste Methode der Insektenanlockung, so müßten ihn ohne Zweifel die Ragwurzorchideen erhalten. Ihre Blüten erinnern in Gestalt und Färbung an Insekten. Manche dieser Blüten ähneln einem Hummelweibchen, andere einer weiblichen Biene oder Fliege (Abb.22). Und das ist kein Zufall. Dient diese Ähnlichkeit doch einzig und allein dem Zweck, die entsprechenden Insektenmännchen herbeizulocken!

Entdeckt ein **Grabwespenmännchen** eine Blüte der **Fliegenragwurz**, so landet es auf ihr und versucht sie wie ein eigenes Weibchen zu begatten. Es preßt seinen Hinterleib gegen die Blütenoberseite und sucht mit seiner Hinterleibsspitze, in der die Genitalien sitzen, nach einer Kopulationsmöglichkeit. Während des Paarungsversuchs stößt der Wespenkopf an die Staubgefäße. Dabei bleiben die mit einem Stiel versehenen Pollenkölbchen am Kopf hängen. Mit diesem Pollen wird dann die nächste Ragwurzblüte befruchtet.

Um die Insektenmännchen erfolgreich anzulocken und ein Paarungsverhalten bei ihnen auszulösen, mußten die Orchideen eine ganze Fülle von Anreizen schaffen. Zunächst ist es die Gestalt der Blüte. Sie muß wesentliche Insektenmerkmale aufweisen: einen dicken Hinterleib und Flügelansätze. Auch die Farbe soll anziehend wirken. Hier sind es vor allem dunkle und violette Farbtöne, die sich als besonders werbewirksam erweisen. Beides aber würde nicht viel nützen, besäße nicht die Blüte den Duft des Insektenweibchens. Und das ist wohl das Erstaunlichste an den ganzen Einrichtungen: Die Blüten erzeugen den gleichen Sexuallockstoff, mit dem die Insektenweibchen ihre Männchen betören! Es ist daher kein Wunder, daß die eintreffenden Männchen sofort die Blüten zu befruchten suchen. Dabei stellt jede Orchideenart andere , das heißt genau jene Lockstoffe her, die auf die erwünschten Männchen wirken. Bei manchen Orchideen übt der Duft auf die Männchen einen stärkeren Reiz aus als der Geruch der arteigenen Weibchen.

Doch auch der Duft genügt noch nicht. Soll es zu einem intensiven Paarungsversuch und damit zu einer sicheren Pollenübergabe kommen, müssen noch weitere Reize vorhanden sein. So muß die Blüte nicht nur eine ausreichende Breite aufweisen, sondern auch die gleiche Krümmung wie der Weibchenrücken. Dann darf das richtige Widerlager für den Kopf nicht fehlen. Der Blütenrand muß warzenähnliche Enden besitzen, die das weibliche Hinterleibsende vortäuschen. Vor allem aber müssen auf der Blütenoberseite Haare vorhanden sein, die den Weibchenhaaren ähnlich sind. Ihre Länge muß genau stimmen. Schließlich sollen sie ebenso elastisch sein wie die weiblichen Haare. Erst wenn alle diese Bedingungen erfüllt sind, gelingt der Orchideenblüte die perfekte Täuschung. Dann allerdings stehen ihr die erwünschten Insektenmännchen ganz zu Diensten.

Eine ungeduldige Orchidee

Es gibt eine Orchidee, die den vielsagenden Namen **Hammerorchidee** trägt. Diese Blume kann es gar nicht abwarten, bis sie von einer Wespe richtig bestäubt wird. Sie hilft auf ihre Weise recht drastisch nach. Die Ruhe, die ihre Blüte ausstrahlt, ist trügerisch. Die längliche Verbindung zwischen Blüte und Pflanzenstengel ist in Wirklichkeit ein tückischer Klappmechanismus, der gleich einer starken Feder gespannt ist. Genau wie bei den Ragwurzorchideen imitiert die Blüte das Aussehen eines Wespenweibchens und sendet zusätzlich noch den typischen Sexuallockstoff aus. dabei nutzt sie es aus, daß bei der nachgeahmten Wepenart die Weibchen flugunfähig sind und zur Paarungszeit auf Pflanzen klettern, um sich auf diesen gut sichtbar den Männchen zu präsentieren. Da zudem noch die Wepenmännchen vierzehn Tage vor den Weibchen auftauchen, existiert für die Hammerorchidee in dieser Zeit keine weibliche Konkurrenz.

Glaubt nun ein Wespenmännchen beim Anblick der einladend ausgestreckten Blüte endlich das erste paarungsbereite Weibchen entdeckt zu haben, erlebt es eine handfeste Überraschung. Kaum beginnt es mit seinem Kopulationsversuch, lösen seine Bewegungen den Klappmechanismus aus. Im Bogen wird die Wespe durch die Luft geschleudert. Mehr als unsanft fliegt sie mit ihrem Rücken gegen die Narbe und die Staubgefäße. Dabei wird die Narbe von ihr bestäubt, während sich gleichzeitig ihre Haare aufs neue mit Pollenpaketen beladen. Da noch längere Zeit keine Wespenweibchen zu finden sind, bleibt es nicht aus, daß trotz der rabiaten Behandlung das Wespenmännchen den Verführungskünsten einer weiteren Orchideenblüte erliegt.

Zum Schluß sei noch eine Orchideengruppe erwähnt, die ihren Besuchern ein Abenteuer besonderer Art zumutet. Es sind dies die Orchideen der Gattung **Coryanthes**. Die Lippe ihrer Blüten besitzt eine leuchtend rote Kappe und darunter einen kesselförmigen Hohlraum. Auf der Kappe hat die Orchidee für ihre Gäste, meist sind es Bienen, einen reichen Tisch gedeckt. Dort wächst nämlich ein spezielles „Futtergewebe". Den Bienen schmeckt es köstlich. Deshalb fressen sie davon, soviel sie können. Was sie dabei nicht ahnen, ist die Wirkung, die von dieser Speise ausgeht. Kaum haben sie mit ihrer Mahlzeit richtig begonnen, so steigt diese ihnen auch schon zu Kopfe. Wie in einem Rausch beginnen die Bienen hin und her zu wanken. Und ehe sie sich versehen, sind sie in den Blütenkessel gefallen. Dessen Innenwände sind äußerst glatt und werden zudem noch von oben her ständig mit Flüssigkeitstropfen berieselt. So sehr sich die Bienen auch bemühen, nach oben gibt es daher kein Entweichen. Nur ein kleiner Notausgang ist für sie vorhanden. Wenn sie durch ihn die Blüte verlassen, und das tun sie recht bald, müssen sie zuvor an der Narbe und den Staubbeuteln vorbei. Das gelingt ihnen angesichts der engen Verhältnisse aber nur unter Befruchtung der Narbe und einer Neuaufnahme von Pollen. Wer nun glaubt, die Bienen hätten einen heilsamen Schreck erlebt, der hat sich sehr geirrt. Das einzige, was in ihrer Erinnerung zurückbleibt, ist ein Verlangen nach jener berauschenden Orchideenspeise. Sie suchen deshalb nach weiteren Coryanthesblüten und wiederholen dort ihr Abenteuer.

Kapitel 18
Auch Pflanzen können sich zur Wehr setzen

Ohne Abwehrmöglichkeiten wären die Pflanzen den Tieren hoffnungslos ausgeliefert. Besonders die Zarten und Saftigen unter ihnen wären zum Aussterben verurteilt. Ebenso die Pflanzen, die es geschafft haben, sich in den Trockengebieten der Erde zu behaupten, indem sie in ihrem Körper Wasservorräte speichern. Ohne Schutz würden sie von hungrigen und durstigen Tieren restlos abgefressen. Gerade diese Pflanzen aber verstehen es, sich ihrer Haut zu wehren. Stachligen Igeln ähnlich sind sie auf allen Seiten von langen spitzen Dornen umgeben. Diese Dornen sind umgewandelte Blätter und Zweige. Übriggeblieben ist bei den Kakteen von der ursprünglichen Pflanze nur der stark wasserhaltige Stamm.

Dornen sind jedoch nicht nur auf diese typischen Wüstenpflanzen beschränkt. Zahlreiche andere Pflanzen wie etwa die Disteln machen von derartigen Schutzvorrichtungen Gebrauch. Auch die Stacheln der Rosen gehören hierher. Selbst Bäume wie die Akazie oder der Weißdorn vertrauen ihren Dornen.

Einige Wüstenpflanzen haben einen anderen Weg eingeschlagen. Sie versuchen sich unsichtbar zu machen. Sie verbergen sich zwischen Steinen und Geröll, indem sie deren Aussehen imitieren. Es sind dies die **Lebenden Steine**.

Eine Pflanze, die sich totstellen kann

Ganz ungewöhnlich reagieren **Mimosen**, wenn Tiere sie fressen wollen. Sobald der Mimose auch nur ein Blatt abgezupft wurde,

„stirbt“ sie vor den Augen ihres Feindes. Zunächst klappen an der Verletzungsstelle die zarten Fiederblättchen zusammen. Kurz danach knicken die Blattstiele nach unten. Nach einigen Sekunden schließlich hängen sämtliche Pflanzenteile wie verwelkt herab.

Obwohl die Mimose wie alle anderen Pflanzen keine Nerven besitzt, vermag sie den Reiz, der von der Wunde ausgeht, durch ihren ganzen Körper weiterzuleiten. Bis zu zehn Zentimeter pro Sekunde beträgt die Geschwindigkeit, mit der sich das Signal zum Zusammenklappen ausbreitet. Sobald die Botschaft ein Gelenk an den Blattstielen oder den Zweigen erreicht, zeigt dieses eine sofortige Reaktion. Der Druck in den Gelenkzellen verringert sich schlagartig, so daß das ganze Gelenk erschlafft. Erst nach etwa zwanzig Minuten hat sich der Zelldruck wieder normalisiert. Dann haben die Blätter und Zweige wieder ihre alte Stellung eingenommen. In der Zwischenzeit hat der zudringliche Pflanzenfresser aber längst eine andere Nahrungsquelle gefunden. Oft wird die Mimose erst gar nicht angefressen. Da sie bereits auf Erschütterungen reagiert, „verwelkt“ sie schon bei der ersten Berührung durch die Beine oder den Körper eines Tieres und verliert damit jeglichen Anreiz für den Freßfeind.

Die perfekte Giftküche der Pflanzen

Die am häufigsten angewandten Verteidigungsmethoden gegen ein Gefressenwerden sind chemischer Art. Wer schlecht schmeckt oder giftig ist, wird gemieden. Diesen Erfahrungsgrundsatz kennen wir schon aus dem Tierreich. Doch auch die Pflanzen scheinen ihn zu kennen. Auf jeden Fall setzen sie chemische Abwehrstoffe äußerst erfolgreich ein. Zwar gelingt es gelegentlich einzelnen Tieren, sich auf bestimmte Giftpflanzen zu spezialisieren und deren Gifte durch chemische Umwandlung unwirksam zu machen. Gegenüber den meisten Freßfeinden jedoch bewährt sich die pflanzeneigene Giftmischerei aufs beste.

Ein ganzes Arsenal von Giften und Hemmstoffen steht den Pflanzen für ihren Kampf gegen gefräßige Tiere zur Verfügung. Allein zwanzigtausend **Alkaloide** kennt man, die von ihnen hergestellt werden. Ganz bekannte Wirkstoffe gehören zu dieser Giftgruppe. Angefangen bei dem Strychnin, das die Brechnuß produziert. Über die als Drogen bekannten Stoffe Kokain und Morphin. Bis zu dem Koffein, mit dem sich Kaffeebaum und Teestrauch vor einem Schädlingsbefall schützen. Selbst das Nikotin der Tabakpflanze gehört zu den Alkaloiden. Es ist nicht nur in ihren Blättern enthalten. Drüsenhaare, die auf den Blättern sitzen, speichern es ebenfalls in ihren winzigen Köpfchen. Stoßen Blattläuse gegen diese Haare, werden sie von dem austretenden Nikotin sehr schnell getötet. Nur die Raupen des Tabakschwärmers verstehen es, das Nikotin in ihrem Körper unwirksam zu machen. Ja, sie sind sogar in der Lage, das aufgenommene Gift zum Schutz gegen ihre Freßfeinde einzusetzen. Und tatsächlich werden sie daraufhin von den Vögeln verschmäht.

Doch nicht nur starke Gifte verhindern ein Gefressenwerden der Pflanzen. Wildwachsende Kartoffelarten besitzen auf ihrer Blattoberfläche feine Drüsenhaare. Werden sie von Blattläusen berührt, scheiden sie eine Flüssigkeit aus, die sich an der Luft wie ein moderner Klebstoff sofort verfestigt. Dies hat zur Folge, daß die Blattläuse an den Blättern kleben bleiben. Experimente zeigten deutlich die Wirksamkeit dieses Abwehrverfahrens: Innerhalb eines Tages wurden dreißig Prozent der Blattläuse von der Kartoffelpflanze durch Ankleben eliminiert.

Einen ganz anderen Weg beschreiten manche Pflanzen. Sie besitzen die Fähigkeit, Hormone ihrer Feinde zu synthetisieren. Beginnen diese sie anzuknabbern, gelangen jene Hormone in den Körper der Tiere und stören deren Stoffwechsel. Wie wirksam diese Methode ist, zeigte sich bei einem Heuschreckenüberfall in Ostafrika. Fast die gesamte Vegetation des betroffenen Gebietes wurde vernichtet. Lediglich eine **Günsel**art überstand die Plage nahezu unbeschadet. Sie erzeugt nämlich eine chemische Verbindung, die einem Häutungshormon der Heuschrecken ähnelt. Diese Substanz behindert die Häutung der Tiere und führt letztlich dazu, daß sie verhungern müssen. Die Heuschrecken erkennen jedoch rechtzeitig die drohende Gefahr und tasten den Günsel erst gar nicht an. Möglicherweise warnt sie ihr Geruchssinn. Auf jeden Fall düften es chemische Signale sein, die sie zur Vorsicht mahnen.

Pflanzen rufen um Hilfe

Gurkenpflanzen haben oft sehr unter Spinnmilben zu leiden. Diese Insekten stechen ihre Blätter an und saugen den für sie so nahrhaften Gurkensaft. Treten sie in großer Zahl auf, können sie sogar das Wachstum beeinträchtigen. In diesem Falle beginnt die Pflanze ganz bestimmte Duftstoffe zu produzieren. Diese Düfte verteilen sich in der Umgebung. Sie wirken wie ein Hilferuf, der mit zunehmender Dauer immer weiter dringt. Und tatsächlich gibt es Tiere, die ihn empfangen und verstehen. Nehmen nämlich Raubmilben jenes Duftsignal wahr, werden sie hellwach. Eiligst beginnen sie in die Richtung zu krabbeln und zu laufen, aus der die futterverheißende Botschaft kommt. Sie suchen zielstrebig, bis sie die Duftquelle gefunden haben: die von Spinnmilben geplagte Gurke. Sogleich erklettern die Raubmilben die Pflanze und stürzen sich auf die lästigen Diebe. Vorbei ist jetzt für diese die Zeit des Schwelgens in Saftgenüssen. Die Raubmilben stechen sie an und saugen ihre Weichteile aus. Doch damit begnügen sie sich nicht. Auch die Eier der Spinnmilben werden von ihnen ausgesaugt. Das heißt sie leisten ganze Arbeit und befreien die Gurkenpflanze von ihren Plagegeistern.

Tomatenpflanzen bedienen sich in ihrer Not ebenfalls chemischer Hilferufe. In ihrem Fall sind es Schmiermilben, die ihnen das Leben schwer machen. Die Signaldüfte, die sie daraufhin aussenden, finden genauso hilfreiche Empfänger. Allerdings sind es diesmal keine Raubmilben, sondern Schlupfwespen, die zu Hilfe eilen. Sie lähmen die Schmiermilben mit Stichen und legen in ihren Körper ein Ei. Auf diese Weise versorgen die Schlupfwespen ihren Nachwuchs und erlösen gleichzeitig die Tomatenpflanze von ihren Feinden.

Bäume warnen einander vor Feinden

Als Forscher einigen Jungpflanzen des **Zuckerahorns** Verletzungen zufügten, um einen Schädlingsbefall zu simulieren, erzeugten die verletzten Pflanzen verschiedene Abwehrgifte. Zur Überraschung der Wissenschaftler begannen auch sämtliche übrigen Ahornpflanzen, die sich im Versuchsraum befanden, mit der Herstellung der giftigen Abwehrstoffe. Da sie völlig unverletzt waren, bestand überhaupt kein Grund für ihre Verteidigungsmaßnahmen. Sie müssen daher von den verletzten Pflanzen über die vorhandene Gefahr informiert worden sein.

In den achtziger Jahren kam es in einem Tierpark in Südafrika zu einem rätselhaften Massensterben von **Kudu**antilopen. Viele dieser großen Kudus waren plötzlich verendet, ohne daß Anzeichen einer Krankheit erkennbar waren. Es bedurfte eingehender Untersuchungen, bis die Ursache ihres Todes aufgeklärt war. Die Untersuchungsergebnisse zeigen, daß wir bislang die Leistungsfähigkeit der Pflanzen weit unterschätzt haben.

Was war geschehen? Die Kudus hatten die Blätter von Akazien gefressen. In freier Wildbahn wäre ihnen hieraus kein Nachteil erwachsen. Denn meist legen die Tiere bei der Nahrungssuche größere Wegstrecken zurück. Sie fressen mal hier ein paar Blätter, mal dort. Das heißt an Bäumen, die oft weit von einander entfernt stehen. Anders dagegen verhielt es sich in dem Naturpark. Hier fraßen die Tiere aus Raummangel derart ausgiebig an einem Baum, daß er

sich ernstlich bedroht fühlte und sich zu verteidigen begann.
In einem solchen Fall erzeugt der Baum große Mengen Tannin. Es ist eine Gerbsäure, die in zahlreichen pflanzlichen Produkten vorkommt. So verleiht sie beispielsweise dem Rotwein den herben Geschmack. Schon nach einer Viertelstunde erreicht die von dem Baum hergestellte Tanninmenge so hohe Werte, daß ein Weiterfressen für die Antilope gefährlich wird. Die geschädigte Akazie begnügt sich aber nicht mit eigenen Abwehrmaßnahmen. Sie warnt zugleich sämtliche Bäume in der Nachbarschaft vor der drohenden Gefahr. Wie sie das fertigbringt, weiß man inzwischen auch. Sie produziert Ethylen. Dieses Gas läßt sie als Duftsignal aus sämtlichen Poren entströmen. Sobald die anderen Bäume es wahrnehmen, beginnen sie, sich ebenfalls auf den Angriff der Antilopen vorzubereiten. Sie steigern den Tanningehalt ihrer Blätter ganz extrem. Fressen jetzt die Kudus ihre Blätter, wird ihnen dies zum Verhängnis. Sie sterben an einer Überdosis von Tannin.

Die Antibabypille der Kleepflanzen

Eine der eindrucksvollsten Abwehrleistungen brachten die Kleepflanzen der Gattung **Trifolium** zustande. Ihnen gelang es in einem relativ kurzen Zeitraum, wirksame Verteidigungsmaßnahmen gegen ihre Freßfeinde zu entwickeln.

In der Wirtschaft Australiens spielt die Viehzucht eine große Rolle. Riesige Schafherden werden von den Farmern Westaustraliens gezüchtet. Auf den ausgedehnten Weideflächen finden die Tiere reichlich Nahrung. Besonders der dominierende Klee wird von den Schafen gern gefressen. Bis Anfang der vierziger Jahre gediehen die Tiere ausgezeichnet und die Herden wuchsen. Dann aber mußten die Farmer von Jahr zu Jahr eine immer stärkere Abnahme ihrer Schafbestände registrieren. Nicht etwa, daß unter den Tieren eine Seuche grassierte. Diese waren nach wie vor kerngesund und munter. Der

Grund war ein ganz anderer. Es kamen immer weniger Lämmer zur Welt. Trotz bester Ernährung verringerte sich der Nachwuchs im Laufe einiger Jahre um siebzig Prozent! Obwohl sich die Schafe regelmäßig paarten, wurden jedes Jahr mehr als eine Million weibliche Tiere nicht schwanger. So als hätten sie ein Schwangerschaftsverhütungsmittel erhalten. Inzwischen weiß man, daß es tatsächlich so ist. Den Kleepflanzen ist es gelungen, eine derartige Antibabypille zu entwickeln und den Schafen zu verabreichen.

Forscher fanden große Mengen eines Östrogens in dem Klee. Da die Schafe sich hauptsächlich von Klee ernähren, ist die Konzentration des mit dem Futter aufgenommenen Pflanzenhormons in ihrem Körper sehr hoch. Entsprechend sind die Folgen. Nichtschwangere Schafe geben Milch, sogar kastrierte männliche Tiere beginnen mit einer Milchproduktion. Vor allem aber, was für die weiblichen Tiere viel schlimmer ist, der Transport der herangereiften Eier wird unregelmäßig und die Einnistung befruchteter Eier in der Gebärmutter kommt nicht zustande. Das heißt viele der weiblichen Tiere werden auf Grund des Kleehormons unfruchtbar.

Ist es nicht eigenartig? Eine Pflanze erfindet ein Sexualhormon, das die Fruchtbarkeit weiblicher Tiere zu blockieren vermag. Gleichzeitig versteht sie es, ihre Hormonproduktion solange zu steigern, bis die Zahl ihrer Freßfeinde deutlich abnimmt. Eine derartige Problemlösung übersteigt zweifellos die Erklärungsmöglichkeiten der Evolutionstheorie. Natürlich könnte jemand versuchen, sie in das Korsett einer mechanistischen Erklärung zu zwängen. Doch wer sie undogmatisch betrachtet, kann eigentlich angesichts ihrer Genialität die Existenz eines lenkenden schöpferischen Geistes nicht bezweifeln. Oder sollten Pflanzen entgegen jeder bisherigen biologischen Erfahrung denkende Wesen sein? Die einer Einsicht in komplexe chemische Zusammenhänge fähig sind? Das wäre die Alternative. Allerdings spricht auch der Ideenreichtum, der in den Beispielen des nächsten Kapitels erkennbar wird, für das Wirken des Geistes in der Natur.

Kapitel 19
Fleischfressende Pflanzen

Mit enormen Aufwand haben es die Blütenpflanzen geschafft, Insekten in ihre Dienste zu nehmen, das heißt sie in ihre Fortpflanzungsmechanismen einzubeziehen. Anlocken und mit Nahrung belohnen verkörpern dabei das wirksame Prinzip. Doch dann kommen plötzlich einige dieser Pflanzen auf die Idee, komplizierte Einrichtungen zu entwickeln, um die flinken, dienstbaren Geister zunächst mit den bewährten Mitteln anzulocken, danach jedoch einzufangen und als Nahrung zu verspeisen. Bei Tieren, die ein Gehirn und Nerven besitzen, wäre eine derartige Verhaltensänderung noch verständlich. Pflanzen dagegen dürften nach dem, was wir von ihnen bisher wissen, zu dieser Anpassungsleistung nicht fähig sein. Das Erstaunliche jedoch ist, sie gelingt ihnen entgegen jeder Erwartung ganz ausgezeichnet und auf vielfältige Weise.

Eine Kanne sammelt Insekten

In den tropischen Regenwäldern ist die **Kannenpflanze** zu Hause. Eine ganze Reihe ihrer Blätter sind zu kannenförmigen Fangeinrichtungen umgewandelt (Abb.23). Die leuchtende Färbung dieser Kannen lockt die Insekten schon von weitem an. Am Kannenrand verleiten Honigdrüsen mit duftendem Nektar sie zu einer raschen Landung. Doch der Rand ist derart glatt, daß sie keinen Halt finden und in die Kanne stürzen. Da der untere Teil der Kanne mit Flüssigkeit gefüllt ist, nehmen die Tiere ein unfreiwilliges Bad. Schwimmend versuchen sie die innere Kannenwand zu erreichen und dann an ihr emporzuklettern. Den ersten Teil der Wegstrecke legen sie auch meist erfolgreich zurück. Doch das letzte Stück der Innenwand, unmittelbar unter dem Kannenrand, ist von einer glatten Wachsschicht überzogen. Hier versagen in der Regel alle Kletterkünste und das Insekt fällt in die Flüssigkeit zurück. Selbst wenn es einmal glücklich den Kannenrand erreicht, versperren ihm nach innen gerichtete Stacheln den Ausstieg. Spätestens beim Versuch, die Stacheln kopfüber kletternd zu überwinden, kommt es zu einem erneuten nassen Bad. Sehr oft vermag das Insekt seine Fluchtversuche nicht zu wiederholen. Die Flüssigkeit in der Kanne besteht nämlich nicht etwa aus aufgefangenem Regenwasser. Es handelt sich bei ihr vielmehr um einen hochwirksamen Verdauungssaft, den Drüsen der Kanneninnenwand absondern. Das Schicksal des gefangenen Tieres ist ähnlich wie bei den anderen fleischfressenden Pflanzen. Die aufgelösten Eiweißstoffe werden von der Kannenwand aufgesaugt. Da jeder Quadratzentimeter von ihr rund sechstausend Drüsen aufweist, fließt ständig neues Verdauungssekret nach. Ein schräg gestellter Deckel über der Kannenöffnung verhindert, daß während starker Regenfälle der Verdauungsaft durch Regenwasser verdünnt wird.

Diese zu Fangapparaten umgewandelten Pflanzenblätter sind ein Prüfstein für die Selektionstheorie. Ginge es nach ihr, so wären diese wohldurchdachten Einrichtungen nicht mehr als eine von der Natur vorgenommene Auslese geeigneter Mutationen. Ich erinnere mich noch sehr genau an die Reaktion eines renommierten Botanikprofessors, als uns Studenten beim Anblick der Kannenpflanzen Zweifel an dem Darwinismus überkamen. Er war der Meinung, daß die gegenwärtige Evolutionstheorie derartige Phänomene nicht ausreichend erklären könne.

Betrachten wir noch einmal kurz, welche Änderungen ein Blatt durch Mutationen erfahren muß, damit aus ihm eine Kannenfalle entsteht: Es ist notwendig, daß es sich einrollt, einen Boden bildet, dann einen glatten, stark gewölbten Rand, einen Kranz nach innen gestellter Stacheln, eine Wachsschicht, zahhlreiche Honigdrüsen, einen Deckel und schließlich Verdauungsdrüsen mit eiweißspaltenden Fermenten. Dies bedeutet, es müssen mindestens neun gravierende Umwandlungen beziehungsweise Neubildungen erfolgen. Jede hiervon erfordert mit Sicherheit mehrere Mutationen. Alle zusammen in Form der kompletten Kannenfalle ergeben aber erst einen Selektionsvorteil. Eine oder zwei vereinzelte Änderungen dagegen wären sinnlose Formspielereien. Eine derart komplizierte Blattumwandlung kann nur zustande kommen, wenn ein genau durchdachtes Konzept für die Mutationsabläufe vorliegt und gleichzeitig für dessen Einhaltung Vorsorge getroffen wird. Auf die Frage, wie eine derartige Planung erfolgen und verwirklicht werden könnte, bleibt aber die Selektionstheorie eine klare Antwort schuldig. Das gleiche gilt auch für die raffinierte Fangmethode, deren sich die Venusfliegenfalle bedient.

Blätter klappen blitzartig zu

Ähnlich einer Blüte präsentiert die **Venusfliegenfalle** ihre rötlich gefärbten Blätter. Sie sind eine deutliche Einladung für nektarsuchende Insekten (Abb.24). Die auffallende Färbung wird von hunderten dunkelroten Drüsen auf der Blattoberseite verursacht. Jede der beiden Blatthälften trägt außerdem noch drei lange Borsten. Wenn eine Fliege auf dem Blatt herumläuft und vergeblich nach Nektar sucht, bleibt es nicht aus, daß sie dabei gegen die Borsten stößt und damit das Fangsignal auslöst. Nur ein bis zwei Sekunden später schlagen die beiden Blatthälften blitzartig zusammen. Im Bruchteil einer Sekunde hat sich das Blatt wie ein Käfig um das Insekt geschlossen. Selbst kräftige Käfer haben jetzt keine Möglichkeit mehr zum Entweichen. Die langen, dornenförmigen Fortsätze am Blattrand greifen wie die Finger von zwei Händen ineinander und verhindern jeden Fluchtversuch. Was danach geschieht, kennen wir bereits von anderen Pflanzen: Das Verdauungssekret der Drüsen zersetzt die Weichteile des Opfers und verhilft der Venusfliegenfalle zu wertvollen Nährstoffen.

Inzwischen kennen wir einige physikalische Vorgänge, die beim Beutefang ablaufen, wie etwa den auslösenden Reiz und dessen Weiterleitung durch das Blatt. Auch wissen wir, wie der Schließvorgang funktioniert.

An der Basis der sechs großen Fühlerborsten befinden sich Sinneszellen. Berührt ein Tier eine Borste, wirkt diese wie ein Hebel auf die Sinneszellen. Ein elektrischer Impuls ist die Folge. Dieser Impuls breitet sich durch das Blatt aus und hat nach etwa einer Sekunde dessen Mittelrippe erreicht. Sie ermöglicht wie ein Scharnier die Drehung der beiden Blatthälften. Ist das Blatt weit geöffnet, sind die Zellen der Mittelrippe stark angespannt. Unter dem Einfluß des elektrischen Reizes bricht der Druck in den Zellen schlagartig zusammen, so daß sich die Blätter innerhalb einer fünftel Sekunde schließen. Aber noch nicht ganz vollständig. Zuerst untersuchen noch die chemischen Sinnesdrüsen des Blattes das eingefangene Objekt. Besteht es aus tierischem Eiweiß, dann preßt das Blatt seine Hälften fest und endgültig zusammen und beginnt mit der Verdauung der Beute. Befindet sich aber nur ein Steinchen oder ein anderer nicht verwertbarer Gegenstand in der Blattfalle, so öffnet sich das Blatt nach einigen Stunden und ist erneut fangbereit.

Genaue Untersuchungen ergaben, daß eine einzige Berührung der Borsten nicht genügt, um die Blatthälften zuklappen zu lassen. Erst wenn ein zweiter Berührungsreiz erfolgt, schließt sich das Blatt. Dabei spielt es keine Rolle, welche der sechs Fühlerborsten gereizt werden. Die Hauptsache, es sind zwei Reize. Auf diese Weise wird ein unnötiges Schließen des Blattes verhindert. Etwa wegen eines großen Regentropfens, der zufällig eine Borste trifft. Als die Forscher zu diesem Ergebnis gelangten, war ihre Neugier geweckt. Jetzt wollten sie auch noch wissen, ob die Zeit eine Rolle spielt, die zwischen den beiden Berührungsreizen verstreicht. Und tatsächlich ist es so. Bis zu vierzig Sekunden dürfen zwischen der ersten und zweiten Berührung liegen. Ist der Zeitabstand größer, hat die Pflanze das erste Signal bereits vergessen. Obwohl sie nur eine Pflanze ohne Gehirn und Nerven ist, vermag sie bis zwei zu zählen und verfügt über ein echtes Kurzzeitgedächtnis.

Auf welche Weise vollbringt eine kleine Pflanze diese **geistige**

Leistung? Solange Biologen nicht ein derartiges Rätsel zu lösen vermögen, besitzt keine ihrer Evolutionstheorien eine Chance, der Wirklichkeit auch nur von ungefähr nahe zu kommen.Die bisherigen Theorien gleichen gewaltigen Monumentalbauten, die ihre Fenster vor den Geheimnissen des Lebens verschlossen haben.

In diesem Zusammenhang sollten wir auch an die Ergebnisse von Cleve Backster und anderen Forschern denken. Diese zeigen, daß Pflanzen, ja sogar einzellige Lebensformen offensichtlich in der Lage sind, auf Emotionen anderer Lebewesen zu reagieren. Angesichts solcher Beobachtungen müssen wir uns allen Ernstes die Frage vorlegen: Haben Pflanzen, obwohl sie weder Gehirn noch Nerven besitzen, bereits ein Bewußtsein? Ein Bewußtsein, das sie zu sinnvollen Reaktionen befähigt? Dieses müßte dann fähig sein, ohne informationsverarbeitende Körpereinrichtungen die Aktionen den Pflanze zu lenken.

Der Gedanke an ein Bewußtsein, das in der Welt des Geistes verankert ist und über den pflanzlichen Körper herrscht, mag den einen oder den anderen Leser zunächst befremden. Doch was wissen wir bislang überhaupt definitiv über das Bewußtsein? Und über die Dimensionen der geistigen Welt?
Hier ergeben sich grundlegend neue Aufgaben für die Forschung. Wobei allerdings nur bei einer engen interdisziplinären Zusammenarbeit zwischen Biologen, Psychologen und Medizinern Aussicht auf eine Beantwortung wesentlicher Fragen besteht.

Wichtig dürfte bei dieser zukünftigen Forschungsarbeit auch sein, einen besonderen Blick auf die Fähigkeiten der menschlichen Psyche zu richten. Denn Erkenntnisse über das Bewußtsein des Menschen könnten sich eines Tages als der Schlüssel erweisen für eine Enträtselung des Geistes in den Pflanzen.

III. Auch der Mensch ist ein Teil der Schöpfung

Kapitel 20
Der schwierige Weg der Menschwerdung

Erste Menschen existierten nach der herkömmlichen Lehrmeinung vor ein bis zwei Millionen Jahren. Wahrscheinlich begann die Menschwerdung jedoch, wie verschiedene Funde beweisen, wesentlich früher. Parallel zu der Weiterentwicklung technischer Fertigkeiten vollzog sich eine Erweiterung des menschlichen Bewußtseins. Nicht nur das Denkvermögen, sondern auch das spirituelle Empfinden nahm stetig zu. In den letzten Jahrtausenden, aus denen Relikte menschlicher Tätigkeit erhalten sind, wird ein ausgeprägtes religiöses Bewußtsein des Menschen erkennbar. Stets glaubte er an höhere Wesen. Dabei ist es nicht entscheidend, ob es der Glaube an übermächtige Geister, an eine göttliche Erdmutter oder eine vielgstaltige Götterwelt war, der den Menschen Ehrfurcht vor überirdischen Mächten einflößte. Wesentlich ist, daß Jahrtausende lang die Menschheit sich ihrer Grenzen bewußt war. Heute dagegen ist vielen von uns diese Fähigkeit verloren gegangen. Die gewaltigen Erfolge der Naturwissenschaften und der Technik haben zu einem regelrechten „Fortschrittsglauben“ geführt. Besonders unter Naturwissenschaftlern ist die Überzeugung verbreitet, es sei nur eine Frage der Zeit, bis die Wissenschaft alles, das heißt die Welt als Ganzes zu erklären vermag. Dabei gehen sie stillschweigend davon aus, daß die menschliche Evolution abgeschlossen ist und die menschliche Erkenntnisfähigkeit ihren Gipfelpunkt erreicht hat. Wie wir bereits im ersten Teil dieses Buches sahen, ist dies jedoch mit Sicherheit nicht der Fall. Erinnern wir uns an die Worte Hoimar von Ditfurths: „Wir sind mit unseren psychischen Fähigkeiten nichts als ein erster matter Abglanz der Prinzipien, die alles hervorgebracht haben.“ Erinnern wir uns auch daran, daß die Physik nur die Welt der Materie untersucht. Ihre Theorien klammern die Welt des Geistes bislang aus. Und die Molekularchemie, die bestrebt ist, wesentliche Lebensvorgänge zu erklären, vermag lediglich chemische Veränderungen und Reaktionsabläufe zu enträtseln. Auf die Fragen nach den Ursachen, etwa der Zielgerichtetheit der Evolution, bleibt sie eine Antwort schuldig.

Wenn wir uns in diesem Teil des Buches dem Menschen zuwenden, dann müssen wir uns darüber im klaren sein, daß wir Bereiche betreten, die von den Naturwissenschaften aus den eben genannten Gründen gemieden werden. Viele beobachtbare Tatsachen werden sogar von den meisten Vertretern dieser Wissenschaften abgelehnt, da ihre Anerkennung als reelle Bestandteile der Welt eine völlige Neugestaltung des naturwissenschaftlichen Weltbildes erforderlich machte. Aber bedenken wir, was kein Geringerer als der berühmte Physiker Max Planck feststellte: „Nicht die sichtbare, aber vergängliche Materie ist das Reale, Wahre, Wirkliche, sondern der unsichtbare, unsterbliche Geist.“
Zwar müssen wir auf Grund unserer begrenzten Evolutionshöhe damit rechnen, daß wir noch gar nicht befähigt sind, manche Phänomene zu verstehen und zu erklären. Dennoch sollten wir sie registrieren, untersuchen und den Versuch wagen, ihre Bedeutung für die Spezies Mensch als auch für den einzelnen von uns abzuschätzen.

Die Einzigartigkeit des Schöpfers

Mit einem kaum vorstellbaren Reichtum genialer Ideen läßt der universale Geist, der Schöpfer des Universums, eine erstaunliche Lebensvielfalt entstehen. Dank perfekter Anpassungen ergibt sich immer wieder neuer Lebensraum für zusätzliche Arten. Die gesamte Natur existiert ohne störende menschliche Eingriffe in einem harmonischen Gleichgewicht. Angesichts dieses Blühens und Gedeihens der Natur auf der einen Seite und der nicht geringen Probleme in unserer menschlichen Existenz auf der anderen drängt sich unwillkürlich eine Frage auf. Es ist die Frage, ob der Mensch, der ja letztlich auch nur eine Spezies in der Evolution des irdischen Lebens darstellt, ebenfalls hilfreichen Einflüssen jenes universalen Geistes unterliegt. Diese Frage dürfte zu bejahen sein, auch wenn so manche Ereignisse in der menschlichen Geschichte dem zu widersprechen scheinen. Verheerende Kriege, kaum vorstellbare Grausamkeiten und menschliche Not lassen viele unter uns an der Existenz eines Schöpfers zweifeln. Aber können wir **ihm** diese **unsere** Schwierigkeiten anlasten? Sind sie doch ein Zeichen dafür, daß die Evolution der geistigen Wesen, die der Planet Erde hervorgebracht hat, noch im Gange ist. Das Ziel dieser Evolution - Menschlichkeit und Nächstenliebe - liegt noch vor uns.

Vieles deutet nämlich darauf hin, daß der Schöpfer des Universums das Prinzip der Liebe ist. Wie ein roter Faden zieht sich diese Erkenntnis durch viele Jahrhunderte und durch die unterschiedlichsten Kulturen. Rabindranath Tagore formuliert sie mit den Worten: „Denn die Liebe ist der letzte Sinn von allem, was uns umgibt. Sie ist kein bloßes Gefühl, sie ist Wahrheit, sie ist Freude, aus der die ganze Schöpfung entspringt.“ Inayat Khan, der große Sufi-Mystiker sagt: „Gott ist Liebe und **Er** wird im Herzen des Menschen gefunden! Das Herz ist der Schrein, in dem die Erkenntnis der wahren Schönheit Gottes erstrahlt.“ Rabi ‘a al-Adawiyya gelangte zu der Einsicht: „Liebe ist aus der Urewigkeit gekommen und geht in die Ewigkeit.“ Dionysios Areopagita meint: „Der vorzüglichste aller Namen der Urgottheit ist aber die Liebe.“ Der bedeutende christliche Mystiker Meister Eckhart beschreibt den Schöpfer mit den Worten: „Gott ist in allen Dingen deren wahres Wesen. Seine Natur und sein Wesen ist die Liebe.“ Teilhard de Chardin schließlich verrät uns: „Mit den Kräften der Liebe suchen die Fragmente der Welt einander, auf daß die Welt sich vollende.“ Nicht zu vergessen Jesus Christus selbst: „Liebe ist von Gott, und Gott ist Liebe.“

Er, der selbst einfachsten Lebewesen erstaunliche Problemlösungen ermöglicht, versucht auch den ersten einer Erkenntnis fähigen Geschöpfen, das heißt uns Menschen, zu helfen. Denn unser Reflexions-

vermögen ist es gerade, das es uns immer wieder so schwer werden läßt, uns als Teil der Schöpfung zu begreifen und die Liebe als Triebkraft dieser Schöpfung zu erkennen.
Betrachten wir die Geschichte der Religionen, dann sind die wiederholten Versuche des göttlichen Schöpfers nicht zu übersehen, den Menschen seine Zuneigung zu zeigen und sie zu deren Annahme zu bewegen. Bereits in der vor mehr als dreitausend Jahren verfaßten Bhagavad Gita spricht der **Erhabene**: „Obgleich ich ungeboren und ewig und der Herr aller Geschöpfe bin, werde ich dennoch, indem ich meine Natur nach meinem Willen beherrsche, durch meine Kraft in der Körperwelt geboren.

Um den wahren Glauben wieder herzustellen, werde ich in verschiedenen Zeitaltern wiedergeboren." Und weiter sagt er: „Wer mir beständig in Liebe ergeben ist und mich im Geist der Wahrheit anbetet, dem verleihe ich die Kraft, durch welche er zu mir gelangt.
Wende dein Herz zu mir allein, laß deinen Geist in mir Ruhe finden, so wirst du bei mir in der Höhe wohnen."

Auch das Erscheinen des von den Propheten angekündigten Christus und sein Wirken dürfen wir als einen Versuch des Schöpfers verstehen, uns Menschen etwas von seinem Wesen zu offenbaren und uns dadurch ein Einordnen in die Harmonie seiner Schöpfung zu erleichtern. Einer Schöpfung, deren Ursprung und Ziel die Liebe ist.

Das gleiche gilt sicherlich ebenso für die große Ausstrahlung, die von Gautama Buddha auf die Menschen ausging und auch heute noch in beträchtlichen Teilen unseres Planeten wirksam ist. Aus seinem Munde erfahren wir: „Unausdenkbare tausend Millionen von Weltzeitaltern ist es her, deren Dauer niemals ergründet werden kann, daß ich zuerst die Erleuchtung erlangt habe. Wieder und wieder entstehe ich in der Welt der Lebewesen."

Schließlich erfüllen zweifellos auch jene Menschen eine wichtige Aufgabe, die durch ihre tiefe Menschlichkeit und Nächstenliebe zu leuchtenden Vorbildern wurden: Franziskus von Assisi, Albert Schweitzer oder Mutter Theresa, um nur einige zu nennen. Ihr Beispiel soll den Menschen weiterhelfen auf dem Wege zu sich selbst, zur Besinnung auf das Wesentliche.

Vom Einzelmenschen zu einem planetaren Bewußtsein

Dafür, daß die Menschheit nicht dem Zufall oder einem hoffnungslosen Schicksal überlassen ist, sondern sich auf ein Ziel hin weiterentwickeln soll, spricht auch ein Phänomen aus dem Bereich der Evolution. Diese Evolution im Universum verläuft nicht kontinuierlich. Vielmehr treten in großen Zeitabständen entscheidende Evolutionssprünge auf. Wie der amerikanische Physiker und Psychologe Peter Russel feststellte, erfolgt immer dann, wenn annähernd zehn Milliarden Elemente, beziehungsweise Einheiten erreicht sind, die Weiterentwicklung zu einer neuen Evolutionsebene: von Energie über Materie, der Entstehung des Lebens bis zur Bildung des Bewußtseins.

So bestehen die einfachsten Lebewesen, wie etwa Bakterien, aus rund zehn Milliarden Atomen. Das heißt für die Entstehung erster Lebensformen war diese Anzahl an Atomen erforderlich.

Die Zahl der Neuronen in den Gehirnen der Wirbeltiere nahm im Laufe der Entwicklungsgeschichte beständig zu. Erst als ungefähr zehn Milliarden Neuronen in der Rinde eines Gehirns miteinander vernetzt waren, trat das Phänomen eines selbstreflektierenden Bewußtseins auf.

Gegenwärtig bahnt sich auf unserem Planeten wieder das Erreichen dieser magischen Zahl von zehn Milliarden Einheiten an. Diesmal ist es die Anzahl der Erdbewohner, die sich rasch diesem Wert nähert. Es ist daher das Erreichen einer neuen Evolutionsebene zu erwarten.

Manches deutet in der Tat daraufhin, daß sich die Menschheit zu einem „sozialen Superorganismus" entwickeln könnte. Unterstützt durch die rapide Verbreitung der technischen Kommunikationsmittel wird die weltweite Kommunikation immer komplexer und intensiver. Nahezu sämtliche Teile der Erde stehen bereits heute in einem elektronischen

Daten- und Nachrichtenverbund. Jeder kann fast jeden jederzeit erreichen. Ein allgemeiner Informations- und Meinungsaustausch ist im Entstehen. Die menschliche Gesellschaft „ähnelt immer mehr einem planetaren Nervensystem". Eines Tages könnte dieses zu einem „Globalhirn" zusammenwachsen, mit planetarem Denken, Handeln und Bewußtsein. Bis dahin dürfte es sicherlich noch ein weiter Weg sein. Doch mehren sich in den letzten Jahren die Anzeichen dafür, daß diese Erwartung einer Evolution hin zu einem planetaren Bewußtsein mehr als eine bloße Utopie ist.

Lange Zeit schienen die Pessimisten unter den Historikern recht zu haben, die der Meinung waren, die Menschheit sei unfähig, aus ihrer Geschichte zu lernen. Krieg und Vernichtung müßten sich demnach ständig mit immer verheerenderen Folgen wiederholen. Mehr als einmal schien ja tatsächlich ein dritter Weltkrieg wirklich in greifbare Nähe gerückt. Die Aufspaltung der Erde in zwei gewaltige Machtblöcke schien ein unwiderufliches Faktum zu sein. Ebenso die Teilung Deutschlands. Einzelne Befreiungsversuche von Satellitenstaaten der Sowjetunion wurden gewaltsam niedergeschlagen. Daß ein sowjetischer Partei- und Staatsführer diese Gewaltstrukturen freiwillig auflösen würde, schien wohl jedem undenkbar. Und doch geschah dies vor wenigen Jahren zum größten Erstaunen der Welt.

Noch an zwei andere Beispiele politischer Vernunft sei in diesem Zusammenhang erinnert: an die friedliche Beseitigung der Rassentrennung in Südafrika, sowie die Beendigung des geradezu hoffnungslos wirkenden Bürgerkriegs in dem ehemaligen Jugoslawien unter dem Einfluß der internationalen Staatengemeinschaft.

Auch das erwachende Umweltbewußtsein in vielen Ländern der Erde sind erste Zeichen für eine Einsicht in die Notwendigkeit einer Verantwortung für das Leben auf diesem Planeten.

Selbst wenn immer wieder Rückschläge zu beobachten und noch längere Zeit zu befürchten sind, so dürfen wir doch hoffen. Hoffen darauf, daß die Menschheit ihrem Evolutionsziel stetig näher kommt: Wesen mit Menschlichkeit und Nächstenliebe zu werden.

Kapitel 21
Ungewöhnliche Kräfte des Geistes

Eines Abends stieg Mrs. Bingley, eine Londoner Chefsekretärin, nicht in ihren gewohnten Vorstadtzug, sondern wie von einer unsichtbaren Kraft gezogen in einen Zug, der nach Schottland fuhr. Während der gesamten Fahrt überlegte sie, welche Gründe sie wohl zu diesem ungewöhnlichen Handeln veranlaßt haben könnten. Sie fand keine. Sie wußte nur, daß sie jetzt auf dem Wege nach Glasgow zu ihrem Vater war. Als sie am nächsten Morgen dort müde eintraf, fuhr sie sofort mit einem Taxi zu dem in den Außenbezirken Glasgows gelegenen Haus ihres verwitweten Vaters. Das Haus war unverschlossen. Da sich nichts regte, eilte Mrs. Bingley zu dem im ersten Stock gelegenen väterlichen Zimmer. Dort fand sie ihren Vater unbeweglich im Bett liegend. In der Nacht hatte ihn ein Schlaganfall halbseitig gelähmt. Auf ihre besorgte Feststellung, wie sehr er sich , ganz allein in diesem Zustand, doch geängstigt haben müsse, antwortete er ihr: „ Überhaupt nicht, ich wußte ganz genau, Du würdest kommen! „

Ähnliche Erlebnisse haben schon viele Menschen gehabt. Offensichtlich kann es zwischen nahen Verwandten zu einer Gedankenübermittlung kommen, selbst über größte Entfernungen hinweg, wenn sich eine Person in Gefahr oder einer Notlage befindet.

Auch zwischen Lebenspartnern, die in langjähriger, harmonischer Ehe leben, kommt es nicht selten zu telepathischen Kontakten. Kommt beispielsweise einem der Partner eine Idee und er spricht sie aus, so muß er von dem anderen erfahren: „ Genau den gleichen Gedanken hatte ich soeben! „

Welche Vorgänge während einer telepathischen Verbindung ablaufen, ist bislang unbekannt. Aber die Tatsache, daß Gedankenübertragungen zwischen dem Bewußtsein zweier Menschen möglich sind, ist heute durch eine Vielzahl exakter Experimente mehr als hinreichend belegt. Daß dennoch viele Naturwissenschaftler sich mit dieser Erkenntnis nicht anzufreunden vermögen, hat seine Gründe. Im fünften Kapitel haben wir diese bereits kennengelernt. Erfeulicherweise gab es immer wieder bedeutende Physiker, die über die Grenzen ihres Fachbereichs hinausblickten und die Bedeutung der PSI-Phänomene für eine umfassende Weltsicht erkannten. Zu ihnen gehörten Pascual Jordan und der Nobelpreisträger Wolgang Pauli, der eng mit dem Psychologen C. G. Jung zusammenarbeitete. Neuerdings ist es J. B. Hasted, der an der Universität London in eindrucksvollen physikalischen Versuchen den Nachweis psychokinetischer Kräfte führt.

Auch zahlreiche große Dichter, Musiker, Philosophen, Ärzte, Feldherrn und Staatsmänner hatten eigene außersinnliche Erlebnisse. Angefangen bei Apollonius von Thyana über Paracelsus, Lord Byron, Dostojewski, Eichendorff, Goethe, Grillparzer, Lenau, Mörike, Storm, Reger, Schopenhauer, Bismarck, Blücher, Napoleon und König Wilhelm I. von Preußen, um nur einige bedeutende Namen zu nennen. Sollten sie alle einer Täuschung der Sinne erlegen sein?

Gedanken kennen keine Schranken

Der Kalender zeigte den 19. April 1966, als Karl Nikolajew mit einer Verkehrsmaschine aus Moskau kommend ind dem eisigen Nowosibirsk eintraf. Gegen Mitternacht befand er sich in einem Laboratorium, umgeben von den Augen zahlreicher gespannter Wissenschaftler. Würde er die Gedankensignale, die ihm sein Versuchspartner Juri Kamenskij in Kürze zusenden sollte, empfangen und entschlüsseln können? Kamenskij, ein sensitiv begabter Biophysiker befand sich zur gleichen Zeit in einem Moskauer Laboratorium, dreitausend Kilometer von Nikolajew entfernt. Die Uhren zeigten 20 Uhr, als Kamenskij sich auf den ersten von sechs Gegenständen zu konzentrieren begann. Seine erste Aufgabe bestand darin, seinem Partner die Beschaffenheit einer

Spiralfeder aus Metall in Gedanken zu beschreiben. Plötzlich begann im weit entfernten Sibirien Nikolajew mit seinen Aufzeichnungen: „ Es glänzt metallisch - ist rund - sieht wie eine Rolle aus - wie eine runde Feder. „

Der Telepathietest über diese Großdistanz war gelungen! In den drei folgenden Nächten wurden die Versuche wiederholt, zur vollen Zufriedenheit der teinehmenden Wissenschaftler.

Ein Jahr später, an einem Märztag, begegnen wir Nikolajew in einem Laboratorium in St. Petersburg, diesmal an verschiedene Meßgeräte angeschlossen. Kernstück der komplizierten Apparaturen ist ein hochempfindlicher Enzephalograph, der seine Gehirnströme aufzeichnet. 650 Kilometer entfernt, sitzt in Moskau Kamenskij, ebenfalls mit einem Enzephalographen verbunden.

In der Entspannungsphase, die der Gedankenübertragung vorausgeht, zeigen die Gehirnströme einen klaren Alpharhythmus. Sobald Kamenskij mit seiner Gedankensendung beginnt, ändert sich der Verlauf der Hirnströme bei beiden Versuchspersonen in auffallender Weise.

Durch die zahlreichen Experimente mit Nikolajew, Kamenskij und anderen Sensitiven wurden eine Reihe wesentlicher Merkmale der Telepathie erkennbar: Eine Gedankenübertragung läßt sich durch keine Abschirmungsvorrichtung behindern. Die Gedanken durchdringen ungehindert sämtliche Materialien,selbst Metalle. Sie breiten sich unabhängig von Zeit und Raum aus. Ihre Energie, oftmals als PSI-Energie bezeichnet, nimmt im Gegensatz zu elektromagnetischen Wellen nicht mit zunehmender Entfernung ab. Offensichtlich tritt das Bewußtsein von zwei Menschen direkt und unabhängig von physikalischen Gesetzmäßigkeiten miteinander in Verbindung.

Welche Leistungen dabei manche Sensitiven vollbringen können, zeigt uns das folgende Beispiel: Im Sommer des Jahres 1758 ruft die schwedische Königin Luise Ulrike den berühmten Hellseher Emanuel von Swedenborg an ihren Hof, um seine Fähigkeiten zu testen.

Swedenborg erhält von ihr den Auftrag, ihren vor wenigen Wochen verstorbenen Bruder, Prinz Wilhelm von Preußen, über den Inhalt des Abschiedsgesprächs zu befragen, das sie vierzehn Jahre zuvor bei ihrer Abreise aus Preußen mit ihm geführt hatte. Eine unlösbare Aufgabe, sollte man meinen. Swedenborg jedoch teilt der Königin bei dem nächsten Empfang die nur ihr allein bekannten Einzelheiten jenes Gespräches mit. Diese ist aufs höchste bestürzt, da sie glaubt, Swedenborg habe mit dem Jenseits Kontakt aufnehmen können. Sie konnte nicht wissen, daß er in der Lage war, auf telepathischem Wege ihre Gedanken, genauer gesagt, in ihrem Gedächtnis zu lesen.

Der zeitlose Blick ins Verborgene

An einem Sommertag des Jahres 1951 meldeten sich zwei Scotland Yard-Beamte in Antwerpen bei dem Sensitiven Peter Hurkos und baten ihn um seine Hilfe. Der berühmte schottische Krönungsstein in der Londoner Westminster-Abbey war gestohlen worden und blieb trotz aller kriminalistischen Bemühungen unauffindbar. Hurkos war bereit, sein Möglichstes zu tun, und fuhr mit nach London. In der Kathedrale begab er sich an den ehemaligen Standort des steinernen Krönungsstuhls und versetzte sich in leichte Trance. Nach wenigen Minuten nannte Hurkos den Beamten eine Londoner Adresse. Es war eine Eisenwarenhandlung, in der zwei unbekannte Männer einen Tag vor der Tat schweres Werkzeug gekauft hatten. Nachdem Hurkos nochmals die Westminster-Abbey aufgesucht hatte, erfuhr Scotland Yard zwei neue Adressen von ihm. Sie führten zu den vier Tätern und zu dem verschwundenen Krönungsstein.

Ähnliche Erfolge hatte der ebenfalls aus Holland stammende Hellseher Gerard Croiset aufzuweisen. Häufig wurde seine Begabung von der Polizei zur Aufklärung von Verbrechen in Anspruch genommen. Doch auch bei Alltagsproblemen war seine Hilfe gefragt. So erhielt er eines Abends im Spätherbst des Jahres 1955 einen Telefonanruf. Zwei wertvolle Pferde waren aus ihrer Koppel ausgebrochen. Da die beginnende Dunkelheit einen Abbruch der Suche erzwang, wandten sich die Besitzer an Croiset. Es dauerte nicht lange, da „sah“ er die Pferde in der Nähe eines Tümpels, bei einer Gruppe von Bäumen, rund einen Kilometer von der Koppel entfernt. Zwei Stellen gab es, für die diese Beschreibung zutraf. Die eine lag im Westen der Koppel, die andere östlich von ihr. Da die Pferde nach Westen entlaufen waren, wurden sie entgegen dem Rat Croisets dort zuerst gesucht. Vergeblich! Anschließend fand man sie an dem östlich gelegenen Platz, genau in der von Croiset angegebenen Richtung.

In beiden Fällen handelt es sich , wie in vielen ähnlichen, um eine außersinnliche Wahrnehmung des Aufenthaltsortes verschwundener Gegenstände oder Lebewesen. Gleichzeitig gelangen bei diesem sogenannten **Hellsehen** häufig auch Details in das Bewußtsein des Sensitiven, die Rückschlüsse auf den Ablauf der Geschehnisse erlauben. Die Vorgänge, die sich hierbei abspielen, dürften ähnlicher Natur sein, wie bei der Telepathie.

Wesentlich größere Probleme bereitet unserem Verständnis die Vorausschau zukünftiger Ereignisse, die sogenannte **Prägognition** . Zu dieser kommt es meist dann, wenn sie sich der Sensitive in einem herabgesetzten Bewußtseinszustand befindet, das heißt im Schlaf, in Trance oder in einem Tagtraum. Häufig wird völlig unerwartet in einem nächtlichen Wahrtraum ein Unglück, ein Todesfall oder eine Naturkatastrophe vorauserlebt. In manchen Gegenden Norddeutschlands sind Menschen mit prägognitiven Fähigkeiten als „ Spökenkieker „ recht bekannt.

Anfang dieses Jahrhunderts sagte in dem kleinen Dorf Ahausen in der Lüneburger Heide die Magd Grete einen großen Brand voraus. Sogar Einzelheiten wußte sie zu berichten. So sollte das Feuer während eines Sonntagsgottesdienstes unmittelbar vor der Kirche ausbrechen und große Teile des Dorfes zerstören. Bei den Löscharbeiten würden Männer in einer ihr unbekannten Uniform helfen. Einer von diesen würde vom Pferd stürzen. Außerdem sah sie in ihrer Vision einen Brautzug, der noch vor dem Brand zur Mühle fuhr und von Schimmeln gezogen wurde. Über Jahre hinweg richteten die Dorfbewohner eine sonntägliche Brandwache ein, ohne daß etwas geschah. Nachdem jedoch 1925 die Voraussage mit dem Brautwagen eintraf, wuchs die Unruhe in der Bevölkerung erneut. Zu Recht, wie sich 1933 herausstellte. Am Pfingstsonntag dieses Jahres kam es zu der Brandkatastrophe. Ihr Verlauf entsprach ganz der Voraussage der Magd. Sogar die Männer mit der unbekannten Uniform halfen beim Löschen. Es war eine Reiterstaffel der SA in braunen Hemden. Einer der SA-Leute stürzte, wie vorhergesagt, von seinem Pferd.

Auch Goethes Vision, bei der er sich auf einem Ritt als „ Doppelgänger „ begegnete, ist ein Beispiel für die Vorausschau künftiger Ereignisse. In „ Dichtung und Wahrheit „ berichtet Goethe über sein Erlebnis: „ Nun ritt ich auf dem Fußpfade gegen Drusenheim, und da überfiel mich eine der sonderbarsten Ahnungen: Ich sah nämlich, nicht mit den Augen des Leibes, sondern des Geistes, mich mir selbst zu Pferde entgegenkommen, und zwar in einem Kleide, wie ich es nie getragen: es war hechtgrau mit etwas Gold. Sobald ich mich aus diesem Traum aufschüttelte, war die Gestalt ganz weg. Sonderbar ist jedoch, daß ich nach acht Jahren in dem Kleide, das mir geträumt hatte, und das ich nicht aus Wahl, sondern aus Zufall gerade trug, mich auf demselben Wege fand, um Friederiken noch einmal zu besuchen. „

Mitunter wird ein Unglück sogar von mehren Personen vorausgeahnt, meist in intensiven Wahrträumen. So hatten 1966 in Wales, bevor eine Schlackenhalde einhundertvierzig Einwohner des Ortes Aberfan verschüttete, über dreißig Menschen ein Präkognitionserlebnis dieser Katastrophe.

In derartigen Wahrträumen sind die vorhergesehenen Einzelheiten häufig sehr genau. Der amerikanische Student Mr. Fried erlebte im Traum den Zusammenstoß von zwei Boing-Jumbo-Jets, bei dem 583 Menschen ums Leben kamen. Sein Traumerlebnis war derart realistisch, daß er eine versiegelte Beschreibung des Traumes dem Präsidenten der Duke- Universität übergab. Zehn Tage später kam es über der Insel Teneriffa zu dem vorausgesagten Flugzeugunglück. Beteiligt waren zwei Boing-Maschinen, und genau 583 Menschen fanden dabei den Tod.

Die Zahl der Menschen mit zutreffenden Vorausahnungen ist wesentlich höher, als allgemein angenommen. Die von einigen Wissenschaftlern in New York begründete Central Premonitions Registry (CPR) sammelt Prophezeiungen von Ereignissen, deren Eintreffen eindeutig nachprüfbar ist. In den letzten dreißig Jahren gelang es dieser Institution, bereits mehrere hundert Fälle von Präkognition nachzuweisen.

Sehr häufig werden sich Menschen ihrer Vorausahnungen gar nicht bewußt, wie eine statistische Untersuchung des Mathematikers William E. Cox belegt. Cox überprüfte während eines Zeitraums von mehreren Jahren die Zahl der Passagiere, die bestimmte Züge von ein und demselben Bahnhof aus benutzten. Da in der Beobachtungszeit einige Züge verunglückten, konnte der Wissenschaftler die Zahl der Fahrgäste am Unglückstag mit der Passagierzahl an den vorangegangenen Tagen vergleichen. Das Ergebnis war mehr als auffällig: Der Unglückszug wurde von wesentlich weniger Personen benutzt. Ja noch mehr: in den beschädigten Waggons saßen während der Unglücksfahrt deutlich weniger Menschen, als an den übrigen Tagen.

Bereits vor über sechzig Jahren begann man in Amerika mit erfolgreichen Experimenten zum Nachweis des Hellsehens und der Präkognition. Zunächst waren es Versuche mit Karten, die erkennen ließen, daß es Versuchspersonen mit ausgeprägten paranormalen Fähigkeiten gibt. Um den von Kritikern immer wieder vorgebrachten Einwand von Manipulationen oder ungewollten Einflüssen durch die jeweiligen Versuchsleiter zu entkräften, wurden die Kartenexperimente durch immer perfektere Maschinen ersetzt. Sie waren so konstruiert, daß jegliche Manipulationsmöglichkeiten oder äußeren Störeinflüsse ausgeschlossen waren. Vor allem die von Dr. Helmut Schmidt entworfene Präkognitionsmaschine erwies sich als eine wesentliche Bereicherung der PSI-Forschung. Dieses komplizierte Gerät nutzt die bei einem radioaktiven Zerfall abgegebenen Elektronen zur Steuerung von Signallampen. Per Knopfdruck können Testpersonen voraussagen, welche Lampe jeweils als nächste aufleuchten wird. Dabei ergaben umfangreiche Testserien, daß der Zufall mit einer Wahrscheinlichkeit von 500000000 : 1 auszuschließen ist.

Noch eindrucksvollere Bestätigungen der Präkognition lieferten zahlreiche qualitative Experimente mit begabten Versuchspersonen und namhaften Sensitiven. Hierzu gehören die von Prof. Robert Jahn und Brenda J. Dunne von der Princeton Universität großangelegten Fernwahrnehmungsversuche ebenso wie die Platzexperimente mit Arthur Orlop und Gerard Croiset.

In über zweihundert Versuchen unter Leitung namhafter Wissenschaftler, wie Prof. W. H. C. Tenhaeff und Prof. Hans Bender erreichte Croiset eine Erfogsquote von mehr als 80 Prozent. Seine Aufgabe bestand darin, vor Beginn einer Veranstaltung möglichst genaue Angaben über die Person zu machen, die später auf einem ganz bestimmten Platz in dem Veranstaltungssaal sitzen würde. Da die versiegelten Platznummern von den Gästen - die Croiset sebstverständlich unbekannt waren - erst unmittelbar vor Beginn der Veranstaltung gezogen wurden, war der Sensitive ausschließlich auf seine paranormalen Fähigkeiten angewiesen.

Bei einem dieser Versuche entschied sich Croiset für den Platz Nr. 9 und gab danach folgende Vorhersage über den zukünftigen Besucher zu Protokoll: „ Eine weibliche Person - eine kleine, frauliche und aktive Dame mittleren Alters - sie ist sehr kinderlieb - hat drei Söhne, einer davon befindet sich zur Zeit in einer englischen Besitzung in Asien - die Dame hat als erste Opernaufführung „Falstaff" gesehen - am 1. Februar geht sie mit ihrer Tochter zum Zahnarzt." Als der entscheidende Abend kam, setzte sich eine 42jährige Frau auf den Platz Nr. 9 . Ihr ältester von drei Söhnen war gegenwärtig in Singapur. Auch die übrigen Details trafen zu. So war ihr die von Croiset genannte Oper noch in

bester Erinnerung, und der Zahnarztbesuch lag nur wenige Stunden zurück.
Ähnlich erfolgreich verliefen die Platzversuche, die der Parapsychologe H. C. Berendt mit dem Sensitiven Arthur Orlop durchführte.

Dank der großen Zahl eindeutiger Veruschsergebnisse und überprüfter Fallbeispiele müssen wir heute die Präkognition als ein unbestreitbares Phänomen zur Kenntnis nehmen. Auch wenn dies vielen Naturwissenschaftlern mißfällt. Sprengt sie doch wie keine andere PSI-Erscheinung den Rahmen der bekannten physikalischen Gesetze. Hinzu kommt, daß sie die Frage aufwirft, ob die Zukunft, wenn sie vorausschaubar ist, auch bereits vorher festgelegt ist. Es ist die Frage, wie weit unser Schicksal vorherbestimmt ist.

Parapsychologen und aufgeschlossene Physiker bemühen sich daher seit langem um Erklärungsversuche. Bei einer ihrer Theorien werden sogar Tachionen - hypothetische Elementarteilchen, die sich mit Überlichtgeschwindigkeit bewegen - in Beziehung zur Präkognition gesetzt. Der amerikanische Physiker Charles A. Musès ist dagegen der Meinung, daß sogenannte „Vorläuferwellen" von dem zukünftigen Ereignis ausgehen und uns erreichen, bevor dieses für uns zur Realität wird. Derartige Hypothesen greifen auf physikalische Erscheinungen zurück, auf elektromagnetische Wellen oder Elementarteilchen. Doch wer sagt uns, daß es sich bei der Präkognition tatsächlich um einen physikalischen Vorgang handelt? Einer der ganz großen Physiker, Pascual Jordan, war der Ansicht, „ die Parapsychologie müsse die Physik als Erklärungsgrundlage aufgeben „, und befand sich damit in Übereinstimmung mit J. B. Rhine, der in den außersinnlichen Wahrnehmungen den Nachweis für eine „überphysikalische Natur" des Menschen sah. C. G. Jung schließlich zieht einen PSI-Faktor in Betracht, der weder Zeit noch Raum untersteht.

Der Parapsychologe H. C. Berendt versucht an Hand eines praktischen Beispiels eine Lösung des Zeitproblems zu veranschaulichen: Auf dem Gipfel eines Berges steht ein Beobachter, blickt hinunter ins

Tal und sieht dort eine eingleisige Eisenbahnstrecke, die in einer scharfen Kurve um den Berg führt. Von beiden Seiten nähert sich ein Zug dieser Kurve. Keiner der beiden Zugführer ahnt die drohende Katastrophe, die, wie der Beobachter auf dem Berg erkennt, eintreten wird, da der gefährliche Streckenabschnitt von den Zügen nicht rechtzeitig zu überblicken ist. Die beiden Zugführer sehen die **Gegenwart** : ihre ungehinderte Fahrt auf den Schienen. Der Bergbeobachter sieht ebenfalls diese Gegenwart, vermag aber dank seiner erhöhten Position auch die **Zukunft** vorauszusehen: die Kollision der beiden Züge.

Bei einem Präkognitionserlebnis ist es denkbar, daß unser Bewußtsein die Fähigkeit erlangt, die vierdimensionale Raum-Zeit-Welt, in der wir leben, zu verlassen und von einer höheren Ebene aus, ähnlich dem Beobachter auf dem Berg, Gegenwart und Zukunft gleichzeitig zu sehen. Dies bedeutet, unser Bewußtsein könnte in der Lage sein, sich zeitweilig in einer anderen Dimension, gewissermaßen einer fünften Dimension, aufzuhalten. In einer Dimension, in der keine zeitlichen und räumlichen Begrenzungen existieren.

Der Notwendigkeit, eine derartige höhere geistige Ebene anzunehmen, werden wir auch in späteren Kapiteln wiederbegegnen.

Kann unser Bewußtsein den Körper verlassen ?

Immer wieder gibt es Menschen, die ein Erlebnis ganz besonderer Art haben, manchmal im Schlaf oder während einer schweren Erkrankung, gelegentlich auch im Zustand der Trance: Sie haben den Eindruck, daß ihr „Geistkörper“ plötzlich den materiellen Körper verläßt und über diesem schwebt. Oft erhebt sich dieses zweite **Ich** bis unter die Zimmerdecke und sieht seinen eigenen Körper unter sich im Bett liegen. Nicht selten begibt sich dieser geistige Körper, häufig auch „Astralkörper“ genannt, auf Wanderschaft. Er unternimmt eine „Astralreise“, von der er nach einiger Zeit wieder in den materiellen Körper zurückkehrt. Derartige außerkörperliche Erfahrungen beschäftigen die Psychologen schon seit langer Zeit, ohne daß sie bislang eine befriedigende Erklärung zu finden vermochten. Prof. Milan Ryzl macht darauf aufmerksam, daß ein außerkörperliches Erlebnis nicht in jedem Fall ein parapsychologisches Phänomen sein muß: „Es kann sich dabei auch nur um das bizarre Produkt einer Suggestion (oder Autosuggestion) handeln." Anders ist es, wenn ein sogenanntes **reisendes Hellsehen** vorliegt, das heißt wenn bei der Astralreise echte Erkenntnisse über ferne Gegenstände oder Örtlichkeiten erlangt werden. In diesem Zusammenhang sind Ryzls Experimente mit sensitiv begabten Personen äußerst interessant. Er versetzte die Versuchspersonen in Hypnose und beauftragte sie anschließend, den Raum auf geistigem Wege zu verlassen, einen ihnen unbekannten Ort aufzusuchen, zu inspizieren und nach ihrer Rückkehr genau zu beschreiben. Besonders begabte Personen schafften eine nahezu fehlerfreie Beschreibung jener Örtlichkeiten. In einem Fall korrigierte die Versuchsperson sogar einen Fehler in der Aufgabenstellung. Der betreffende Aufgabenteil lautete: „Gehen Sie drei Blöcke weiter und wenn Sie dort an der Ecke eine Buchhandlung sehen, biegen sie rechts ab." Worauf die hypnotisierte Person die Frage stellte: „Wollen Sie, daß ich nach der Buchhandlung abbiege oder nach drei Häuserblöcken?"

Die positiven Versuchsergebnisse bei diesen Fernerkundungen wurden eindeutig durch Telepathie erbracht. Es gibt jedoch auch Fälle, die wesentlich komplizierter gelagert sind. Beispielsweise bei den sogenannten **Bilokationen**.

Hierunter versteht man das gleichzeitige Erscheinen einer Person an zwei verschiedenen Orten. Bekannt sind die zahlreichen Doppelsichtungen des Padre Pio. Dieser von 1887 bis 1968 in Italien lebende Franziskanermönch, über den mehrere Bücher geschrieben wurden, ist inzwischen fast schon zu einer Legende geworden. Seit 1915 war Padre Pio stigmatisiert, das heißt sein Körper wies seit diesem Zeitpunkt die Wundmale Christi auf. Ihm werden neben den Bilokationen auch eine Reihe von Wunderheilungen zugeschrieben.

Als im 1. Weltkrieg der General Cardona nach einer verlorenen Schlacht in seiner Verzweiflung an einen Selbstmord dachte, trat ein Mönch in sein Zelt und überzeugte ihn mit eindringlichen Worten von der Unsinnigkeit eines solchen Tuns. Als Cardona später von dem hilfreichen Wirken Padre Pios erfuhr, sucht er dessen Klosterkirche in Foggia auf. Dort erkannte er in Padre Pio den einst lebensrettenden Mönch wieder.

Auch in der Peterskirche in Rom wurde Padre Pio wiederholt gesehen, obwohl er zeitlebens nie sein Kloster in Foggia verlassen hatte.

Der evangelische Erzbischof von Uppsala war in der Mitte des vorigen Jahrhunderts Zeuge einer ungewöhnlichen Astralreise. Er befand sich zusammen mit einem Arzt und einem Regierungsbeamten auf einer Reise durch Lappland, um etwas gegen den dort sehr verbreiteten Okkultismus zu unternehmen. Sein dortiger Gastgeber, Peter Lärdal, hatte auf telepathischem Wege von den Absichten seines Gastes Kenntnis erlangt. In der Hoffnung den Bischof umstimmen zu können, bot er diesem an, in einer Geistreise jeden gewünschten Ort aufzusuchen. Der Bischof, neugierig geworden, schlug Lärdal den Besuch der tausend Kilometer entfernten bischöflichen Wohnung vor. Daraufhin fiel Lärdal für eine Stunde in einen starren Trancezustand. Als er wieder aus diesem erwachte, beschrieb er zum größten Erstaunen des Geistlichen dessen gesamte Wohnungseinrichtung äußerst genau. Schließlich fügte er noch hinzu: „Den Ehering ihrer Frau habe ich in der Küche im Kohlenkasten versteckt." Der immer noch skeptische Bischof sandte sogleich einen Breif an seine Frau in Uppsala. Wenige Tage später erhielt er von ihr ein Antwortschreiben, das bei ihm größte Betroffenheit auslöste. Denn genau an jenem Tag zur angegebenen Uhrzeit sah sie in der Küche plötzlich einen Mann in lappländischer Tracht. Als sie ihn ansprach, verschwand er ebenso unvermittelt wie er aufgetaucht war. Seit dem vermisse sie ihren Ehering. Nach seiner Rückkehr fand der Bischof den Ring, wie angegeben, in dem Kohlenkasten.

Noch merkwürdiger war das Erlebnis einer Schiffsbesatzung auf ihrer

Fahrt von Liverpool nach St. John. Als der Steuermann namens Bruce wieder einmal den Kapitän in seiner Kajüte aufsuchte, um sich eine neue Kursanweisung zu holen, fand er an dessen Tisch eine völlig fremde Person vor. Zusammen mit dem eiligst herbeigerufenen Kapitän entdeckte er auf einer Schreibtafel den Vermerk: „Steuert nach Nord-West !“ Keine Handschrift der Besatzungsmitglieder glich der Schrift auf der Tafel. Auch ließ sich keine fremde Person an Bord des Schiffes entdekken. Kopfschüttelnd entschloß sich der Kapitän zu der auf so merkwürdige Weise gewünschten Kursänderung. Es war noch keine allzulange Zeit verstrichen, da kam ein von Eisschollen eingeschlossenes und von diesen stark beschädigtes Schiff in Sicht. Da es jederzeit sinken konnte, wurden sämtliche Passagiere mit Rettungsbooten an Bord geholt. Wie erschrak plötzlich der Stermann Bruce, als er in einem der Geretteten den Schreiber aus der Kapitänskajüte wiedererkannte. Der Kapitän ließ ihn daraufhin den offensichtlichen Hilferuf „Steuert nach Nord-West“ aufschreiben. Kein Zweifel war möglich: es war dieselbe Handschrift wie auf der Tafel. Wie der Kapitän des Unglückschiffes anschließend erzählte, war jenes Besatzungsmitglied vor einigen Stunden „eingeschlafen“ und hatte nach dem Erwachen erklärt: „In Kürze wird uns ein anderes Schiff retten.“ Als dieses dann tatsächlich eintraf, hatte er es sofort wiedererkannt, ebenso später an Bord die im Traum gesehene Einrichtung der Kapitänskajüte.

Beide Ereignisse ließen sich als Musterbeispiele für Telepathie aufführen, hätte nich Peter Lärdal bei seiner Astralreise den Ring in den Kohlenkasten praktiziert und der Schiffsmann ein deutlich lesbare Tafelaufschrift hinterlassen. Beides sind paranormale Wirkungen, für die es vorläufig keine überzeugende Deutung gibt.

Kontakte mit dem Jenseits

Im Jahre 1858 lagerten englische Truppen vor dem indischen Shorapoor. Eines Tages wurde der kommandierende Offizier in seinem Zelt beim

Briefeschreiben unterbrochen. Vor ihm stand Grenadier Smith, allerdings nicht in der vorschriftsmäßigen Uniform, sondern in Krankenhauskleidung, und bat ihn, den fälligen Sold an seine Mutter zu senden. Gleichzeitig diktierte er ihm deren Adresse. Um die lästige Störung rasch zu beenden, schrieb der Offizier, ohne weiter nachzudenken, die Anschrift auf. Erst nachdem der Sodat verschwunden war, wurde ihm dessen unvorschriftsmäßige Kleidung und das grußlose Kommen und Gehen bewußt. Er zitierte sofort den diensthabenden Unteroffizier herbei und stellte ihn wegen des unbotmäßigen Verhaltens von Smith zur Rede. Wie groß war sein Erstaunen, als er die Antwort erhielt: „Verzeihung, Herr Kommandant, Grenadier Smith ist gestern im Krankenhaus verstorben und wurde heute in der Frühe beigesetzt!" Der Offizier drückte daraufhin dem Sergeanten jenen Zettel mit der Adresse der Mutter in die Hand und befahl, den Sold des Verstorbenen an sie zu überweisen. Beim Hinausgehen hörte er den Unteroffizier vor sich hinmurmeln: „Komisch, als wir heute morgen Smiths Utensilien verkauften, fanden wir in seinen Unterlagen keine Anschrift, an die wir das Geld hätten senden können."

Dieses war eine Halluzination oder Vision des Offiziers, ließe sich vermuten, wäre da nicht die Sache mit der Adresse. Wer hat diese diktiert, wenn nicht der Geist des Verstorbenen? Aber auf welchem Wege? Kann ein Toter auf telepathischem Wege eine Niederschrift veranlassen? Eine mögliche Lösung des Problems könnte darin bestehen, daß das Bewußtsein eines Menschen den Tod überlebt und in der Lage ist, aus einer anderen Späre eine Nachricht zu übermitteln.

Beträchtliche Schwierigkeiten bereitet auch die Deutung der sogenannten **Tonbandstimmen**. Als 1959 der Schwede Friedrich Jürgenson ein im Wald aufgenommenes Tonband ablaufen ließ, hörte er zwischen den Vogelstimmen plötzlich menschliche Worte. Wie er mit größter Verwunderung feststellte, war es die Stimme seiner verstorbenen Mutter, die mehrmals seinen Vornamen rief. Seitdem kam es zu einer ganzen Serie elektronischer Aufzeichnungen. Inzwischen existieren viele

Tausende von Mitteilungen, teils mit unverständlichem Inhalt, zum Teil aber auch mit Botschaften Verstorbener. Trotz der enormen Datenfülle ist das Zustandekommen dieser Nachrichten bislang umstritten.
Zunächst könnten äußere Störeinflüsse vorliegen. Ich erinnere mich an ein Erlebnis mit einem selbstgebauten Differenzverstärker. Vor Jahren hatte ich diesen angefertigt, um Herzmuskelströme hörbar zu machen. Nachdem ich die Körperelektroden angeschlossen hatte und den Verstärker einschaltete, erklangen aus dem Lautsprecher nicht die erwarteten Herztöne, sondern die Musik eines starken, ortsnahen Rundfunksenders. Die Zuleitungskabel wirkten offensichtlich als Antenne, und der Verstärker hatte die Rolle eines Rundfunkempfängers übernommen, obgleich er keinen elektrischen Schwingkreis enthielt.

Doch auch wenn wir uns der Meinung Prof. T. Laurents von der Technischen Hochschule Stockholm anschließen, der von einem unbekannten, das heißt paranormalen Ursprung der aufgezeichneten Informationen ausgeht, so besagt das nicht notwendigerweise, daß die Stimmen Verstorbener aus einer jenseitigen Welt stammen müssen. Die Aufzeichnungen können auch auf telepathischem Wege entstanden sein. Lebende Angehörige sind sind ebensowenig als Informationsquelle auszuschließen wie das Bewußtsein desjenigen, der die elektronischen Geräte bedient.

Dem Psychologen Konstantin Raudive sind mehr als 70 000 Tonbandaufzeichnungen gelungen. Untersuchungen in den Studios einer großen britischen Firma bestätigten die Echtheit der Stimmphänomene. Eine Analyse ihrer Inhalte zeigt, daß die aufgezeichneten Stimmen genau die sieben Sprachen benutzen, die Raudive beherrscht. Offensichtlich besteht ein direkter Zusammenhang zwischen seiner Person und den von ihm registrierten Botschaften. Alles spricht zwar für paranormale Vorgänge. Aber ein irdischer Ursprung der Nachrichten ist nicht auszuschließen.

Das gleiche gilt vermutlich auch für viele der Botschaften, die Medien in ihren Séancen übermitteln konnten. Selbst wenn aus einem

Medium, das sich in Trance befindet, die Stimme eines Verstorbenen zu sprechen scheint und Einzelheiten aus dessen Leben berichtet, kann es sich um telepathisch erlangtes Wissen handeln.
Einige Fälle lassen sich allerdings schwerlich in ein so einfaches Schema pressen. Sie tragen deutliche Merkmale, die auf die Existenz jenseitiger Dimensionen hinweisen.

Die amerikanische Sensitive Leonore E. Piper gehörte mit Sicherheit zu den begabtesten Medien. Drei Jahrzehnte prüften Wissenschaftler ihre Fähigkeiten und kamen dabei nicht aus dem Staunen über ihre phänomenalen Leistungen heraus. Prof. William James von der Harvard Universität war einer der ersten, den sie von der Echtheit der in Trance übermittelten Botschaften überzeugen konnte: „Sie weiß in Trance Dinge, von denen sie unmöglich im Wachzustand etwas vernommen haben kann.“ Später übernahm Dr. Richard Hodgson von der britischen Society for Psychical Research (S.P.R.) die wissenschaftliche Kontrolle ihrer Sitzungen. Hodgson war in spiritistischen Kreisen äußerst gefürchtet, da er bereits zahlreiche Tricks und betrügerische Manipulationen aufgedeckt hatte. Doch auch er mußte, ebenso wie weitere Wissenschaftler, ihre einzigartigen Begabung zur Kenntnis nehmen. Eines Tages teilte sie über ihren „Kontrollgeist“ Phinuit dem berühmten Prof. Sir Oliver Lodge eine Fülle von Einzelheiten aus der Kindheit von zwei seiner verstorbenen Verwandten mit. Prof. Lodge beauftragte daraufhin eine große Detektei mit Nachforschungen über diese beiden Personen. Das Ergebnis der wochenlangen Detektivarbeit förderte wesentlich weniger Details zutage als die Trance-Botschaft der Mrs. Piper.

Eine ihrer Mitteilungen erschütterte den so kritischen Dr. Hodgson aufs tiefste. Bei einer ihrer Séancen ließ sie ihn ganz unvermittelt wissen, daß sich soeben ein Mädchen aus Australien bei ihr gemeldet habe. Dieses Mädchen, das er einst zu heiraten beabsichtigte, wolle ihm jetzt sagen, daß sie seit kurzem nicht mehr unter den Lebenden weile.

Hodgson, dessen Heiratsabsichten vor eineinhalb Jahren am Widerstand der Eltern jenes Mädchens gescheitert waren, zog sofort Erkundigungen in Australien ein. Sie ergaben, daß seine ehemalige Braut tatsächlich kurze Zeit vor dem Eintreffen der Botschaft gestorben war. Dieses Erlebnis führte den Wissenschaftler zu der Überzeugung, daß es ein Weiterleben nach dem Tode geben müsse.

Zwei weitere Geschehnisse weisen in die gleiche Richtung: Nachdem der große Dichter Dante verstorben war, stellte es sich heraus das in seiner „Göttlichen Komödie" der 13. Gesang fehlte. Da zu vermuten war, daß dieser an irgendeinem Ort in Dantes Wohnung liegen mußte, durchsuchten seine Söhne sämtliche Räume. Leider vergeblich. Einige Monate später erschien Dantes Sohn Jacobus sein Vater im Traum. Er zeigte ihm eine versteckte Stelle in einem Bücherschrank. Dort fand Jacobus am nächsten Morgen den solange vermißten Manuskriptteil.

Ein ähnlich gelagerter Fall ereignete sich in unserem Jahrhundert in North Carolina (U.S.A.). Der Farmer J. F. Chaffin hatte 1905 in einem Testament seinen dritten Sohn zum Alleinerben bestimmt. Auf Grund dieses Testaments blieben nach seinem Tode die drei übrigen Söhne und seine Frau vom Erbe ausgeschlossen. Drei Jahre später träumte eine der Söhne von seinem Vater. Dieser erschien im Zimmer des Sohnes und öffnete seinen dunklen Mantel mit den Worten: „In der Manteltasche wirst Du mein richtiges Testament finden." Die Suche sämtlicher Familienmitglieder führte schließlich zum Auffinden eines alten väterlichen Mantels. In dessen Tasche steckte ein Zettel mit dem Vermerk: „27. Kapitel der Genesis in der alten Bibel." Als man dort nachschlug, lag zwischen den Seiten ein Testament aus dem Jahre 1919. In diesem hatte der Farmer alle fünf Familienmitglieder mit seinen Besitztümern bedacht und damit seinen früheren äußerst ungerechten Beschluß rückgängig gemacht.

Bei beiden Ereignissen wirkt die Deutung, es handle sich um die telepathische Leistung eines Sohnes, ebenso unbefriedigend wie bei dem Erlebnis eines amerikanischen Hochschulprofessors: Prof. Dr. R. H. vereinbarte einst mit seiner Schwester, daß derjenige von ihnen, der zuerst den Tod erleidet, alles versuchen würde, um dem anderen ein

Zeichen für ein eventuelles Weiterleben zu geben. Der Wissenschaftler hatte noch einen Wunsch hinzugefügt: der Beweis möge glasklar und scharf sein. Es war die Schwester, die als erste starb. Vergeblich wartete der Bruder zunächst auf ein Zeichen. Sollte es kein Weiterleben nach dem Tode geben? Als er wenige Tage später mit einem seiner Studenten in seinem Arbeitszimmer ein religiöses Thema besprach, kam er nicht umhin, auf die Vereinbarung mit seiner Schwester einzugehen. Kaum war dabei der Vorname der Schwester seinem Mund entschlüpft, zersprang auf seinem Schreibtisch das Tintenfaß mit einem lauten Knall. Als er Tinte und Glasscherben beseitigt hatte, vernahm er ganz unmißverständlich die Worte: „War dieser Beweis glasklar und scharf?"

Gelegentlich kommt es vor, daß völlig fremde Personen an einem Traumerlebnis beteiligt werden: Ein Mann, der 1941 seine Frau unerwartet verlor, litt jahrelang zutiefst unter diesem Verlust. Nach drei Jahren wurde er zu einem Arbeitseinsatz in eine abgelegene Gegend abgeordnet. Dort mußte er zusammen mit zwei anderen Männern eine einfache Unterkunft teilen. In einer der Nächte erschien ihm seine Frau im Traum und sprach zu ihm: „Ich möchte nicht, daß Du weiter so um mich trauerst. Denn mir geht es sehr gut." Morgens beim Frühstück erklärte plötzlich der eine Zimmergenosse: „Seltsam, ich sah heute Nacht eine Frau hier in den Raum kommen und hörte sie sprechen." Daraufhin meinte der zweite: „Das gibt's doch nicht, ich hatte genau denselben Traum!"

Groß ist die Zahl glaubhafter Berichte, in denen nicht nur eine jenseitige Botschaft übermittelt wurde, sondern in denen der Geist eines Verstorbenen deutlich erkennbar erschienen ist. Mitunter können sogar mehrere Menschen Zeugen einer derartigen Phantom-Erscheinung sein. Viele Psychologen halten Geister oder Phantome nicht für selbständige Wesenheiten, sondern für Produkte des Unterbewußtseins jener Menschen, denen sie erscheinen. A. M. Wassermann gelang es sogar auf experimentellen Wege, an einem weit entfernten Ort die Phantomgestalt einer bestimmten Person künstlich hervorzurufen. So versuchte er eines Abends durch eine telepathische Projektion, einem Mann seine vor wenigen Jahren verstorbene Frau erscheinen zu lassen. Unerwartet hatte jener Mann an diesem Abend den Besuch eines Freundes erhalten. Plötzlich öffnete sich vor beider Augen die Tür, und eine Frau kam herein, die ganz deutlich der Verstorbenen glich. Nachdem sie mit einer Handbewegung die beiden Männer gegrüßt hatte, verschwand sie ebenso lautlos wie sie eingetreten war.

Manche Erlebnisse enthalten jedoch Details, die zeigen, daß es sich bei Geistererscheinungen um wesentlich mehr als eine telepathische Projektion handeln kann:

Ein Gschäftsmann verlor seine geliebte Schwester, als diese gerade ihr achtzehntes Lebensjahr erreicht hatte. Neun Jahre später, während er an seinem Schreibtisch arbeitete, hatte er das eigenartige Gefühl, daß jemand an seiner Seite saß. Als er den Blick hob, erkannte er seine Schwester . Sie trug die alten Kleider und wirkte genau so munter wie einstmals. Sowie er aufstand, um sie in seine Arme zu schließen, löste sie sich vor seinen Augen in nichts auf. Bei einem Besuch erzählte er seinen Eltern von dieser Begegnung und erwähnte dabei, daß sich auf einer Backe der Schwester ein Kratzer befand. Die Mutter erschien hierüber äußerst betroffen. Sie gestand ihrem Sohn, daß sie selbst diesen Kratzer bei der Einkleidung des Leichnams verursacht hatte.

Und genau dieser Kratzer ist es auch, der uns erkennen läßt, wie weit wir noch von einem Verstehen der Geistererscheinungen entfernt sind. Nicht viel anders dürfte es uns auch bei dem nächsten Beispiel ergehen. In den letzten Abendstunden des 20. Mai 1964 fuhr Berry Greene mit seinem Taxi durch die nächtlichen Straßen Glasgows auf der Suche nach einem späten Fahrgast. In der Nähe des Alhambra-Theaters winkte ihn eine vornehm gekleidete junge Dame heran. Sie nannte ihm als Fahrziel ein Villenviertel außerhalb Glasgows. Da wenig Verkehr herrschte, war das Ziel relativ rasch erreicht. Greene bog mit seinem Wagen in den Garten der Villa ein und hielt direkt vor dem Haupteingang. Er stieg aus und öffnete galant die Wagentür. Doch was mußte er entdecken? Die jungen Dame war spurlos verschwunden! Als er sich von seiner Überraschung erholt hatte, stellte er fest, daß nicht nur die Gartenanlagen völlig verwildert, sondern obendrein auch noch Fenster und Türen dieses herrlichen Hauses mit Holzbrettern verschlossen waren. Kopfschüttelnd fuhr Greene mit seinem Taxi davon. Acht Tage später führte ihn seine abendliche Fahrt erneut an dem Theater vorbei. Greene traute seinen Augen kaum: Wieder stand die junge Dame dort und winkte nach einem Taxi. Er konnte der Versuchung nicht widerstehen und hielt. Wieder war das Fahrziel jene ominöse Villa. Wie der Rückspiegel verriet, saß die Dame beim Einbiegen in das Grundstück unbeweglich auf dem Rücksitz. Als er anhielt, war sie jedoch nicht mehr vorhanden. Verwirrt und zugleich empört wandte sich Greene an das Polizeipräsidium. Nach dem Studium alter Polizeiakten teilte man ihm mit: „Abends am 20. Mai 1922 ist eine junge Frau auf der Heimfahrt vom Alhambra-Theater tödlich verunglückt. Sie wohnte bei ihren Eltern in der von Ihnen benannten Villa. Diese wurde 1930 nach dem Tod der Besitzer als ein unverkäufliches Objekt versiegelt.“ Greene sah bei seinen Taxifahrten den ruhrlosen Geist jener jungen Frau noch mehrmals vor dem Theater warten - immer im Monat Mai.

Haben Gegenstände ein Erinnerungsvermögen ?

Als Pascal Forthuny in Paris Dr. Geley, den Direktor des Institut Metapsychique, aufsucht , sieht er auf dessen Schreibtisch verschiedene Gegenstände liegen. Er nimmt einen davon, einen Fächer, in die Hand und beginnt wie aus weiter Ferne zu sprechen: „Ich sehe eine alte Dame - Es ist Elisa! - - - Nein! Nein! - Ich bekomme plötzlich keine Luft mehr! „ Wie sich herausstellte, befand sich der Fächer ursprünglich im Besitz einer alten Dame mit dem Rufnamen Elisa. Eines Tages erlitt diese eine tödliche Lungenblutung.

In Mexiko-City experimentierte der Arzt Gustav Pagenstecher mit einer Sensitiven, die ähnliche Fähigkeiten zeigte. Als er ihr ein Stück

Bimsstein überreichte, beschrieb sie dessen Entstehung bei einer vulkanischen Eruption. Sie benannte mehrere Fischarten aus dem See, auf dessen Grund man den Bimsstein gefunden hatte. Zum Schluß ihrer langen Schilderung hörte sie die Geräusche einer Uhr. Gerade diese letzte Feststellung war besonders aufschlußreich. Wurde doch das Gesteinsstück die letzten drei Wochen in einem Uhrengehäuse aufbewahrt.

Die hier erkennbare Begabung, einem Gegenstand Informationen über seine Enstehung oder seine Geschichte entnehmen zu können, bezeichnet man als **Psychometrie**. Da es immer wieder jemanden gibt, der zutreffende Auskünfte über die Vergangenheit bestimmter Gegenstände zu geben vermag, ist die Vermutung nicht von der Hand zu weisen, daß jedem Körper Erinnerungen anhaften. Offensichtlich sind die Eigenschaften der Materie wesentlich komplexer, als man bislang annahm. Auf Grund der psychometrischen Erfahrungen müssen wir davon ausgehen, daß jedes Stück Materie einen Informationsspeicher darstellt. Einzelne Wissenschaftler sind inzwischen der Meinung, daß die Atome neben Protonen, Neutronen und Elektronen auch sogenannte **Psychonen** enthalten. Diese „Geistquanten" könnten dann die Träger sämtlicher Erinnerungen sein.

Der Physiker Jean E. Charon geht sogar noch einen Schritt weiter. Er hält die winzigen Elektronen für den Sitz des Geistes. Seiner Ansicht kommunizieren bei telepathischen Vorgängen die Elektronen eines geistbegabten Wesens mit denen eines anderen. Ja noch mehr: „ Und welchen Grund hätte man, die Telepathie auf eine die Entfernung überwindende Kommunikation zwischen menschlichen Wesen allein zu beschränken? Nicht wenige Leute, die ihrem ganzen Verhalten nach absolut nicht den Eindruck geistiger Verwirrtheit machen, werden bestätigen, daß sie ohne die Vermittlung irgendeiner „Sprache" mit Tieren, Pflanzen, ja sogar Steinen eine Kommunikationsmöglichkeit finden."

Nähere Untersuchungen der Psychometrie werden möglicherweise

noch zu manchen interessanten Erkenntnissen führen. Die folgende Begebenheit zeigt jedenfalls, wie weitgehend die in einem scheinbar belanglosen Stück Materie gespeicherten Informationen sein können.
Im Sommer des Jahres 1949 hielt sich Roland Macey für einige Tage mit seiner Familie in einem Priorat des kleinen englischen Ortes Fresden auf. Eines Abends erzählten die Kinder, daß der alte Tisch in ihrem Zimmer singen könne. Der Pfarrer und die Eltern, die sich sehr wunderten, begleiteten die Kinder zu jenem seltsamen Einrichtungsgegenstand. Da niemand außer den Kindern irgendwelche Töne wahrzunehmen vermochte, bat der Pfarrer die Kinder, die Melodie mitzusingen. Es war, wie sich nach kurzer Zeit herausstellte, ein mittelalterlicher Mönchsgesang. Er mußte seinerzeit, als sich an dieser Stelle ein Kloster befand, regelmäßig erklungen sein. Das Holz des uralten Tisches hatte ihn offensichtlich gespeichert und über Jahrhunderte aufbewahrt.

Fotografierte Gedanken

William Mumler gilt als Entdecker der **Gedankenfotografie**. Als er 1861 eines Tages sich selbst auf einem Stuhle sitzend fotografierte, war auf der entwickelten Fotoplatte neben ihm eine schemenhafte Mädchengestalt zu erkennen. Mumler identifizierte diese als seine Cousine, die seit zwölf Jahren nicht mehr lebte.

Inzwischen existiert eine stattliche Zahl von Fotos, die zusammen mit anderen Personen oder in Landschaften und Gebäuden mehr oder weniger scharf abgebildete Geistergestalten enthalten. Welche von ihnen als echt zu bezeichnen sind, ist für jemanden, der weder bei der Aufnahme noch bei der Herstellung der Abzüge oder Vergrößerungen zugegen war, nicht leicht zu beurteilen. Denn, um unechte Geisterfotos herzustellen, bedarf es keiner allzugroßen fotografischen Fertigkeiten. Anders sieht es dagegen bei der sogenannten **Gedankenfotografie** aus. Besonders seitdem ihr bekanntester Vertreter, Ted Serios, wiederholt unter strengsten Bedingungen von zahlreichen Wissenschaftlern getestet wurde. Serios ein ehemaliger Hotelangestellter aus Chicago, brachte es fertig, Gedankenbilder auf den Film eines Fotoapparates zu projezieren, einzig und allein dadurch, daß er auf dessen Objektiv blickte und seine Gedanken auf die Filmemulsion konzentrierte. (Abb. 25)Prof. Jule Eisenbuk von der Universität in Denver überprüfte als erster 1967 die ungewöhnliche Begabung dieses Sensitiven. Er benutzte bei seinen Experimenten eine eigene Polaroidkamera und Filme, die er persönlich einem versiegelten Behälter entnahm. Serios hätte nicht die geringste Chance zu eventuellen Manipulationen gehabt. Auffallend war, daß seine Bilder oft unter einem schrägen Blickwinkel erschienen, so, als wären sie von einem erhöhten Standort aus aufgenommen worden. Während der Aufnahmen ließ Serios extreme körperliche Anspannungen erkennen.Diese konnten soweit gehen, daß die Adern hervortraten. Trotz seiner enormen Konzentration kam es gelegentlich vor, daß das als Aufgabe vorgegebene Zielbild - beispielsweise eine Kirche - von einem anderen Bildmotiv überlagert wurde. So, als wäre ihm während der Bildproduktion kurzzeitig ein anderes Bild eingefallen.

Zahlreiche Physiker, Techniker und Chemiker versuchten das Rätsel der Gedankenfotografie zu lösen. Man setzte Serios hinter eine zwölf Zentimeter dicke Stahlwand und ließ ihn durch diese hindurch seine Bilder auf den Film projezieren. Auch eine eineinhalb Zentimeter dicke Bleiglasplatte, die normalerweise dem Schutz vor Röntgenstrahlen diente, vermochte nicht, seine Gedankenenergie abzuschirmen. Diese und ähnliche Experimente zeigten lediglich, daß elektromagnetische Wellen bei der Gedankenfotografie keine Rolle spielen. Ebensowenig können magnetische Wirkungen die Ursache sein, denn man ließ Serios seine Aufnahmen aus einem Metallkäfig heraus anfertigen, der das irdische Magnetfeld stark reduzierte. Anschließend erwies er sich in einem künstlichen Magnetfeld, das tausendmal so stark wie das Erdmagnetfeld war, genauso erfolgreich. Trotz aller Bemühungen gelang es bisher nicht, die Vorgänge aufzuklären, die in der Filmschicht eine Bildentstehung bewirkten. Sicher ist lediglich, daß es sich bei der

Gedankenfotografie um ein echtes paranormales Phänomen handelt.

1975 taucht ein neuer Gedankenfotograf auf: Yukio Ishii, ein junger Japaner, der in seinen Leistungen dem Sensitiven Serios ebenbürtig ist. Auch seine Bilder erscheinen wie aus der Vogelperspektive aufgenommen zu sein, obwohl sich Ishii stets direkt vor der Kamera befand. Und auch er vermochte inzwischen zahlreiche Skeptiker zu überzeugen.

Kapitel 22
Der Geist herrscht über die Materie

Kann der menschliche Geist Materie beeinflussen oder sogar verändern? Diese Frage ist von grundlegender Bedeutung für unser Verständnis der Welt. Gelingt es eine derartige Einflußnahme nachzuweisen, dann ist dies ein eindeutiger Hinweis darauf, daß das Universum eine Welt des Geistes ist. Die Materie ist dann nur eine Ausdrucksform jenes Geistes, aus ihm hervorgegangen und seinen Einwirkungen unterworfen.

Inzwischen ist der Nachweis dieser als Psychokinese bezeichneten Erscheinung wiederholt in überzeugender Weise gelungen. So sehr sich auch Materialisten gegen eine Kenntnisnahme dieser Tatsache sträuben mögen, es gilt unzweifelhaft, was J. B. Rhine bereits vor Jahrzehnten formulierte: „ Die Psychokinese erbringt den Beweis eines nichtphysikalischen, nichtmateriellen Aspekt des Menschen."

Unsichtbare Kräfte bewegen Gegenstände

1966 begann Prof. Leonid L. Wassiliew in St. Petersburg die psychokinetischen Fähigkeiten der Sensitiven Nina Kulagina zu überprüfen. Insgesamt befaßten sich vierzig namhafte Wissenschaftler mit Frau Kulagina, die oft auch mit ihrem Mädchenamen Michailowa benannt wird. Unter ihnen befanden sich zwei Nobelpreisträger.

Einer der ersten Erfolge Kulaginas bestand darin, daß es ihr gelang, durch bloßes Darüberhalten ihrer Hände die Magnetnadel von einem Kompaß in Drehbewegung zu versetzen. Da sie auch unmagnetische Gegenstände aus Aluminium, Glas, Pappe, Kunststoff oder Holz zu bewegen vermochte, können ihre psychokinetischen Kräfte nicht magnetischer Art sein. Bei den Vesuchen befanden sich die in Bewegung versetzten Gegenstände unter einer großen Plastikglocke, so daß eine Berührung oder ein Anblasen nicht möglich war. Die Masse der zum Rollen oder Gleiten gebrachten Körper konnte bis fünfhundert Gramm betragen. Seit 1970 gelang es Kulinga darüber hinaus, kleine Kugeln sich zwischen ihren Handflächen von der Tischoberfläche erheben zu lassen. Das heißt sie bewirkte eine Levitation dieser Kleinkörper. Während ihrer psychischen Kraftausübung stieg ihr Puls auf 240 an, auf das Vierfache des Normalwertes. Weitere interessante Veränderungen zeigten die verschiedenen Meßgeräte an die Dr. Sergejew die Sensitive angeschlosen hatte. So erzeugten während der Versuche ihre Hinteren Gehirnabschnitte das Fünfzigfache der im Großhirn gemessenen elektrischen Spannung, das heißt zwölfmal so viel wie bei einem normalen Menschen. Auch die Aktionsströme des Gehirns veränderten sich. Es bildeten sich Thetawellen mit einer Frequenz von vier Hertz. Das elektrostatische Feld um ihren Körper begann mit der gleichen Frequenz zu pulsieren. Gleichzeitig wurden auch magnetische Impulse von vier Hertz registriert.

Die psychokinetischen Experimente waren für Kulinga körperlich extrem anstrengend. Bei jedem Versuch verlor sie ein bis zwei Kilo ihres Körpergewichtes. Dank ihrer intensiven Zusammenarbeit mit den Wissenschaftlern sind jedoch eine ganze Reihe physikalischer Erscheinungen bekannt geworden, die bei der Psychokinese auftreten.

Die Existenz der Psychokinese wurde bereits Jahrzehnte früher in systematischen Reihenversuchen von Prof. J. B. Rhine und anderen Forschern nachgewiesen. Zunächst waren es Versuche mit Würfeln, die erkennen ließen, daß einzelne sensitiv begabte Versuchspersonen mit ihrem Willen den Fall eines Würfels beeinflussen konnten. Ihre Ergebnisse lagen so hoch über dem zu erwartenden Durchnittswert, daß ein Zufall ausgeschlossen war. Später ersetzte man die einfachen Würfelexperimente durch elektrische Maschinen, bei denen Störeinflüsse ausgeschaltet waren. So entwickelte Helmut Schmidt von der Durham Universität ein elektronisches Meßgerät, das bei den Psycho-

kinese-Experimenten mit einer Wahrscheinlichkeit von 10000000 : 1 gegen den Zufall sprach.
Französische Wissenschaftler entwickelten ein Gerät, das eine radioaktive Quelle und ein Geiger-Zählrohr enthielt. Aufgabe der Versuchspersonen war es, den radioaktiven Zerfall zu beschleunigen oder zu bremsen. Einzelnen von ihen gelang dies so gut, daß der Zufall als Ursache mit der Wahrscheinlichkeit von einer Milliarde zu eins ausschied.

Aus derartigen Versuchen schlossen John Bellof von der Queens University in Belfast und andere Forscher auf die Wirkung elektrischer Felder bei der Psychokinese. Diese wäre demnach eine elektrische Felderscheinung. Allerding ist zu vermuten, daß sämtliche physikalischen Effekte nur Begleiterscheinungen einer noch unbekannten geistigen Energie sind. Das heißt letztlich, der menschliche Geist vermag direkt auf die Materie einzuwirken.

Psychokinetische Wirkungen werden nicht nur von einigen wenigen Sensitiven hervorgebracht. Bei vielen PSI-Phänomenen spielen sie eine Rolle. Oftmals sind es keine spektakulären Ereignisse, bei denen sie auftreten, sondern merkwürdige „Zufälle" des alltäglichen Lebens. Hierzu eine eigene Beobachtung: Im Kreise meiner Familie gibt es eine Person, die eigentlich außersinnlichen Erfahrungen sehr kritisch gegenübersteht, aber zugleich immer wieder selbst feststellen muß, daß sie eine ungewöhnliche Fähigkeit besitzt. Fast jedesmal, wenn sie in einem Buch - sei es ein Lexikon, ein Roman oder ein anderes Werk - eine bestimmte Stelle oder ein Stichwort sucht, dann schlägt sie auf Anhieb die richtige Seite auf. Nahezu nie bedarf es bei ihr, wie normalerweise bei jedem von uns, eines Herumblättern in den Textseiten. Hier sind sicherlich psychokinetische Kräfte, möglicherweise gekoppelt mit einem hellsichtigen Erkennen, am Werke.

Eine der merkwürdigsten Erscheinungen im Bereich der Psychokinese ist zweifellos das unvermittelte Herabfallen von Gegenständen aus der Luft. Anfang dieses Jahrhunderts hatte ein Mitarbeiter einer großen Ölgesellschaft in Sumatra ein derartiges Erlebnis. Eines Nachts erwachte er in seiner Hütte durch eigenartige Geräusche. Es schien ihm, als ob kleine, feste Gegenstände auf den Holzfußboden der Hütte aufschlagen würden. Als er die Lampe einschaltete, sah er, daß von der Hüttendecke dunkle, nußgroße Kieselsteine herabfielen. Aber nicht auf dem üblichen senkrechten Weg. Nein, sie flogen auffallend langsam in einem großen Bogen in Richtung auf sein Kopfkissen zu. Dort verursachten sie bei ihrem verzögerten Aufprall ungewöhnlich lautstarke Geräusche. Nachdem der Techniker seinen eingeborenen Diener geweckt hatte, befahl er diesem, die Umgebung der Hütte nach dem dort vermuteten Störenfried abzusuchen. In der Zwischenzeit bemerkte er, daß der Steinregen kein Ende nahm, obwohl das Blätterdach der Hütte nicht die geringste undichte Stelle aufwies. Sämtliche Steine, die er in die Hand nahm, fühlten sich heiß an. Als der junge Eingeborene in die Hütte zurückkehrte und die fallenden Steine sah, lief er mit einem Aufschrei hinaus in den Urwald. Von diesem Augenblick an fiel kein einziger Stein mehr von der Hüttendecke herab. Alles spricht daher dafür, daß der eingeborene Diener der Auslöser jenes psychokinetischen Phänomens war.

Über eine andere ungewöhnliche Form von Psychokinese liegen inzwischen derart viele glaubhafte Berichte vor, daß an deren Realität kein Zweifel bestehen kann. Es ist die merkwürdige Tatsache, daß manche Menschen in ihrer Todesstunde in der Lage sind, Angehörige oder gute Freunde von ihrem Ableben in Kenntnis zu setzen. Die Empfänger der Todesnachricht stellen dann plötzliche Krafteinwirkungen fest: Laute Klopfgeräusche an Fenster oder Türen, das Herabfallen eines Bildes von der Wand oder das Stehenbleiben von Uhren.

So saß eines Abends in Breslau eine Familie gemütlich am Abendbrottisch, als alle Familienmitglieder aufschreckten. Mit lautem Rasseln löste sich die Kette von der großen Kuckucksuhr, die an der Zimmerwand hing, und polterte mitsamt den schweren Zuggewichten auf den Boden. Sicher hätte es die Familie für einen Zufall gehalten, wäre da nicht eine Merkwürdigkeit gewesen: Die Kette war nicht nur durchgerissen, sondern in ihre einzelnen Glieder auseinandergefallen. Ein Blick auf die stehengebliebene Uhr zeigte 19 Uhr 35. Zweieinhalb Stunden später klingelte der Telegrammbote und überbrachte die traurige Nachricht, daß der Bruder des Familienvaters einem Schlaganfall erlegen war. Genau um 19 Uhr 35.

Kann der Geist Metalle formen ?

Mit dieser Frage sind nicht die umstrittenen Löffelbiege-Demonstrationen eines Uri Geller gemeint. Hier geht es um exakte Experimente in Laboratorien unter strenger Kontrolle. Das heißt um Versuche, wie sie Prof. Hasted und andere Wissenschaftler durchführen.

Eines der erstaunlichen Ergebnisse Prof. Hasteds haben wir bereits im 5. Kapitel kennengelernt(Abb.26): Mit Hilfe von Dehnungsmeßstreifen, die in komplizierte Versuchsanlagen integriert sind, konnte er darüber hinaus psychokinetische Impulse in zahlreichen Fällen registrieren, in denen es zu keinen augenfälligen Deformationen kam. Hasted ist zu dem Ergebnis gelangt, daß von den erfolgreichen Testpersonen „Irgendetwas“ ausgesendet wird, das Metalle zu verbiegen vermag, in geringem Umfang Elektrizität leitet und Infrarotstrahlung absorbiert.

Besonders unter Jugendlichen in der Pubertät finden sich immer wieder ausgezeichnete Versuchspersonen. So stehen einigen Physikern in Tokio acht Kinder zur Verfügung, die Metallgegenstände verbiegen oder durchtrennen können. Der vierzehn Jahre alte Masuaki Kiyota ist sogar in der Lage, Eisenfeilen zu verbiegen. Normalerweise zerbrechen diese bei jeglichem Biegeversuch, abgesehen von dem dabei erforderlichen Kraftaufwand.

Interessant sind die Ergebnisse von Durchtrennungsexperimenten. Bei der psychokinetischen Zertrennung eines Löffels, der genau 30,073 Gramm wog, gingen drei Milligramm Materie spurlos verloren. Der japanische Wissenschaftler Shuji Inomata glaubt, daß ein bisher unbe-

kannter Energiestrahl durch menschliche Gedanken so konzentriert werden kann, daß er in den Metallen die entsprechenden Veränderungen auslöst.
Versuche mit dem Sensitiven Matthew Manning, an denen auch der Nobelpreisträger für Physik Brian Josephson beteiligt war, zeigten, daß beim Auslösen der Psychokinese-Effekte ungewöhnliche Gehirnwellen auftraten.

Bei Biegeversuchen des Sensitiven Jean-Pierre Girard unter Leitung des Metallurgen Crussard kam es zu auffallenden Strukturveränderungen in den verwendeten Metallstäben.
Betrachtet man die bisher gewonnenen Versuchsergebnisse, dann besteht kein Zweifel, daß der menschliche Geist befähigt ist, in Metallgegenständen Verformungen hervorzurufen. Gleichzeitig lassen die Ergebnisse erkennen, daß sich hier für die Zukunft ein vielversprechendes Forschungsfeld eröffnet.

Es spukt, und Poltergeister gehen um

Bei diesen auffallenden PSI-Phänomenen müssen wir vor allem zwischen zwei Erscheinungsformen unterscheiden. Einmal sind es Vorgänge, die mit der Psyche lebender Personen in unmittelbarer Verbindung stehen. Oft sind es innere Spannungen jugendlicher Menschen, die sich auf psychokinetischem Wege entladen.

Zum anderen sind Spukphänomene häufig an bestimmte Orte, beispielsweise alte Gebäude gekoppelt. Nicht selten stellte es sich heraus, daß diese Orte Träger von stark emotional geladenen Ereignissen sind: in ihnen kam es zu einem Mord oder anderen Verbrechen.

1965 ereigneten sich in Bremen in der Porzellanabteilung eines großen Geschäftes merkwürdige Zwischenfälle: Vasen, Tassen und Schüsseln sprangen von selbst aus den Regalen und zerschellten am Boden. Dieser Spuk fand ein Ende, nachdem man den vierzehnjährigen Heiner Sch. aus der Firma entlassen hatte. Allerdings wanderten, wie sich recht

bald herausstellte, die Spukerscheinungen mit dem Jungen mit. Zunächst in die Klinik, in die er zu einer Untersuchung kam. Dort stürzte vor den Augen der Psychologin, die ihn untersuchte, ein großes Regal um.
Als Heiner kurz danach eine Lehre als Elektriker begann, kam es zu weiteren Beweisen seiner psychischen Kräfte. Mehrere frisch eingedübelte Haken lösten sich in seiner Gegenwart aus der Wand. Ein Haken flog sogar hinter ihm her.

In einem Experiment stellte Prof. Bender fest, daß Heiner aus einem Meter Entfernung innerhalb von zwei Minuten die Wandverankerung von zwei Haken durch psychische Einwirkung zu lösen vermochte.

Besonders ausführlich wurden von Prof. Bender und seinen wissenschaftlichen Mitarbeitern die Spukerscheinungen untersucht, die sich 1967 in einer Anwaltskanzlei in Rosenheim abspielten. In diesem Büro lösten sich Sicherungsautomaten selbständig aus. Neonröhren an der Zimmerdecke erloschen, da sie sich in ihrer Fassung um neunzig Grad gedreht hatten. Hängende Lampen begannen zu schwingen, Bilder drehten sich an den Wänden oder fielen herunter (Abb. 27). Vor allem aber schienen die Telefone der Anwaltspraxis mitunter regelrecht verrücktzuspielen. Oft läuteten alle vier Apparate gleichzeitig, obwohl sie getrennte Anschlüsse hatten. Oder Gespräche wurden immer wieder wie von Geisterhand unterbrochen. Messungen von Physikern und Fernmeldetechnikern schlossen technische Defekte aus. Bald zeigte es sich, daß sämtliche Erscheinungen nur in Gegenwart einer neunzehnjährigen Büroangestellten auftraten. War sie abwesend, kam es zu keinerlei auffälligen Vorkommnissen.

An der Universität Freiburg, in Frankreich, sowie in den Vereinigten Staaten untersuchte man eine große Zahl von Spukfällen. Sie zeigten durchweg die gleichen Psychokinese-Effekte, wie Bewegen von Bildern und Lampen, Verschieben von Möbeln, Zerplatzen von Glühbirnen, Zerbrechen von Geschirr oder laute Geräusche. In den meisten Fällen werden die Spukphänomene von Jugendlichen in pubertärem Alter verursacht. Nach Prof. Bender ergaben die diagnostischen Untersuchungen dieser Personen „aktuelle Konflikte, psychische Labilität, hohe kurzfristige Erregbarkeit und geringe Frustrationstoleranz, das heißt eine geringe Fähigkeit, Versagungen zu ertragen. Doch scheint es einer besonderen affektiven Gruppensituation zu bedürfen, um die seltenen psychokinetischen Entladungen solcher Spannungen auszulösen."

Ganz andere Ursachen haben die Phantom-Erscheinungen, die immer wieder in Schlössern und anderen alten Gebäuden auftreten.

Bereits seit mehr als hundert Jahren spukt es in dem Pfarrhaus in Borley (Südengland). Kaum war 1863 der erste Pfarrer mit seiner Familie eingezogen, erschien nachts der Geist einer Nonne. Schritte waren zu hören, ebenso Klopfgeräusche, Glockenläuten und Stimmengeflüster. Auch als 1892 der Sohn des Pfarrers die Pfarrstelle übernahm, nahm der Spuk kein Ende. Zusätzlich erschien in den folgenden Jahren ein enthaupteter Mann und eine Geisterkutsche. Dazu warfen Poltergeister wiederholt mit Gegenständen. Nicht besser erging es ab 1930 dem Pfarrer L. A. Foyster und seinen Angehörigen in diesem seltsamen Gebäude. Seine Frau wurde sogar eines Nachts von einem unsichtbaren Wesen körperlich angegriffen. 1937 begann eine wissenschaftliche Untersuchung des Pfarrhauses unter Leitung von Prof. Harry Price. Vierzig von ihm ausgewählte Personen beobachteten systematisch die Vorgänge in dem Haus. Hierbei wurden die Bewegungen verschiedener gegenstände registriert. Einem Mitarbeiter flog ein von unsichtbarer Hand geworfenes Stück Seife an den Kopf. Dr. C. E. M. Joad stellte mittels eines Thermometers fest, daß die Raumtemperatur während eines Spukvorgangs plötzlich um sechs Grad absank. 1943 fand man bei Ausschachtungsarbeiten unter dem inzwischen abgebrannten Gebäude Teile eines weiblichen Schädels. Spiritistische Sitzungen lieferten den Hinweis, daß der Waldgraf von Borley 1667 eine junge Nonne in einem Vorläuferbau des Pfarrhauses erwürgte und anschließend in dessen Keller vergrub.

James Bedford und Walt Kensington halten Spukerscheinungen für vagabundierende Restenergien. Milan Ryzl dagegen spricht von einer geistigen Imprägnation des Ortes, an dem die Spukphänomene zu beobachten sind. Stark emotional belastete Ereignisse, beispielsweise schwere Verbrechen, haben in dem betreffenden Gebäude ihre Spuren hinterlassen. Diese sind vergleichbar mit den Erinnerungen, die jedem Gegenstand anhaften, und auf psychometrischem Wege von manchen Sensitiven gelesen werden können. Nur daß sie offensichtlich wesentlich ausgeprägter sind und sich daher in auffälliger Weise als Spuk äußern.

Manche Spukerlebnisse, wie die beiden folgenden, lassen sich allerdings nicht so einfach in ein derartiges Schema einordnen. Sie tragen Merkmale, die nach Meinung Prof. Ryzls auf die Anwesenheit eines „ nichtmateriellen Etwas „ hinweisen. Auch das gelegentliche Werfen von Gegenständen und das Auftreten von Kälte oder eisiger Zugluft in der Nähe des Phantoms spricht für eine reale Erscheinung und eindeutig gegen etwaige Halluzinationen der Beobachter.

William E. Cox, der mit seinen statistischen Untersuchungen von Eisenbahnunglücken Aufmerksamkeit erregte, gelangte auf ganz anderem Wege zu weiteren merkwürdigen Befunden. In einem Keller installierte Cox ein großes geschlossenes Glasgefäß mit verschiedenen Gegenständen wie Ringen, Uhren und Federhaltern. Jedes dieser Objekte war derart mit einer Beleuchtungseinrichtung und einer Filmkamera gekoppelt, daß bei der geringsten Bewegung eines der Gegenstände sich Licht und Kamera einschalteten. Von den Ergebnissen war nicht nur Cox überrascht. Mußte er doch feststellen, daß mitunter Federhalter selbständig zu schreiben begannen, die Zeiger von Uhren verkehrt herum liefen oder sich Ringe miteinander verschlangen.

Der englische Physiker Julian D. Isaac wiederholte die Versuche unter ähnlichen Bedingungen und mußte ebenfalls ein unerklärliches Spukverhalten seiner Gegenstände zur Kenntnis nehmen.

Weit übertroffen werden diese psychokinetischen Erscheinungen aber von dem, was sich im 18. Jahrhundert auf der Insel Barbados abspielte. 1807 wurde Thomasina Goddard in einer Steingruft beigesetzt. Diese war aus dem Felsen herausgearbeitet, mit einer schweren Steinplatte abgedeckt und wurde nach der Beisetzung mit einem großen Steinquader verschlossen und anschließend versiegelt. In den nächsten Jahren erfolgten zwei weitere Beerdigungen in der großen Gruft. Als man diese 1812 öffnete, fand man die Särge völlig durcheinandergestellt. Sie wurden wieder zurechtgerückt, und die Gruft erhielt eine neue Versiegelung. Vier Jahre später, bei einer erneuten Beisetzung, waren die Särge trotz unbeschädigter Siegel wieder durcheinandergeworfen. Nun rief man den Gouverneur der Insel, Lord Combermere zu Hilfe. Dieser ging mit wissenschaftlicher Genauigkeit vor. Feiner Sand wurde zwischen die Särge gestreut, ein genauer Lageplan aufgezeichnet und die Gruft sorgfältigst versiegelt und zusätzlich noch mit speziellen Markierungen versehen. Als an die Gruft ein Jahr später in seiner Gegenwart und vor zahlreichen Zeugen inspiziert wurde, zeigten weder Siegel noch Markierungen eine Beschädigung. Auf dem Sand waren keinerlei Spuren zu sehen. Und dennoch lagen die schweren Bleisärge kreuz und quer durcheinander. Einer von ihnen war mit der Kraft von acht Männern hochkant aufgestellt. Um dem Spuk ein Ende zu bereiten, bettete man die Särge in eine andere Grabstätte um. Seitdem herrschte Ruhe, aber ein Rätsel blieb ungelöst: Wer hatte die gewaltige Kraft aufgebracht, die zum Durcheinanderwerfen der Bleisärge erforderlich war?

Im übrigen sind die „springenden“ Särge von Barbados kein Einzelfall. Auch in dem kleinen englischen Ort Stanton wurden in einer fest verschlossenen Familiengruft sämtliche Särge wie von Geisterhand durcheinandergebracht.

Noch eigenartiger sind die Vorgänge, die sich im Sommer des Jahres 1884in Arensburg auf der Ostseeinsel Oesel zutrugen. Eines Tages band eine Friedhofsbesucherin das Pferd ihrer Kutsche unmittelbar neben der Familiengruft der Buxhoewdens am Friedhofszaun fest. Als sie zurückkehrte, befand sich das Tier in völliger Panik. Eine Woche später befestigten gleich mehrere ahnungslose Besucher ihre Pferde an jener Stelle, um diese bei ihrer Rückkehr ganz verängstigt vorzufinden. Nachdem auch noch einige Arensburger in der Gruft polternde Geräusche wahrgenommen hatten, ließ man diese öffnen. Sämtliche darin befindlichen Särge waren auf einen Haufen geworfen. Obgleich man die Gruft wieder in Ordnung brachte und gewissenhaft versiegelte, wiederholte sich der Spuk noch mehrmals. Interessant an diesen Vorfällen ist die Tatsache, daß neben Menschen auch Pferde, die als hochsensibel bekannt sind, Zeugen jener Psychokinese-Effekte wurden.

Besonders mysteriös mutet folgendes Erlebnis an, das Lord Dufferin, dem englischen Botschafter in Paris, Ende des vorigen Jahrhunderts widerfuhr. Lange vor seinem Frankreichaufenthalt war er einst bei einem Freund in Irland zu Gast. Eines Nachts erwachte er, von innerer Angst erfüllt. Er stand auf und trat an das Fenster, um sich beim Anblick der im Mondlicht glitzernden Landschaft zu beruhigen. Plötzlich sah er einen Mann langsam und lautlos daherschreiten, der einen Sarg auf den Schultern trug. Als dieser sich unter dem Fenster befand, blickte er empor. Lord Dufferin sah in ein unheimliches Gesicht, an das er sich noch am nächsten Morgen mit Grauen erinnerte. Einige Jahre später lud man ihn, den englischen Botschafter, zu einem Empfang in einem großen Pariser Hotel ein. Während er dort an den Fahrstuhl trat, um hinauf zum Speisesaal zu fahren, erkannte er in dem Fahrstuhlführer jene nächtliche Erscheinung aus Irland wieder. Es war das gleiche furchterregende Gesicht! Erschrocken wich Lord Dufferin einen Schritt zurück. Daraufhin setzte sich der Fahrstuhl ohne ihn in Bewegung. Wenige Sekunden später war ein donnerndes Getöse und lautes Schreien zu vernehmen. Der Fahrstuhl war in dem Aufzugsschacht herabgestürzt. Einer der Toten war der Fahrstuhlführer. Wie Lord Dufferin von der Hotelleitung erfuhr, diente dieser nur für einen Tag als Aushilfe. Über seine Herkunft war weder dem Hotel noch sonst jemandem etwas bekannt.

Vielleicht wird der eine oder andere Leser jetzt geneigt sein, derartige Begebenheiten als Halluzinationen anzusehen. Liegt es doch im Zuge der Zeit, zu glauben, alles ließe sich rational erklären. Dinge oder Ereig-

nisse, bei denen das nicht möglich ist, können daher nur als ein Produkt der Einbildung sein.
Aber ist die Wirklichkeit, der wir angehören, tatsächlich von so einfacher Beschaffenheit? Im vorletzten Kapitel werden wir noch eine ganze Reihe von Erscheinungen kennenlernen, die mit unserem gegenwärtigen naturwissenschaftlichen Weltbild unvereinbar sind. Vielleicht werden Forscher des nächsten oder übernächsten Jahrhunderts eine Erklärung für sie finden. Doch auch wenn sich dies als unmöglich herausstellen sollte, dann wissen wir immerhin, daß die Wirklichkeit wesentlich facettenreicher ist, als bislang angenommen wurde. Selbst wenn einzelne dieser Facetten phantastisch oder sogar unheimlich wirken mögen, so sind sie doch ein untrügliches Zeichen, daß unser menschlicher Geist Teil eines höchst komplexen geistigen Universums ist.

Kapitel 23
Die heilende Kraft des Geistes

1950 weckte ein neus Medikament namens Laetrile bei vielen Krebskranken in Amerika neue Hoffnungen. Einer der Ärzte, die dieses Medikament testeten, war Dr. Bruno Klopfer. So war es nur zu verständlich, daß einer seiner Patienten, der an fortgeschrittenem Kehlkopfkrebs litt, ihn inständig um eine Behandlung mit dem neuen vermeintlichen Wundermittel bat. Dr. Klopfer wagte, obwohl die Wirksamkeit des Mittels keineswegs gesichert war, den Versuch. Befand sich doch der Patient , bei dem sich bereits zahlreiche Metastasen gebildet hatten, in einem derart schlechten Zustand, daß er regelmäßige Sauerstoffbehandlungen benötigte.

Innerhalb kürzester Zeit bildeten sich sämtliche Krebsherde zurück, und der Patient konnte bald wieder seinen früheren Tätigkeiten nachgehen. Einige Wochen später erfuhr er aus Zeitungsberichten, daß das neue Krebsmittel die Erwartungen nicht erfüllte. Daraufhin verschlechterte sich sein Gesundheitszustand erneut in bedenklicher Weise. Dr. Klopfer wußte sich nur noch einen Rat. Er berichtete dem Patienten, daß er soeben ein wesentlich verstärktes Präparat erhalten habe, das ihm bestimmt helfen könne. Danach verabreichte er ihm mehrere Injektionen sterilisierten Wassers. Sämtliche Krebssymptome verschwanden wieder , und der Patient fühlte sich völlig gesund. Zwei Monate lang, bis er in der Zeitung las, daß ausführliche Untersuchungen die Wertlosigkeit des Medikaments erbracht hätten. Einige Tage später war der Patient verstorben.

Der bedingungslose Glaube des Patienten an das Medikament hatte ungewöhnlich starke Selbstheilungskräfte in ihm aktiviert. Als er sich in seinen Hoffnungen getäuscht sah, überwältigte ihn die Angst und brachte seine Lebenskräfte in kürzester Zeit zum Erliegen. Gleichzeitig demonstriert der Krankheitsverlauf auf äußerst drastische Weise den sogenannten Placeboeffekt: Die positiven Erwartungen des Patienten ließen selbst sterilisiertes Wasser zu einem hochwirksamen Medikament werden.

Inzwischen existieren eine ganze Reihe klinischer Untersuchungen, die belegen, wie sehr die Wirkung eines medizinischen Mittels von dem Glauben des Kranken an eben diese Wirkung abhängig ist.

In einem groß angelegten Versuchsprojekt wurden Patienten, die unter einem Magengeschwür litten, in zwei Gruppen eingeteilt. Die erste Gruppe erhielt von einem Arzt ein wirkungsloses Scheinpräparat mit dem Hinweis, daß es ein neues Medikament mit ausgezeichneter Wirkung sei. Die andere Gruppe bekam das gleiche Placebo, wobei Krankenschwestern erklärten, daß es sich um ein neues Mittel handelt, dessen Wirkung noch unbekannt sei. Siebzig Prozent der ersten Gruppe zeigten eine deutliche Besserung im Krankheitsbefund. In der anderen Gruppe waren die entsprechenden Gesundungsfortschritte nur bei fünfundzwanzig Prozent der Patienten zu beobachten. Dieses Ergebnis bestätigt nicht nur die Bedeutung des Placeboeffekts, sonder läßt gleichzeitig erkennen, welchen Einfluß die durch den Arzt hervorgerufene positive Erwartung ausübt.

Echte und falsche Geistheiler

Alexej Kriworotow im georgischen Tiflis ist ein angesehener Heiler, um dessen Hilfe sich Menschen aus ganz Rußland und Georgien bemühen, wenn ihnen Ärzte nicht zu helfen vermochten. Besonders bei Lähmungserscheinungen zeigen seine Behandlungen oftmals beachtliche Erfolge. Kriworotow legt nicht seine Hände auf die erkrankten Körperteile, sondern läßt sie in geringem Abstand über die Hautoberfläche hinweggleiten. Dabei verspüren die Patienten ein starkes Wärmegefühl, nicht selten haben sie auch den Eindruck, von einem elektrischen Strom durchflossen zu werden. Eine seiner spektakulärsten Heilungen gelang ihm an der fünfjährigen Tochter einer Augenärztin. Bei diesem Kind hatte sich ein großer Tumor hinter einem Augapfel gebildet. Ein chirurgischer Eingriff mußte abgebrochen werden, nachdem während der Operation ein vorübergehender Herzstillstand eingetreten war. Nun setzte die Mutter, eine an sich äußerst skeptische Ärztin, ihr letzte Hoffnung auf den Heiler. Nach dreißig täglichen Behandlungen hatte sich der Tumor völlig zurückgebildet.

Kriworotows Fähigkeiten wurden von einem siebenköpfigen Ärztegremium im Landeskrankenhaus von Tiflis einer kritischen Prüfung unterzogen. Er mußte dreißig Krankenhauspatienten mit Lähmungserscheinungen behandeln. Darunter befanden sich etliche, die weder der russischen noch der georgischen Sprache mächtig waren. Auf diese Weise war eine Suggestionswirkung durch den Heiler nicht möglich. Bereits nach einer Woche hatte sich der Zustand sämtlicher Patienten gebessert. Einige von ihnen waren sogar völlig beschwerdefrei.

Inzwischen haben eingehende Experimente ergeben, daß von den Händen Kriworotows eine sehr starke Ultaviolettstrahlung ausgeht. Ob diese für die Behandlungserfolge verantwortlich oder nur ein Nebeneffekt ist, läßt sich vorläufig nicht sagen. Tatsache bleibt, daß seine Heilwirkungen von zahlreichen kritischen Ärzten bestätigt wurden.

Trotz derartiger Erfolge Kriworotows und einiger anderer Heiler sollte sich jeder Kranke darüber im Klaren sein, daß es große Unterschiede gibt. Verlangt ein Geistheiler ein hohes Honorar, womöglich in Verbindungen mit großen Erfolgsversprechungen, ist sicher Vorsicht angebracht. Leider gibt es auch auf diesem Gebiet, wie in allen anderen Bereichen, Menschen, deren Geschäftstüchtigkeit größer ist als ihr Können. Menschen mit echten Heilkräften zeichnen sich stets durch große Bescheidenheit aus. Oftmals verzichten sie auf ein Honorar. Außerdem wissen sie, daß sie nicht in jedem Fall Hilfe zu bringen vermögen. Deshalb sollte jeder Kranke, der den Weg zu einem Heiler wählt, nie eine ärztliche Kontrolle seines Gesundheitszustands und einer echten oder vermuteten Heilung versäumen!

Ähnliche Erfolge wie Alexej Kriworotow hat die englische Heilerin Rose Gladden vorzuweisen. 1969 versuchte sie einem neunjährigen Jungen zu helfen, der durch einen inoperablen Gehirntumor bereits so weit gelähmt war, daß er einen Rollstuhl benötigte. Täglich legte sie ihre Hände für einige Minuten auf den Kopf des Jungen. Nach fünf Wochen begann er wieder zu gehen. Staunend stellten die Ärzte der Londoner Kinderklinik, die ihn vorher behandelt hatten, eine Spontanheilung fest.

An der Universität von Loughborough gelang es, Ihre Gehirnwellen und die einer Patientin gleichzeitig auf einem Monitor sichtbar zu machen. Während sich der Gehirnwellenverlauf beider Personen anfänglich deutlich unterschied, gelang es der Heilerin innerhalb einer Viertelstunde, ihren Gehirnwellenrhythmus mit dem der Patientin in völligen Einklang zu bringen. Welche Kräfte jedoch letztlich eine Heilung bewirken, darüber vermag auch dieses Experiment keine Auskunft zu geben.

Viele erfolgreiche Heiler sind der Ansicht, daß nicht sie selbst die Heilung vollbringen, sondern daß sie nur Mittler sind für eine höhere Kraft, die durch sie hindurch auf den Kranken einwirkt.
Der Holländer Gérard Croiset war nicht nur einer der berühmtesten Hellseher, sondern besaß auch ausgeprägte Heilkräfte. Er arbeitete intensiv mit Prof. W. H. C. Tenhaeff von der Universität Utrecht zusammen. Verschiedene chemische Lösungen, die ein bis zwei Minuten von seinen Händen behandelt wurden, zeigten anschließend im Vergleich mit unbehandelten Kontrollösungen starke Veränderungen. Erst nach fünf Tagen waren diese wieder abgeklungen.

Besonders eindrucksvoll zeigen Experimente mit Tieren und Pflanzen, daß von den Händen einzelner Heiler ungewöhnliche Kräfte ausgehen. So heilten die Wunden verletzter Mäuse durch Handauflegen des ungarischen Heilers Estebany wesentlich schneller als bei unbehandelten Vergleichstieren. In einem anderen Versuch ließ sich die Keimungsgeschwindigkeit von Pflanzensamen unter dem Einfluß hei-

lender Hände deutlich erhöhen.
Nicht nur in unserem Kulturkreis treten immer wieder Menschen mit der Fähigkeit auf, durch geistige Kräfte heilend zu wirken. Beachtenswert sind auch die magischen Heilpraktiken der Schamanen. Bei einem wissenschaftlichen Kongreß führte der indianische Medizinmann Rolling Thunder zahlreichen Ärzten und Psychologen eine Heilung am Bein eines verletzten Sportlers vor. Dieser litt unter einer stark schmerzenden Wunde, die sich nach dem Zuheilen innerlich entzündet hatte. Nach einer langen einleitenden Heilungszeremonie begann der Schamane minutenlang mit seinen Lippen an der geschlossenen Wunde zu saugen. Dazwischen ließ er klagende und heulende Töne erklingen. Schließlich erbrach er sich in eine bereitgestellte Schüssel. Dieser Vorgang aus Saugen, klagendem Gesang und Erbrechen wurde einige Male von dem Medizinmann wiederholt. Dann strich er mit einer großen Feder mehrmals über den Körper des Patienten und „entleerte" schließlich die Feder über einem Stück rohen Fleisches . Abschließend befahl er, dieses Fleischstück zu verbrennen.

Als die anwesenden Ärzte jetzt die Wunde untersuchten, waren sämtliche Schwellungen und Verfärbungen verschwunden. Der Sportler war völlig schmerzfrei und konnte das verletzte Bein wieder ohne Einschränkungen bewegen.

Doug Boyd, einer der teilnehmenden Ärzte, bemerkt zu der Heilkraft dieses Schamanen: „Rolling Thunder hatte uns jedoch erklärt, daß diese Kräfte alle ein Teil des Großen Geistes seien. Dies scheint mir eine durchaus passende Erklärung zu sein, in Anbetracht der Tatsache, daß der Große Geist nur ein Name ist - falls man schon einen braucht - für die allumfassende Willenskraft des Universums, und daß jemand, der sich genügend vorbereitet und gereinigt hat, ein offener Kanal sein kann, durch den diese Kraft hindurch fließt."

Gibt es einen Röntgenblick ?

Einige Menschen, denen beachtliche Heilerfolge zugeschrieben werden, erwiesen sich gleichzeitig als ausgezeichnete Diagnostiker. Wohl einer der bekanntesten ist der 1945 verstorbene Amerikaner Edgar Cayce. Obwohl seine Bildung einzig in einem neunjährigen Schulbesuch bestand, leistete er auf medizinischem Gebiet Erstaunliches. Seine mehr als neuntausend Diagnosen und Behandlungsvorschläge erteilte er in der Regel in einem Trancezustand, in den er sich selbst versetzt hatte. Unter anderem heilte er seine eigene Frau von einer Tuberkuloseerkrankung und seinen Sohn von einer Augenverletzung. Die von ihm verordneten Medikamente bestanden oft aus einfachen Naturmitteln wie Obst, Gemüse, Tee und Salbe aus dem Wegerich oder Rizinusölpackungen.

Verschiedene Ärzte, wie Dr. Wesley Ketschum, baten Cayce gelegentlich um Rat oder benutzten in ihrer eigenen Praxis bewährte Behandlungsmethoden von Edgar Cayce.

An mehreren amerikanischen Krankenhäusern ziehen inzwischen Ärzte Heiler zur Unterstützung iher Arbeit heran. So läßt Dr. Eileen O'Ferell in Cincinatti (Ohio) bei komplizierten Fällen den Heiler William Boshears eine Diagnose erstellen.

In dem zweitgrößten Krankenhaus der Vereinigten Staaten, der Columbia-Presbyterian-Universitätsklinik in NewYork, werden heute regelmäßig Energie-Heiler zur Unterstützung der äztlichen Behandlungen herangezogen. Diese arbeiten nach der vor dreißig Jahren von Dolores Krieger entwickelten Therapeutic-Touch-Methode. Einer Methode, deren Wirksamkeit in einer Doppelblindstudie nachgewiesen wurde und die heute in 68 Ländern unterichtet wird. Im Columbia-Presbyterian-Krankenhaus versuchen Heiler sogar bei schwierigen Herzoperationen durch Handauflegen das Energiefeld des Patienten günstig zu beeinflussen. Prof. Mehmet Oz, einer der führenden amerikanischen Herzchirurgen, ist von dem Wert dieser alternativen Heilmaßnahmen überzeugt.

Dr. Norman Shealy, Chefarzt des Pain Rehabilitation Center in La Cresse (Wisconsin) ließ neben anderen den Heiler Henry Rukker zahlreiche seiner Patienten diagnostizieren. Die Genauigkeit der Persönlichkeitsdiagnosen betrug 98 Prozent, bei dem Krankheitsbild 80 Prozent. Gleichzeitig wurden von diesen medizinischen „Laien" einige bis dahin unbekannte Krankheitsbefunde entdeckt.

Noch erstaunlicher sind die diagnostischen Fähigkeiten des Österreichers Georg Rieder. Sein innerer Blick vermag den menschlichen Körper gleich einem Röntgengerät zu durchdringen. Dabei erkennt er krankhafte Veränderungnen der Organe oder des Skeletts. Seine Fähigkeiten wurden wiederholt klinischen Tests unterzogen. Bei einer jungen Frau diagnostizierte er mehrere verheilte Knochenbrüche und eine verkleinerte Niere. Dieser Befund deckte sich exakt mit den ärztlichen Aufzeichnungen. Bei einer Patientin des Arztes Mario Marcuse, die unter einer Schilddrüsenerkrankung und Gallenbeschwerden litt, sowie nur noch unvollständige Eierstöcke besaß, lieferte Rieder ebenfalls eine exakte Diagnose. Bei einer dritten Testperson vermochte er keinen Krankheitsbefund zu erkennen. Zu recht, denn sie war völlig gesund.

Georg Rieders „Röntgenblick" ist kein Einzelphänomen. In der Ukraine entwickelte Julia Vorobjova ähnliche Fähigkeiten. Der Arzt Boris Kalinichenko ließ sie über tausend Patienten untersuchen. In neunzig Prozent der Fälle stimmte ihre Diagnose genau mit den ärztlichen Befunden überein. In China ist es die Ärztin Zhen Xiangling, die mit ihrem inneren Auge seit Jahren die unterschiedlichsten Krankheiten sicher erkennt, und in Amerika die Therapeutin Barbara Brennau.

Bis heute besteht nicht der geringste Ansatz für eine Erklärung dieses eigenartigen „Röntgenblicks". Tatsache ist lediglich, daß er sich für tausende erkrankter Menschen segensreich ausgewirkt hat.

Medizinische Ratschläge aus einer anderen Dimension

George Chapman gehört zu einer Gruppe von Geistheilern, die auf einem gänzlich ungewöhnlichen Wege ihre Heilerfolge erzielen. Während er sich im Trancezustand befindet, steht er unter der Lenkung von Dr. William Lang, eines 1937 verstorbenen namhaften englischen Chirurgen. Chapman selbst besitzt nicht die geringste medizinische Ausbildung. Als er sich mit den Kliniken von Middlesex und Moorfields, an denen Dr. Lang früher tätig war, in Verbindung setzte, unterzogen ihn einige der Klinikärzte einer eingehenden Prüfung. Sie führten auf dem Wege über Chapman mit jenem Dr. Lang ausführliche Fachdiskussionen und erfuhren bei dieser Gelegenheit ausgefallene Details, von denen ein Klinikfremder wie Chapman unmöglich jemals Kenntnis erlangen konnte. Dr. Langs Diagnosen waren so genial, daß mehrere Ärzte anschließend eine regelmäßige Zusammenarbeit mit Chapman vereinbarten.

Ebenfalls unter der Leitung eines verstorbenen Arztes stand J. J. Thomas ein ehemaliger britischer Offizier. Thomas führt in Trance unter der Beratung eines Dr. Robert Operationen an dem „Geistkörper" der Patienten durch. Bei den mehr als 70000 behandelten Kranken konnte er er eine deutliche Linderung der Beschwerden oder sogar eine Heilung erreichen.

John Cain ist ein weiterer englischer Heiler, der seine Erfolge dem Wirken eines verstorbenen Arztes verdankt. Nach eigener Bezeugung ist es Dr. Carl Heinrich Hoffmann, der ihn als Medium benutzt und durch ihn hindurch einen heilenden Energiestrom in die Patienten einfließen läßt. Cains Heilwirkungen wurden sowohl von der Society for Psychical Research als auch von angesehenen Ärzten eingehenden Tests unterzogen.

Während die Tätigkeiten der soeben genannten Heiler in der Erstellung exzellenter Diagnosen und der Weiterleitung geistiger Kräfte bestand, ging der berühmte brasilianische Heiler Zé Arigó bei seinen Behandlungen einen wesentlichen Schritt weiter. Ergab seine Diagnose die Notwendigkeit eines chirurgischen Eingriffs, dann führte er diese Operation sofort aus. Arigó, ein ehemaliger Bauer, der nur eine vierjährige Schulbildung besaß, begann seine Behandlungen mit einem Gebet. Dann verfiel er in eine Art von Trance, sodaß er sich später nicht mehr an seine ärztlichen Maßnahmen zu erinnern vermochte. Wie Arigó immer wieder betonte, war es der im 1. Weltkrieg verstorbene Dr. Adolpho Fritz, der auf dem Wege über ihn seine jäh abgebrochene ärztliche Tätigkeit fortsetzte. Bei seinen Operationen bediente sich Arigó meist eines rostfreien Taschenmessers. Auf eine Anästhesie verzichtete er ebenso wie auf antiseptische Vorkehrungen. So entfernte er vor den Augen zweier amerikanischer Ärzte aus der Augenhöhle eines Kranken mit dem zehn Zentimeter langen Messer einen Eiterherd. Dabei zeigte der Patient keinerlei Anzeichen von Schmerz. Der Neurologe Dr. Andrija Puharich hatte den Mut zu einem Selbsttest. Er bat Arigó, ihm eine kleinere Geschwulst am rechten Arm zu behandeln. Innerhalb weniger Sekunden entfernte der Heiler mit einem Obstmesser die Geschwulst. Es war ein perfekter Eingriff, für den ein geübter Chirurg eine Viertelstunde angesetzt hätte, und bei dem der Neurologe nicht die geringsten Schmerzen empfand.

Die Leistungen dieser Heiler stellen uns vorerst vor ein unlösbares Rätsel. Woher bezogen sie ihre ärztliche Unterweisung? Der naheliegenste Gedanke ist, daß sie auf telepathischem Wege das Wissen lebender Ärzte in Anspruch nahmen. Das Problem ist nur: Wie will ein Arzt einem Laien medizinische Ratschläge für die Behandlung eines Patienten erteilen, den er niemals gesehen, geschweige denn untersucht hat? Hinzu kommen im Falle Chapmans die ungewöhnlich präzisen Kenntnisse über die Person seines ärztlichen Führers und dessen ehemalige Wirkungsstätten aus einer Zeit, die mehrere Jahrzehnte zurücklag. Und schließlich die umfangreichen Fachdiskussionen zwischen Klinikärzten und jenem „Kontrollgeist" Dr. Lang. Es erscheint daher wohl die Frage nicht unberechtigt: Sollte es dem Bewußtsein

Verstorberbener in Einzelfällen möglich sein, Kontakt zum Diesseits zu knüpfen? Dieser Frage werden wir auch in späteren Kapiteln wiederbegegnen.

Medizinische Wunder gibt es wirklich

Seit Jahrhunderten tauchen in den verschiedensten Kulturkreisen immer wieder Berichte über Wunderheilungen auf. Ärzte bezeichnen dieses Phänomen als „Spontanremission". Es sind die äußerst seltenen Fälle, in denen sich aus unerklärlichen Gründen schwerwiegende Krankheitssymptome zurückbilden, so daß es zur Heilung eines Patienten kommt, der als unheilbar galt.

Oftmals vollziehen sich derartige spontane Genesungen, die als medizinisches Wunder angesehen werden, an Orten besonderer Kraft. Die wohl bekannteste und gleichzeitig auch am besten untersuchte Stätte ungewöhnlicher Heilungen ist der katholische Wallfahrtsort Lourdes im südwestlichen Frankreich. Es ist die Quelle des dortigen Heiligtums, die als wundertätig gilt und jedes Jahr von annähernd 50000 Schwerkranken aufgesucht wird. Alle diese Menschen verbindet der Wunsch, durch göttliche Gnade die Gesundheit wiederzuerlangen oder eine Linderung des Leidens zu erfahren. Zumindest hoffen sie, Trost und Kraft zu finden, um die oft unvorstellbaren Beschwerden zu ertragen.

Seit dem Jahre 1858 wurden in Lourdes mehr als 1200 ungewöhnliche Heilungen und 64 medizinische Wunder registriert. Bevor eine Heilung als Wunder anerkannt wird, muß der Krankheitsverlauf einer kritischen Prüfung durch ein Ärztegremium standhalten. Kommt dieses Gremium zu einem positiven Ergebnis, dann überprüft einige Jahre später ein international zusammengesetztes Gremium aus elf Ärzten sämtliche Befunde ein zweites Mal. Erst wenn auch diese Ärzte der Überzeugung sind, daß es sich um eine Spontanheilung handelt, darf diese offiziell als Wunder bezeichnet werden.

Eine derartige Spontanremission kann sich auch nach einem Besuch des Wallfahrtsortes vollziehen, wie 1973 Fernanda Mazzetti an sich selbst erfahren durfte. Wenige Tage nach ihrer Rückkehr aus Lourdes in das Sanatorium nahm sie an der Heilgen Messe teil. Gänzlich unerwartet durchdrang auf einmal ein eigenartiges Wärmegefühl ihren Körper, besonders ihre Beine. Gleichzeitig erwachte in ihr der Wunsch, den Rollstuhl aus eigener Kraft zu verlassen. Als sie es versuchte, gelang ihr das, was sämtliche Ärzte für unmöglich hielten: sie begann ganz langsam wieder zu laufen. Und das, obwohl eine Tuberkuloseerkrankung bereits Jahre vorher wichtige Nervenbahnen unterbrochen hatte.

Auf welche Weise die heilenden Kräfte jene als irreparabel geltenden Nervenschäden wieder beheben oder in anderen Fällen Krebsmetastasen kurzfristig zum völligen Verschwinden bringen, weiß bis heute niemand. Die Voraussetzungen für ein Wirksamwerden jener ungewöhnlich starken Heilungsenergie können wir allerdings ahnen: Es ist der unerschütterliche Gottesglaube der Kranken, ihr unbegrenztes Vertrauen in die Möglichkeiten göttlicher Hilfe und das Gebet.

Der Nobelpreisträger Alexis Carell vermutete, daß bei Wunderheilungen gerade dem Gebet eine besondere Bedeutung zukommt: „ Was das Wunder vor allem charakterisiert, ist eine ungeheure Beschleunigung der organischen Heilvorgänge: Anatomische Schäden vernarben zweifellos in viel kürzerer Zeit, als man es normalerweise gewöhnt ist. Die einzige unerläßliche Voraussetzung des Geschehens ist das Gebet.“

Die erstaunliche Kraft der Selbstheilung

In Milwaukee (Wisconsin) bot Reverend Latham Wright der an schwerer Arthritis erkrankten ehemaligen Geigerin Sophia Q. seine Hilfe an. Mit Gottes Unterstützung wollte er versuchen, durch Salben ihrer Stirn und Handauflegen ihre Leiden zu lindern. Wie aus ihrem Dankschreiben an Wright hervorgeht , erfuhr sie durch seine Behandlung nicht nur eine Verringerung der Beschwerden, sondern sogr eine vollständige

Heilung: „ Wenn ich mein Gefühl beschreiben kann, nachdem Sie Ihre Hand auf meinen Kopf gelegt hatten, ist es nur deshalb, weil Sie es durch Gott den Allmächtigen taten. Von meinem Kopf bis zu meinen Zehen fühlte ich einen vollständigen Strom oder eine Katharsis, ein Auswaschen der >zappeligen< Gefühle, die ich besonders in den letzten Monaten gehabt hatte. Die Sohlen meiner Füße fühlten sich warm und >prickelig< an; dann folgte eine vollständige Ruhe und Stille, wie ich sie in meinem ganzen Leben nicht empfunden habe. Bisher ist dieses Gefühl in mir erhalten geblieben.

Sie nahmen auch meine verkrüppelten Hände in die Ihren - besonders meine linke, die ich für meine Fingerarbeit beim Geigenspiel brauche. Nachdem Sie meine Hände gehalten hatten, ging die Schwellung augenblicklich zurück, und so ist es auch geblieben. Meine Hand arbeitet so wie vor zwanzig Jahren. Ich spiele Tonleitern und Kompositionen, die ich zum letzten Mal gespielt habe, als meine Hände noch in guter Verfassung waren. Ich konnte seit vielen, vielen Jahren nicht mehr so arbeiten. Meine Finger fühlen sich frei und gewandt, und das Spielen fällt mir leicht. Ich kann einfach nicht fassen, daß mir das geschehen ist. Ich bete zu Gott und bin so dankbar für seinen Segen, der mir durch Sie zuteil wurde."

Es war Sophias Glaube, der in ihrem Körper ungeahnte Selbstheilungskräfte entstehen ließ. Diese waren so intensiv, daß sich sämtliche Verkrampfungen in der Handmuskulatur spontan lösten und in der Folge die schmerzhaften Entzündungsprozesse abklangen. In ihrem Falle hatte der Glaube zwar keine Berge versetzt aber ein medizinisches „Wunder" vollbracht.

Nicht immer vollziehen sich Selbstheilungsvorgänge so spontan, doch ist das Heilungspotential, das unser Bewußtsein besitzt, nicht hoch genug einzuschätzen. Bereits einfache Alltagserfahrungen lassen die ausgeprägten Wechselwirkungen zwischen unserer Psyche und unserem Körper erkennen. Wer von uns hat nicht schon gelegentlich intensive Angst empfunden, sei es um einen Angehörigen oder in einer bedrohlichen Situation. Je länger diese Ängstigungen anhielten, desto deutlicher machten sich körperliche Beschwerden bemerkbar. Bei dem einen sind es zunehmende Schmerzen in der Schulter, in den Gelenken oder im Magen. Bei einem anderen ist das Gedärm betroffen. Kaum hat jedoch diese extreme Streßsituation ein glückliches Ende gefunden, sind sämtliche körperlichen Beschwerden wie weggeblasen.

Oder aber: Wir sind depressiv gestimmt. Wir fühlen uns müde und abgespannt. Diese oder jene Stelle unseres Körpers bereitet uns Schmerzen. Zu allem Überdruß ist das Wetter auch noch miserabel. Kurzum, wir fühlen uns krank und leidend. In dieser Situation erhalten wir völlig unerwartet eine sehr erfreuliche Nachricht. Augenblicklich sind alle Beschwernisse vergessen. Wir sind wohlgestimmt und verspüren neuen Tatendrang.

Bleiben positive Erlebnisse längere Zeit aus, und hält die Streßbelastung über größere Zeiträume hinweg an, dann nehmen die Verspannungen in unserer Muskulatur zu. Anhaltende Schmerzen sind die unausbleibliche Folge. Der nächste Schritt besteht in einer Schwächung unseres Immunsystems. Schließlich kommt es, leider in nicht wenigen Fällen, zu einer Erkrankung des Körpers. Oftmals mündet diese in einem Magengeschwür oder in Kreislauferkrankungen, angefangen bei Bluthochdruck bis zum Herzinfarkt, oder in der Bildung eines Tumors.

Haben wir diese Zusammenhänge erkannt und suchen nach Wegen unserem Körper aus eigener Kraft zu helfen, dann sollten wir mit einem Lösen der inneren Spannungen und Verkrampfungen beginnen. Hier stehen uns zahlreiche bewährte Methoden zur Verfügung: Autogenes Training, Yoga, Zen, Reiki, Kum Nye, um nur einige zu nennen. Welche Entspannungs- oder Meditationstechnik sich als besonders erfolgreich erweist, dürfte zum einen von der Art der Beschwerden, zum anderen auch von persönlichen Wesenseigenschaften abhängen. Besonders wirksam, vor allem bei Schmerzzuständen sind Verfahren, die die Atmung mit einbeziehen. Zu diesen gehört Zilgrei, eine Methode, die nach ihren Begründern Adriano Zillo und Hans Greissing benannt wur-

de. Bei ihr führt die Kombination bestimmter Körperhaltungen mit einer speziellen Atemtherapie zu einer Schmerzbeseitigung im Bewegungsapparat. In ihrem Buch: „Neue Hoffnung: Zilgrei" geben die beiden Therapeuten eine genaue Anleitung zur Selbstbehandlung.
Eine wertvolle Ergänzung zur körperlichen Entspannung können Massagen sein. So verbergen sich hinter starken Gelenkschmerzen nicht selten extreme Muskelverspannungen. Diese können soweit fortgeschritten sein, daß die Muskulatur völlig verhärtete Stellen aufweist. In diesen Muskelbereichen sind die Faszien, das heißt die Muskelhäute, regelrecht miteinander verklebt. Hier vermag eine gezielte, punktförmig angreifende Massage oft wahre Wunder zu wirken.

Schließlich vermögen auch pflanzliche Wirkstoffe einen spürbaren Beitrag zur Körperentspannung zu leisten, vor allem beruhigende und krampflösende Inhaltsstoffe. Ich selbst habe bei akuten, meist streßbedingten Magenbeschwerden die wohltuende Wirkung von Heilpflanzen kennengelernt. Mehrmals täglich eine Tasse Kamillentee, vermischt mit Tausendgüldenkraut oder Wermut oder Fenchel erwiesen sich als ein sicheres Rezept. Manchmal brachte bereits die erste Tasse die Beschwerden zum Verschwinden: Die Magennerven beruhigten sich, und der gesamte Körper begann, sich zu entspannen. Nicht zuletzt, weil das Bewußtsein schon diese Wirkung kannte und erwartete.

Doch nicht nur Verkrampfungen und Schmerzzustände kann unser Bewußtsein positiv beeinflussen. Seitdem vor rund drei Jahrzehnten sich eine neue Forschungsrichtung zu entwickeln begann, wurde es immer offensichtlicher, daß es kaum eine Erkrankung gibt, auf die unser Geist nicht einzuwirken vermag.

Zahlreiche Körperfunktionen werden unabhängig von unserem Willen durch das Vegetative Nervensystem gesteuert. Sie laufen gewissermaßen automatisch ab. Yogis lenkten immer wieder die Aufmerksamkeit auf sich, da sie offensichtlich in der Lage waren, derartige Funktionen, wie etwa den Herzschlag, mit ihrem Willen zu regulieren. Diese Kontrolle von Körperfunktionen durch unser Bewußtsein wird als

Biofeedback bezeichnet. Wie zahlreiche Experimente ergaben, kann jeder von uns bei entsprechendem Training die Fähigkeit entwickeln, Pulsfrequenz, Hauttemperatur, die Tätigkeit der Schweißdrüsen oder andere Körperfunktionen willentlich zu beeinflussen. Auf die Bedeutung dieser Ergebnisse macht die Ärztin Barbara Brown aufmerksam: „ Wenn die in der Forschung tätigen Mediziner heute das Herz - oder die Gefühle des Herzens - darin unterweisen können, einen pathologischen Zustand rückgängig zu machen, dann müssen auch die praktizierenden Mediziner lernen, daß die Wechselbeziehung zwischen Leib und Seele mächtiger ist, als man bis jetzt angenommen hat. „

Ausgehend von jenen Erfahrungen entwickelten einige Ärzte und Psychotherapeuten eine Visualisierungstechnik, die Patienten in die Lage versetzt, ihre Abwehrkräfte zu mobilisieren. Auf dem Wege über ihre Vorstellungskraft schaffen sie es, selbst in medizinisch hoffnungslosen Fällen, Krankheitsherde in ihrem Körper zum Verschwinden zu bringen. Besonders vielversprechend ist die von dem Onkologen Carl Simonton und der Psychologin Stephanie Simonton entwickelte Methode zur Krebsbehandlung.

Äußerst beeindruckend war bereits der Behandlungserfolg bei ihrem ersten Patienten im Jahre 1971. Dieser litt an weit fortgeschrittenem Kehlkopfkrebs. Sein Körpergewicht betrug nur noch 49 Kilogramm. Er konnte kaum noch schlucken und hatte Atembeschwerden. Carl Simonton gelang es, den Mann von der Bedeutung der Visualisierungsübungen für seine Genesung zu überzeugen. Da gleichzeitig eine Strahlenbehandlung erfolgte, sollte der Patient auch diese durch Visualisierungen unterstützen. Seine Aufgabe war es, sich die Körperzellen vorzustellen, wie sie von Millionen winziger Energiekügelchen beschossen würden, wobei die gesunden Zellen den Beschuß unbeschadet überstehen, während die Krebszellen absterben müssen.

Der Erfolg war verblüffend. Auf den Schleimhäuten zeigten sich kaum Bestrahlungsschäden. Nach der Hälfte der Behandlungsdauer vermochte der Mann wieder die Nahrung zu schlucken. Er zeigte eine rasche Gewichtszunahme, und nach zwei Monaten waren keine Krebssymptome mehr erkennbar.

Der Patient war von der Wirksamkeit seiner Visualisierungsübungen so begeistert, daß er nach seiner Genesung daranging, mit den gleichen Methoden die Arthritis, unter der er seit Jahren litt, zu behandeln. „ Er stellte sich bildlich vor, wie die weißen Blutkörperchen über die Gelenke seiner Arme und Beine glitten und alle Ablagerungen mit sich forttrugen, bis die Gelenkoberflächen wieder glatt und glänzend waren." Allmählich verschwanden auch diese Krankheitssymptome trotz gelegentlicher Rückfälle so weit, daß er wieder sein Hobby, das Fischen in kalten Gewässern, ausüben konnte.

Ebenso wie Lawrence Le Shan und andere Forscher erkannten die Simontons sehr rasch die Bedeutung des Lebenswillen für eine Genesung. Bei Krebspatienten, denen die Diagnose als tödlicher Schicksalsschlag erschien, verschlechterte sich der Zustand zusehens, selbst wenn ihnen von den Ärzten noch viele Lebensjahre prophezeit wurden. Sie starben in der Regel wesentlich früher als erwartet. Ganz anders dagegen war der Verlauf bei Patienten, die entschlossen waren, den Kampf mit der Krankheit aufzunehmen, oder die nicht sterben wollten, da Familienangehörige auf ihr Weiterleben angewiesen waren. In diesen Fällen zeigten die Behandlungen oft erstaunliche Erfolge. Selbst wenn ihr Körper bereits von Metastasen durchsetzt war, bildeten sich diese vollständig zurück. Die Patienten genasen nicht nur, sondern erfreuten sich noch nach vielen Jahren einer guten Gesundheit.

Die Simonton-Methode der Krebsbehandlung besteht aus einem umfangreichen Visualisierungsprogramm, ergänzt durch regelmäßige Entspannungsübungen. Dreimal täglich werden zehn bis fünfzehn Minuten für die Übungen angesetzt. Kernstück der Visualisierung ist die bildliche Vorstellung, wie die Krebszellen zerstört werden: „ Stelle dir bildlich vor, wie sich deine weißen Blutkörperchen in jene Körperzone begeben,wo sich Krebs gebildet hat, wie sie die anomalen Zellen zerstören - ein riesiges Heer von weißen Blutkörperchen. Sie sind sehr

stark und angriffslustig, lebhaft und gewandt. Die Krebszellen können nichts gegen sie ausrichten. Die weißen Blutkörperchen gewinnen die Schlacht.
Stelle dir bildlich vor, wie der Krebs schrumpft. Sieh es vor dir, wie die abgestorbenen Zellen von den weißen Blutkörperchen fortgetragen und durch Leber und Nieren mit dem Urin und dem Stuhl aus dem Körper gespült werden.

Leidest du an irgendwelchen Schmerzen, dann stelle dir vor, wie das Heer der weißen Blutkörperchen an jene Stelle strömt und den Schmerz besänftigt. Welches Problem dir auch zusetzen mag, erteile deinem Körper den Befehl, sich selbst zu heilen. Stelle es dir bildlich vor, wie dein Körper gesund wird."

In ihrem Buch „ Wieder gesund werden „ geben die beiden Therapeuten genaue Anleitungen für eine Selbstbehandlung. Gleichzeitig zeigen sie, daß sich die Visualisierungstechnik auch zur Heilung anderer Erkrankungen eignet, beispielsweise hohem Blutdruck, Arthritis oder Magengeschwüren: „ Wenn Sie zum Beispiel an einem Magengeschwür leiden, können Sie sich die Erkrankung als eine kraterförmige offene Wunde an der Innenwand Ihres Magens oder Darms vorstellen. Die Therapie können Sie als ein die ganze Stelle bedeckendes Heilmittel visualisieren, das die überschüssige Säure neutralisiert und das Geschwür besänftigt. Nun stellen Sie sich vor, wie normale Zellen eindringen, sich verdoppeln und sich immer wieder teilen und die offene Wunde schließen. Stellen Sie sich vor, daß die weißen Blutkörperchen die Fläche von allen Überresten der Wunde säubern, so daß die Magenwände wieder rosa und gesund aussehen. Daraufhin stellen Sie sich vor, wie Sie wieder frei von Schmerzen und gesund sind und den Lebensstreß bewältigen können, ohne neue Symptome auftreten zu lassen."

Schließlich sollten wir zwei wichtige Komponenten eines erfolgreichen Selbstheilungsprozesses nicht vergessen: das Gebet und das Gespräch. Unzählige Menschen, darunter auch viele Schwerkranke, haben schon die Kraft des Gebets persönlich erfahren. Je stärker dabei der

Glauben und je freier von Zweifeln die Bitte ist, desto größer ist auch die Aussicht , Trost und Kraft zu erlangen. Die Wirkungen des Glaubens gehören zu den größten Rätseln des Geistes. Eines erscheint allerdings sicher: Der überzeugt Glaubende steht mit einer übermächtigen geistigen Dimension in Verbindung, aus der ihm ungeahnte Kräfte zufließen können.

Viele Menschen fühlen sich heute mit ihren Krankheiten und inneren Nöten allein gelassen und einsam. Für sie sind daher anteilnehmende Gespräche von größter Bedeutung. Manchmal kann bereits ein mitfühlendes Zuhören hilfreich sein. Wenn sich der Kranke mit seinen Problemen einem anderen Menschen anvertrauen kann, vermag ihm aus der inneren Zuwendung des Gesprächspartners neue Kraft und Hoffnung zu erwachsen. Im Gespräch sollten wir immer wieder versuchen, den Erkrankten in seinen Genesungshoffnungen zu bestärken. Denn nichts ist hinderlicher für ein Wirksamwerden der Selbstheilungskräfte, als Zweifel oder gar Resignation. Selbst in einem hoffnungslos erscheinenden Krankheitsstadium sollten wir alles daran setzen, den Lebenswillen des Betroffenen zu stärken. Beispielsweise indem wir ihm in liebevoller Zuwendung zeigen, daß es Menschen gibt, denen er sehr viel bedeutet und die seine Gegenwart benötigen.

Eine neue Sicht der Krankheit

In der Betrachtungsweise von Erkrankungen und ihrer erfolgreichen Behandlung hat sich in den letzten Jahren ein deutlicher Wandel angebahnt. Ein neues Paradigma ist im Entstehen. Es sieht den Menschen nicht mehr als eine lebende Maschine, sondern als komplexes Wesen aus Körper, Seele und Geist, mit ausgeprägten sozialen Bezügen. „ Die Krankheit wird“ , wie es Frauke Teegen formuliert, als Prozeß gesehen, als Antwort auf Lebenserfahrungen. Behandelt wird der gesamte Mensch. Es wird nach Mustern und Zusammenhängen zwischen Symptomen und Lebensproblemen gesucht. Der Helfende ist Lehrer und

Gefährte im Heilungsprozeß - jemand, mit dem man kooperiert und unter dessen Anleitung man lernt. Seine Fürsorge und Wertschätzung ist bedeutsam für die Heilung.“ Die entscheidende Frage für F. Teegen und viele ganzheitlich denkende Mediziner lautet: „ Wie kann man die Person wieder an ihre < Kraftquellen > anschließen, so daß sie sich selber helfen und die Qualität ihres Lebens verbessern kann? „

Bei Erkrankungen handelt es sich, soweit sie nicht genetische Ursachen haben, um die Störung eines Gleichgewichtszustandes. Daher lassen sich mit Medikamenten oder apparativen Maßnahmen Krankheitssymptome lediglich beeinflussen. Eine echte Heilung läßt sich auf diesem Wege nicht erreichen. Denn eine Wiederherstellung des inneren Gleichgewichts - und hierin besteht die wirkliche Genesung - ist ein geistiger Prozeß. Das heißt aber letztlich: Heilen kann nur der Geist.

Kapitel 24
Wie frei ist unser Wille ?

Seit Jahrhunderten setzten sich bedeutende Philosophen wie Immanuel Kant, Arthur Schopenhauer oder in neuerer Zeit Nicolai Hartmann mit dem Problem der menschlichen Willensfreiheit auseinander.

Die verschiedenen Gesellschaften und Kulturen versuchen durch Gesetze einen sittlichen Rahmen für die Willens- und Handlungsfreiheit des einzelnen zu schaffen. Denn der Mensch ist bei seinem Handeln zweifelsohne in der Lage, seinem Gewissen und allgemeinen Sittengesetzen zu folgen. Allerdings können auch kausale Gegebenheiten sein Tun beeinflussen, beispielsweise erbbedingte Anlagen. So wird etwa ein Triebtäter trotz ihm bekannter sittlicher Normen, sogar nach bereits erfolgten Strafen, immer wieder rückfällig werden, da sein Trieb zu töten oder sein krankhafte Sexualtrieb eine unwiderstehliche Macht über sein Bewußtsein erlangt.

Die großen Weltreligionen, mit Ausnahme des Islam, bejahen hinsichtlich des Glaubens eine freie Willensentscheidung: Der Mensch hat die Möglichkeit, mit seiner Seele Gott zu suchen und Gottes Liebe zu empfangen.

Aus der Tatsache, daß es immer wieder einzelne Menschen gibt, die zukünftige Ereignisse voraussehen können, wurde früher oftmals der Schluß gezogen, daß die Zukunft bereits feststeht und der Mensch daher keine Entscheidungsfreiheit besitzen könne. Doch wie wir bereits im 21. Kapitel sahen, gibt es heute für diese Präkognition Erklärungsmöglichkeiten, die keine Einschränkung der Willensfreiheit zur Folge haben.

So spricht vieles zunächst einmal dafür, daß unser Bewußtsein freie Entscheidungen zu treffen vermag. Der Mensch ist demnach kein willenloser Spielball höherer Mächte, sondern ist für seine Handlungen durchaus verantwortlich.

Sind Schicksalsschläge Zufall oder Fügung ?

Diese Frage stellen nicht nur Theologen und große Denker, sondern vor allem die Betroffenen selbst. Wären harte Eingriffe in das Leben sowie sämtlichen anderen Ereignisse zufallsbedingt, dann nähme Gott in letzter Konsequenz die Rolle eines unbeteiligten Zuschauers ein, der seine Schöpfung geplant und in Gang gesetzt hat und diese anschließend sich selbst überläßt. Wie wir aber bereits im zweiten Teil diese Buches sahen, ist es eines der Wesenszüge des Schöpfers, daß er die Evolution des Lebens aktiv lenkt.

Natürlich gibt es Ereignisse, bei denen der Zufall eine wesentliche Rolle spielt. Beispielsweise bei Naturkatastrophen wie Erdbeben oder Vulkanausbrüchen. Was Kriege anbelangt, ist die Beurteilung schon schwieriger. Ausgelöst werden sie jedenfalls nicht durch Zufälle, sondern durch Menschen, und die stetige Vervollkommnung der Vernichtungstechnik ist mit Bestimmtheit keiner höheren Macht anzulasten. Warum der in der Schöpfung wirkende Gott sie dann nicht verhindert? Und auch das unermeßliche Leid, das so viele einzelne in ihrem irdischen Dasein trifft?

In ihrer Verzweiflung haben Menschen immer wieder die Frage nach einem Sinn des Leidens gestellt. Gelegentlich wurde Leiden als Strafe für Verfehlungen in diesem oder einen früheren Leben angesehen. Doch dürfte ein derartiges Verhalten schwerlich mit einem Gott der Liebe in Einklang zu bringen sein. Eher wäre eine Prüfung als Vorbereitung auf zukünftige Aufgaben in dieser oder einer jenseitigen Welt vorstellbar. Schließlich könnte es sich auch um einen Versuch handeln, den Menschen seiner Bestimmung näher zu bringen.

Das Ziel des Menschen

Religionsgründer, Mystiker und Weise haben im Laufe der letzten Jahrtausende immer aufs neue darauf hingewiesen, daß der Sinn des menschlichen Lebens nicht im körperlichen Wohlergehen und im irdischen Glück liegt. Ziel des Menschen ist es, in seinem Innersten zu Gott hinzustreben und sich seiner Liebe anzuvertrauen. Wenn es ihm dabei gelingt, Gott in seiner überwältigenden Größe zu schauen, dann wird ihm von diesem Augenblick an ein unvergleichliches Glück zuteil. Die Stärke dieses Gefühls beschreibt Johann van Ruysbroek mit den Worten: „Trost, Freude und Friede, Schönheit und Reichtum und alles, was einen erfreuen kann, wird der erleuchteten Vernunft in Gott gezeigt, maßlos und in geistigen Bildern." Daß derartige beglückende Gotteserlebnisse keine seltenen Ausnahmeerscheinungen sind, davon war Mahatma Gandhi überzeugt: „Ich glaube daran, daß jeder Mensch jenen gesegneten und unbeschreiblichen Zustand erlangen kann, in der er die Gegenwart Gottes in sich fühlt und sonst nichts."

Wer Gottes Liebe und Einzigartigkeit erkannt hat, weiß auch um die Notwendigkeit der Nächstenliebe. Ihm wird so wie Sri Ramakrischna bewußt: „Die Nächstenliebe aber umfaßt alle Wesen und beruht auf der Erkenntnis: Gott wohnt jedem Wesen inne."

Es gab immer wieder Zeiten, in denen diese Nächstenliebe aus tiefem Glauben heraus voller Dankbarkeit von vielen Menschen in beispielhafter Intensität praktiziert wurde. Zum Beispiel wenn neue Religionsgemeinschaften entstanden und noch nicht in Dogmen und kirchlichen Lehrgebäuden erstarrt waren, wie etwa in den ersten Gemeinden des Urchristentums. Heute in unserer materialistich eingestellten Zeit, ganz unter dem Einfluß technischen Denkens stehend, ist vielen Menschen jegliches Glaubensgefühl verloren gegangen. Für einen tätigen Gott haben sie weder Zeit noch Platz. Dabei wäre gerade heute etwas mehr Nächstenliebe so notwendig! Wie ließe sich durch sie das Leiden der einzelnen verringern und die gesamten Lebensverhältnisse auf diesem Planeten positiv verändern.

All denjenigen aber, die der Meinung sind, sie könnten nicht glauben und nicht lieben, sollten die Gedanken Albert Schweitzers eine Mahnung sein: „Wer viel Schönes im Leben erhalten hat, muß entsprechend viel dafür hingeben. Wer von eigenem Leid verschont ist, hat sich berufen zu fühlen, zu helfen, das Leid der anderen zu lindern. Alle müssen wir an der Last von Weh, die auf der Welt liegt, mittragen.

Was du an Gesundheit, an Gaben, an schöner Kindheit, an harmonischen häuslichen Verhältnissen mehr empfangen hast als andere, darfst du nicht als selbstverständlich hinnehmen. Du mußt einen Preis dafür entrichten. Außergewöhnliche Hingabe von Leben an Leben mußt du leisten."

Gibt Gott dem Menschen persönliche Aufträge ?

Obwohl es zahlreiche Argumente zugunsten einer menschlichen Entscheidungsfreiheit gibt, bleibt doch die Frage bestehen, ob und wie weit ein höheres Wesen lenkend und hilfreich in das menschliche Leben eingreift.

Sind nicht der göttliche Auftrag an Moses, die Erleuchtung von Christus und Buddha und vieler als Heilige verehrte Menschen ein direkter Beweis für eine Einflußnahme Gottes?

Zwar handelt es sich in diesen Fällen um Einwirkungen, die die Weiterentwicklung der Menschheit fördern sollen, das heißt um eine Hilfe für die Gesamtheit. Doch könnte es nicht sein, daß jedem von uns Hilfe angeboten wird? Und auch zuteil wird, wenn wir bereit sind, uns bei unserem Tun und Handeln führen und helfen zu lassen? Hat nicht wohl jeder von uns bereits ein- oder mehrmals Lebenserfahrungen gemacht, die in diese Richtung weisen, das heißt einen glücklichen „Zufall" erlebt, für den er dem „Schicksal" dankbar war? Aber was ist eigentlich ein sogenannter Zufall? Oft sind es materialistisch eingestellte Menschen, die etwas Ungewöhnliches als Zufall bezeichnen, da für sie eine transzendente Welt nicht existiert. Würden sie sich der Mühe unterziehen und mehrere Wallfahrtskirchen besuchen, müßten sie eigentlich die dort angebrachten Tausenden von Votivtafeln nachdenklich stimmen. Denn sollte die riesige Zahl von Menschen, die auf diesem Wege ihre Dankbarkeit für eine Hilfe aus der Not zum Ausdruck brachten, allesamt einer Selbsttäuschung zum Opfer gefallen sein? Doch wohl kaum. Allerdings gebe ich zu: es ist wesentlich einfacher, Zweifel anzumelden als zu glauben.

Mir selbst sind jedenfall eine ganze Reihe von Erfahrungen zuteil geworden, die mich in der Überzeugung bestärkt haben, daß uns gelegentlich eine höhere Macht hilfreich zur Seite steht. Ja, daß sie sogar korrigierend eingreift, wenn wir die Absicht haben, Fehler zu begehen, die sich auf unser ganzes Leben ungünstig auswirken könnten. In diesen Fällen wurde die Ausführung der Entschlüsse regelrecht verhindert. Warum? Vielleicht, weil uns Aufgaben zugedacht waren, deren Bewältigung uns sonst nicht möglich gewesen wäre.

Derartige Aufgaben müssen durchaus kein umfassendes Lebenswerk sein, das in der Menschheitsgeschichte Spuren hinterläßt. Oft mögen es nur bescheidene Beiträge sein, die nur für einen sehr begrenzten Kreis von Menschen von Bedeutung sind. Damit eine Erfüllung dieser Augaben gelingen kann, werden offensichtlich mitunter sogar Gefahren abgewendet. Die Zahl entsprechender Beispiele geht inzwischen in die Legionen. So kommt es immer wieder vor, daß jemand einen Zug, ein Flugzeug oder ein Schiff versäumt, um im Nachhinein bestürtzt festzustellen, daß jenes versäumte Transportmittel einem Unglück zum Opfer fiel. Ähnlich verhält es sich im Fall der Claudia H. . Sie verbracht den Sommerurlaub mit ihrer Familie auf einem spanischen Campingplatz. Eine Woche vor Urlaubsende verspürte sie plötzlich das unerklärliche Gefühl, es nicht länger auf dem Platz aushalten zu können. In heftigem Streit mit ihrem Mann, der keinen Grund für eine sofortigen Aufbruch sah, kam es zur Abreise. Wie sich herausstellen sollte, gerade noch rechtzeitig. Wenig später wurden Hunderte Campingplatzbesucher nach einem schweren Unwetter unter einer gewaltigen Schlammlawine begraben.

Zwei weitere Ereignisse aus dem Kreis der eigenen Verwandtschaft möchte ich hier noch erwähnen. Beide fanden am Ende des 2. Weltkriegs statt.

Auf dem Wege in die russische Kriegsgefangenschaft wurde mein Vater zusammen mit einigen anderen Männern von bewaffneten Partisanen aus der langen Marschkolonne herausgegriffen, in ein verlassenes Gehöft verschleppt und dort an die Wand gestellt. In der letzten Sekunde taucht unvermittelt ein russischer Offizier auf und verhinderte die von den Partisanen beabsichtigte Exekution.

In dem zweiten Fall bot eine Militärkolonne einigen Familien die Mitfahrt an, um sie aus der heranrückenden Kampfzone in Sicherheit zubringen. Bis auf eine Familie nahmen alle das Angebot an. Später erfuhren die Zurückgebliebenen, daß infolge eines verheerenden Tiefflieger-Angriffs kaum jemand die Mitfahrt überlebt hatte.

Derartige Geschehnisse als Fälle von Präkognition erklären zu wollen, wäre sicher ein einfacher Lösungsversuch. Doch ist die Realität, die uns umgibt, wirklich so einfach und unkompliziert?

Oftmals verläuft das Leben eines Menschen ganz anders als es seine Lebensplanung vorgesehen hatte. Ein erträumter Berufswunsch oder eine große Liebe ging nicht in Erfüllung. Nicht selten erweist sich dann jedoch der tatsächliche Lebensweg als sinnvoll und gut, mitunter sogar als der bessere. Doch auch wenn er uns zu verschlungen erscheint, wenn wir keinen Sinn zu erkennen vermögen oder mit einer Enttäuschung zu kämpfen haben, sollten wir dem Rat folgen, den uns **Epiktet** bereits vor fast zweitausend Jahren gab: „Verlange nicht, daß alles so geschieht, wie du es wünschest, sondern wolle, daß alles geschieht, wie es geschieht, und du wirst glücklich leben."

Die Wahl eines Berufes, nicht selten mit einem Berufswechsel verbunden, trägt bei so manchen Menschen deutliche Anzeichen einer „Berufung". Viele bedeutende Dichter, Maler oder Komponisten wählten das häufig recht entbehrungsreiche Leben eines Künstlers, um sich ganz ihrem intensiven Schaffen widmen zu können. Sie empfanden ihre künstlerische Arbeit als Auftrag, den es um jeden Preis zu erfüllen galt. Dabei schufen sie in ihrer Genialität Werke, die Millionen von Menschen, manchmal über Jahrhunderte hinweg, Freude und Glück schenkten.

Eigenartig ist in diesem Zusammenhang, daß manches Genie wie Mozart oder Schubert, dem nur eine recht begrenzte Lebenszeit zur Verfügung stand, in dieser Zeit ein ungewöhnlich umfangreiches Lebenswerk zustande brachte. So, als hätte die verkürzte Schaffenszeit schon vorher festgestanden und wäre durch besondere Schaffenskraft kompensiert worden.

Weitere Geschehnisse, die für das hilfreiche Eingreifen einer höheren Macht sprechen, ließen sich hier in beliebiger Zahl aufführen. Stattdessen möchte ich als Abschluß noch drei kleine eigene Erlebnisse erwähnen. Vielleicht sind sie Zufall, möglicherweise aber auch mehr.

Zunächst eine Kindheitserinnerung. Im Alter von zehn Jahren, es war die harte Zeit des 2. Weltkriegs, in der es Lebensmittel nur streng rationiert auf Bezugskarten gab, wurde ich am 24. Dezember zum letzten Einkauf vor den Festtagen losgeschickt. In der Hand ein Einkaufsnetz mit den fünf Lebensmittelkarten der gesamten Familie. Die Straße war abschüssig und es wehte ein kräftiger Wind. Munter trabte ich sie hinunter und schwang dabei das Einkaufsnetz durch die Luft. Als ich schließlich das Geschäft betrat und die Lebensmittelkarten herausnehmen wollte, starrte ich in ein leeres Netz. Ich rannte die Straße zurück, doch so sehr ich auch suchte, nirgends war auch nur eine der lebenswichtigen Karten zu finden. Wer weiß, wohin sie der Wind geblasen hatte. Und falls doch jemand eine von ihnen gefunden haben sollte, war zu befürchten, daß er sie zur Stillung seines eigenen Hungers benutzte. Verzweifelt schlich ich nach Hause, um mein Mißgeschick einzugestehen. Dort angekommen, traute ich meinen Augen nicht, als meine Mutter mir sämtliche fünf Lebensmittelkarten unter die Augen hielt. Ein fremder junger Mann hatte sie entlang der Straße aufgesammelt und als ehrlicher Finder sogleich und ohne Umwege meiner Mutter gebracht.

Bei dem zweiten Geschehnis handelt es sich um die Art und Weise, in der meine eigene Ehe zustande kam. Eine Ehe, die inzwischen fast vierzig Jahre glücklich besteht. Vor rund sieben Jahrzehnten lernte mein

Vater bei seinem Studium in Prag eine Studienkollegin kennen und verehren. Doch dabei sollte es auch bleiben, denn die verehrte Kommilitonin hatte ihr Herz bereits endgültig anderweitig verschenkt. Vierzig Jahre später kam eine Freundin meiner Eltern zu Besuch, begleitet von einer bezaubernden Studentin. Es war ihre Nichte und gleichzeitig die Tochter der ehemals verehrten Studienkollegin meines Vaters. Ihm sollte sie daher vorgestellt werden. Wie es weiterging, läßt sich fast vermuten: Ein halbes Jahr später war ich mit ihr verlobt und nach einem Jahr verheiratet. Zufall oder Bestimmung ?

Das dritte Beispiel mag nicht wesentlich sein. Es betrifft die Entstehung diese Buches. So wie es jetzt vorliegt, war es nicht geplant. Ursprünglich sollte es ein rein biologisches Sachbuch werden. Je länger ich mich jedoch mit der komplexen Materie beschäftigte, desto wichtiger erschienen mir Probleme, mit denen sich vor allem der dritte Buchteil befaßt. Am Anfang zögerte ich noch. Doch dann wurde das Gefühl immer stärker, daß es meine Aufgabe war, das Buch in der vorliegenden Form abzufassen und dabei keiner der mir wesentlich erscheinenden Fragen auszuweichen.

Dazu gehört auch die Frage: Freier Wille oder Bestimmung? Ich glaube, beides trifft zu. Im Rahmen unserer Bestimmung haben wir die Möglichkeit zu eigenen Willensentscheidungen. Dies sollte uns aber keinesfalls zu zögerlichem Handeln oder gar untätigem Abwarten verleiten. Einer Bestimmung können wir nur gerecht werden, wenn wir bemüht sind verantwortungsbewußt zu handeln und bei jeglichem Tun unser Bestes zu geben. So, wie es uns Sri Aurobindo empfiehlt: „Daß Gott alles gewollt und vorausgesehen hat, ist kein Grund für dich, untätig dazusitzen und Seine Vorsehung abzuwarten, denn dein Tätigsein ist eine Seiner wichtigsten Vollzugskräfte. Auf denn und handle, nicht eigensüchtig, sondern als des Umstands Werkzeug und scheinbarer Verursacher des Geschehens, das **Er** vorherbestimmt hat."

Kapitel 25
Das kollektive Bewußtsein der Menschheit

Mit der rapiden Zunahme wissenschaftlicher Erkenntnis wuchs auch die Einsicht in die Fragwürdigkeit bestehender Weltbilder. Vieles, das Jahrhunderte lang als gesicherte Tatsache galt, erwies sich plötzlich als unzutreffend. Auf manchen Gebieten war der Erkenntniswandel derartig revolutionär, daß einzelne Forscher sich zu der Frage veranlaßt sahen: Wie wirklich ist eigentlich die Wirklichkeit?

Im physikalischen Weltbild tauchte der Begriff der Relativität auf. In der Quantenphysik gelangen Entdeckungen, die unser Vorstellungsvermögen völlig überforderten. Beispielsweise das Phänomen, daß ein Elementarteilchen gleichzeitig an zwei verschiedenen Orten erscheinen konnte (siehe Kapitel 1). Oder die Fernwirkung zwischen Bausteinen der Materie, die wie eine Bestätigung der Worte des berühmten Physikers Sir Francis Thompson wirken: „ Alle Dinge durch unsterbliche Kraft, nah oder fern, sind verborgen miteinander verbunden, so daß du keine Blume berühren kannst, ohne einen Stern zu belästigen.“

Doch auch bei der Erforschung der menschlichen Psyche tauchten Probleme auf, die mehr als deutlich die Grenzen unserer gegenwärtigen Erkenntnisfähigkeit aufzeigten. Nachdem es bis heute den Neurologen trotz aller Anstrengungen nicht gelang, das Gedächtnis im Gehirn zu lokalisieren, äußerten namhafte Wissenschaftler die Vermutung, daß der Sitz sowohl des Gedächtnisses als auch des Bewußtseins möglicherweise außerhalb des menschlichen Körpers zu suchen sei (vergleiche Kapitel 4). Eine derartige Annahme wird gestützt durch die Erfahrungen renomierter Biologen und Psychologen wie Rupert Sheldrake oder Carl Gustav Jung. Diese sind überzeugt, daß gemeinsame geistige

Informationsquellen existieren, auf die das Bewußtsein jedes Einzelwesens zurückgreifen kann.

Die Archetypen des C. G. Jung

Seine wissenschaftlichen Forschungen führten C. G. Jung, einen der bedeutendsten Psychologen diese Jahrhunderts, zu der Erkenntnis, daß neben dem persönlichen Unbewußten des einzelnen Menschen noch ein **Kollektives Unbewußtes** vorhanden ist. Dieses entwickelt sich nicht individuell, sondern wird ererbt. Es ist ein psychisches Feld, zu dem das Unterbewußtsein des Menschen Zugang hat. Oder, wie es Friedrich W. Doucet formuliert: „ Wir wissen auch, daß zwischen dem persönlichen Unbewußten und dem sogenannten Kollektiven Unbewußten Kanäle vorhanden sind, über die ein ständiger Informationsaustausch stattfindet. Die Kollektive Unbewußte ist sozusagen die Kollektiv-Seele der Menschheit, ein überpersönliches und überzeitliches seelisches Feld, in dem das Erfahrungswissen der gesamten Menschheit gespeichert ist.“ Die Inhalte des Kollektiven Unbewußten bezeichnet Jung als **Archetypen** .

Erich Neumann, ein Schüler Jungs, vermutet eine dreischichtige Psyche. Die erste Schicht, die **Biopsyche** enthält die Muster für die Gestaltung sämtlicher Lebensformen. Die zweite Schicht ist die **Soziopsyche** . Ihre Muster sind für das Sozial- und Gruppenverhalten der höher entwickelten Lebewesen verantwortlich. Aus der äußersten Schicht schließlich, der **Kollektiv-Psyche** , lösen sich die Einzelseelen der Menschen heraus. Diese bleiben aber auf dem Wege über jene Kollektivschicht weiterhin untereinander in Verbindung.

Die Bewußtseinsforschung der letzten Jahrzehnte lieferte nicht nur eine Bestätigung für ein kollektives Bewußtsein, sie zeigte darüber hinaus, daß dieses nicht im Gehirn der Einzelwesen zu suchen ist, sondern in einer bislang nicht identifizierten Dimension des geistigen Universums.

Beweise für ein kollektives Gedächtnis

Auf einem ganz anderen Weg nähert sich der englische Biologe Rupert Sheldrake dem Problem des kollektiven Bewußtseins. Wie wir bereits im 4. Kapitel sahen, geht er von der Existenz formbildender Felder aus. Diese Felder sorgen dafür, daß jede Art, ganz gleich ob Tier oder Pflanze, über Generationen hinweg die gleiche Gestalt erhält. Gleichzeitig besitzt jedes dieser Felder ein kollektives Gedächtnis, in dem sämtliche arteigenen Erfahrungen gespeichert sind. Entwickeln einzelne Exemplare einer Art neue Fähigkeiten, so werden diese in dem kollektiven Gedächtnis aufgenommen und stehen fortan sämtlichen Angehörigen jener Art zur Verfügung.

Ganz wesentlich an dieser neuen Theorie ist ihr gute Überprüfbarkeit. Sheldrake selbst hat eine ganze Reihe experimenteller Vorschläge unterbreitet, wie eine Nachprüfung erfolgen könnte. Einige davon wurden bereits in die Praxis umgesetzt. Mit dem Ergebnis: Alle bisherigen Versuchsresultate sprechen für ein kollektives Gedächtnis der Arten, insbesonders auch des Menschen.

Wird der von Sheldrake vorgeschlagene Weg von der Forschung weiterverfogt, dürfen wir eines Tages vielleicht wesentliche Erkenntnisse über die Beschaffenheit und Arbeitsweise des Bewußtseins erwarten.

Suchen wir nach weiteren Indizien für ein Kollektives Bewußtsein, sollten wir die **Intuition** nicht vergessen. In der Regel wird diese als das Ergebnis zahlreicher Denkprozesse aufgefaßt, die auf unbewußter Ebene ablaufen. Das Endergebnis, das uns anschließend bewußt wird, ist ein plötzlicher Einfall, nicht selten eine geniale Idee. Eine derartige Erklärung mag in vielen Fällen zutreffend sein. Sogar im Bereich der Musik, zumindest dann, wenn die Kompositionen auf traditionellen Musikelementen aufbauen. Wenn aber dem schöpferischen Genius eines Komponisten einzigartige Melodien entströmen, ohne daß dieser deren Ursprung anzugeben vermag, ist dann nicht die Annahme berechtigt, daß hier Bewußtseinsbereiche beteiligt waren, die außerhalb des persönlichen Bewußtseins liegen?

Ähnlich verhält es sich mit den Eingebungen, die berühmte Wissenschaftler im Traum erlangten. Beispielsweise der Chemiker August Kekule, der lange Zeit vergeblich die Struktur des Benzols zu ergründen suchte. Bis er eines Nachts intensiv von einem Ring träumte und dann am nächsten Tag in Erinnerung jenes Traumes eine ringförmige Anordnung der Kohlenstoffatome als richtige Lösung des Problems herausfand. Hier können sicher nicht Denkvorgänge des Unterbewußtseins verantwortlich gemacht werden, kannten doch bis dahin die Chemiker nur langgestreckte kettenförmige Kohlenstoffverbindungen. Eine ringförmige Molekülstruktur war etwas völlig Neues, bis zu diesem Zeitpunkt Undenkbares.

Ebenso ist bei manchen Fällen der **Reinkarnation** ein Zugriff auf das kollektive Bewußtsein zu vermuten. So äußert beispielsweise bei einer Rückversetzung unter Hypnose in ein früheres Leben die Versuchsperson, sie habe als Bridey Murphy von 1798 bis 1864 in Irland gelebt. Gleichzeitig macht sie derart detailreiche Angaben über ihr früheres Leben in Belfast, daß der Hypnotiseur beschließt, Nachforschungen anzustellen. Und tatsächlich wird er fündig: Die beiden Lebensmittelgeschäfte Farr und John Carrigan, in denen die Versuchsperson angeblich immer eingekauft hatte, sind in einem Branchenverzeichnis von 1865/66 registriert. Da weder der Versuchsleiter noch die Versuchsperson jemals irischen Boden betreten hatten, könnte man zunächst an Telepathie denken. Nur, wie sollte das Bewußtsein der Testperson ein hundert Jahre altes Branchenverzeichnis auf telepathischem Wege ausfindig machen, von dessen Existenz es beim besten Willen nichts ahnen konnte? Sollten derart präzise Informationen über das Leben in früheren Jahrhunderten nicht eher in einem kollektiven Gedächtnis enthalten sein?

Ähnlich dürfte ein Ereignis aus dem Jahr 1986 zu werten sein: In einem Eingeborenendorf Südafrikas wird das sechzehnjährige Mädchen

Morongua ganz unvermittelt bewußtlos. Als es einige Stunden später wieder zu sich kommt, versteht es seine Muttersprache Tswana nicht mehr. Dafür spricht es fließend Englisch, akzentfreies Hochenglisch. Eingehende Untersuchungen durch Wissenschaftler der Universität Bophuthataswana schließen jegliche Täuschung aus. Es handelt sich offensichtlich um einen der gar nicht so seltenen Fälle von Persönlichkeitswechsel, für die es bislang keine wissenschaftliche Erklärung gibt. Besonders drängt sich hier die Frage auf: Wie kommen die umfangreichen spontanen Sprachkenntnisse zustande? Die Annahme einer telepathischen Verbindung mit dem Sprachgedächtnis einer gebildeten Engländerin dürfte nicht sehr überzeugend wirken. Geschehnisse wie dieses führen uns eindringlich vor Augen, wie wenig wir bisher über die Welt des Geistes wissen. Könnte es sein, daß das persönliche Gedächtnis des einzelnen und das kollektive Gedächtnis in ein und derselben Dimension des geistigen Universums verankert sind? Und daß es dabei gelegentlich zu ungewöhnlichen Verknüpfungen oder Überschneidungen kommt?

Was geschieht an der Schwelle des Todes ?

Der Arzt Dr. Raymond A. Moody veröffentlichte als erster im Jahr 1975 eine Auswertung der Erfahrungen von 150 Menschen, die bereits klinisch tot waren, aber anschließend reanimiert werden konnten. Inzwischen haben andere Sterbensforscher wie Kenneth Ring oder Kübler - Ross viele zusätzliche Erlebnisberichte gesammelt und untersucht. Das auffallendste Ergebnis war die große Ähnlichkeit der Erlebnisse an der Schwelle zum Jenseits.

Der Ablauf der Todeserfahrungen erfolgte stets in mehreren Phasen : Am Beginn steht oftmals die Mitteilung des erlittenen Todes. Danach stellt sich ein Gefühl der Ruhe und des Friedens ein: „ Auf einmal erfüllten mich die denkbar wohltuendsten Gefühle. Nichts auf der Welt existierte mehr, es gab nur noch Frieden, Wohlbehagen, Harmonie -

vollkommene Ruhe.“ Sehr häufig führt dann der Weg durch ein dunkles Tunnel, oder auch eine Röhre, einen Zylinder oder ein dunkles Tal: „Auf einmal befand ich mich in einem sehr dunklen und sehr tiefen Tal. Es war, als ob ein Weg, fast eine Straße, durch das Tal führte, und ich ging auf diesem Weg.“ Fast immer besteht eine der nächsten Erfahrungen in einem Herausschweben aus dem eigenen Körper. Vor allem Unfallopfer berichten, daß sie über der Unfallstelle oder dem Operationstisch schwebten und beobachten konnten, wie die Ärzte und Helfer ihren Körper medizinisch versorgten. Später erscheinen in vielen Fällen bekannte,bereits früher verstorbene Menschen, manchmal auch Lichtgestalten, in der Absicht, den soeben „Verstorbenen“ ins Jenseits zu geleiten.

Eine der nachhaltigsten Erfahrungen besteht in der Wahrnehmung eines strahlend weißen Lichtes. Die Annäherung an dieses Licht geschieht gelegentlich mit hoher Geschwindigkeit. Die Eindrücke, die anschließend folgen, faßt Kübler - Ross so zusammen: „Und je näher Sie sich auf dieses Licht zubewegen, desto mehr werden Sie total gefüllt mit der größten, unbeschreiblichsten bedingungslosen Liebe, die Sie sich überhaupt nicht vorstellen können. Es gibt gar keine Worte dafür.“ Bei einem noch weiteren Eindringen in das Todeserlebnis ist nicht selten herrliche Musik zu hören. Eine paradiesische Umgebung wird wahrgenommen und angesichts des unbeschreiblichen Lichts entsteht die Sehnsucht, für immer in ihm zu verweilen. Am Ende ihrer Erfahrungen gelangen die „Toten“ häufig an eine Grenze, von der sie ins Leben zurückgeschickt werden.

Nachdem Moodys Buch „Leben nach dem Tod“ erschienen war, stellte der Parapsychologe Prof. Milan Ryzl zu seiner Überraschung fest, daß er auf ganz andere Weise sehr ähnliche Erlebnisberichte erhalten hatte. Bereits etliche Jahre vorher wählte Ryzl mehrere Versuchspersonen aus, die über sehr gute ASW-Fähigkeiten verfügten. Sie erhielten von ihm unter Hypnose den Auftrag, durch Hellsehen möglichst genaue Einzelheiten über den Todesablauf in Erfahrung zu bringen. Dabei zeigte der nachträgliche Vergleich mit Moodys Daten eine erstaunliche Übereinstimmung in zahlreichen Details.

Nicht minder überrascht war ich selbst, als mir beim Lesen der Berichte von Moody und Kübler - Ross meine künstlerischen Ambitionen während der Studentenzeit einfielen. Damals, rund zwanzig Jahre vor jenen Berichten, hatte ich zahlreiche Bilder gemalt. Meist waren es Empfindungen oder Gedanken, die ich mit Formen und Farben darzustellen versuchte. Dabei entstand auch eine dreiteilige Bilderserie, die das Sterben zum Inhalt hatte.

In dem ersten Bild mit dem Titel „Im Tode" wanderte die Seele durch eine nachtschwarze Tallandschaft. Das nächste Bild „Auf dem Wege zur Ewigkeit" zeigt, daß der Weg der Seele zu einem hellen Licht hinführt. Im dritten Bild schließlich „Eingehen in die Ewigkeit" hat die Seele das strahlend weiße Licht erreicht.

Ist diese dreifache Übereinstimmung nicht eigenartig? Zwischen den Erlebnissen von Menschen, die bereits klinisch tot sind , und den Todeserfahrungen, die ASW-begabte Versuchspersonen in Hellseh-Experimenten erlangten. Und schließlich dem künstlerischen Versuch, jene unbekannte Grenzüberschreitung zu visualisieren. Wobei in keinem der drei Fälle Kenntnis von den anderen Erfahrungen bestand.

Die Voraussetzung für das künstlerische Erlebnis war eine innere Versenkung, für die ASW-Erfahrungen ein Trancezustand und bei den Sterberfahrungen der klinische Tod. Ein Körperzustand, bei dem zwar der Herzstillstand eingetreten ist, das Gehirn jedoch seine Funktionen noch nicht eingestellt hat. Das heißt, sämtliche Erfahrungen werden von Lebenden gemacht. In keinem Fall liegt ein Bericht aus einer jenseitigen Welt vor. Die Tatsache, daß sie dennoch in wesentlichen Punkten übereinstimmen, deutet darauf hin, daß es sich um Menschheitserfahrungen handelt, die seit Jahrtausenden immer wieder aufs neue erlebt und in einem kollektiven Gedächtnis gespeichert wurden. Unter den vorliegenden Bedingungen - Todesnähe, Trance, innere Versenkung - erlangt das persönliche Bewußtsein Zugang zu jenem kollektiven Gedächtnisspeicher und bezieht aus diesem seine Informationen.

Kontakt mit einer 5. Dimension ?

Jahrhunderte lang stellten sich die Menschen das Universum als eine unendlich große Kugel vor, angefüllt mit riesigen Sternsystemen, bestehend aus unzähligen Sonnen, Planeten und Monden. Auch heute noch fällt es vielen Menschen nicht leicht, sich von diesem anschaulichen Weltmodell zu trennen, in dem nur die drei Dimensionen des Raumes - Länge, Breite und Höhe - existieren. Denn bei dem heute gültigen Bild eines vierdimensionalen Universums, das als zusätzliche vierte Dimension die Zeit enthält, versagt unser Vorstellungsvermögen. Wie sollen wir dreidimensionalen Wesen uns einen gekrümmten Weltraum vorstellen, der keine Grenzen besitzt und doch nicht unendlich groß ist? Daß wir ihn trotz derartiger Schwierigkeiten als real akzeptieren sollten, vermag uns ein Vergleich zu zeigen.

Denken wir uns ein eindimensionales Wesen, das nur eine einzige Dimension, nämlich die Länge, wahrnehmen kann. Befindet sich dieses Wesen in einem unendlich dünnen, ringförmigen Faden, so kann es sich in diesem beliebig lang fortbewegen, ohne jemals an ein Ende zu gelangen. Da es ja weder Breite noch Höhe kennt, wird es fest überzeugt sein, daß seine kleine Ringwelt unendlich groß sei.
Als nächstes stellen wir uns ein zweidimensionales Wesen vor, das nur Länge und Breite kennt. Dieses soll sich in der Oberfläche einer Kugel aufhalten, also in einer gekrümmten Fläche. Dort kann es sich in jeder beliebigen Richtung bewegen, ohne je an eine Grenze zustoßen. Es wird daher ebenfalls von der unendlichen Größe seiner Welt überzeugt sein. Wir aber, die eine dritte Dimension kennen, nehmen den Raum innerhalb und außerhalb der Kugeloberfläche wahr. Wir wissen, daß die gekrümmte Fläche zwar unbegrenzt aber nicht unendlich groß sein kann.

Wir dreidimensional denkenden Wesen selbst leben nun in einem gekrümmten Raum. Da sich unser an das Gehirn gekoppelte Bewußtsein eine vierte Dimension nicht vorzustellen vermag, fällt es ihm auch schwer, zu akzeptieren, daß der Weltraum nur unbegrenzt aber nicht unendlich groß sein soll.

Im 21. Kapitel erfuhren wir am Beispiel der Präkognition, daß unser Bewußtsein keine Zeitschranken kennt. Diese Tatsache beweist nicht nur, daß unser Bewußtsein dem Gehirn übergeordnet sein muß. Die Fähigkeit, Raum und Zeit beliebig überwinden zu können, zeigt zugleich, daß unser Bewußtsein kein Bestandteil der vierdimensionalen materiellen Welt sein kann. Es muß ebenso wie das kollektive Bewußtsein der Welt des Geistes angehören. Ganz deutlich macht uns Stanislav Grof auf diese Tatsache aufmerksam: „ Die moderne Bewußtseinsforschung enthüllt, daß unsere Psyche keine echten und absoluten Grenzen kennt. Im Gegenteil: Wir sind Teil eines unendlichen Bewußtseinsfeldes, das alles umfaßt - jenseits von Raum-Zeit und in Wirklichkeiten, die wir erst noch erforschen müssen."

Da das kollektive Bewußtsein nicht der physikalischen Raum-Zeit-Welt angehört, kann es auch nicht in dieser seinen Sitz haben. Vermutlich läßt es sich daher überhaupt nicht „lokalisieren" . Es dürfte in einer ganz anderen Dimension zu suchen sein. Dies sah bereits vor mehr als vier Jahrzehnten C. G. Jung : „ Die Psyche funktioniert zeitweilig jenseits des raumzeitlichen Kausalgesetzes. Daraus ergibt sich, daß unsere Vorstellungen von Raum und Zeit und damit auch der Kausalität unvollständig sind. Ein vollständiges Weltbild müßte sozusagen noch um eine andere Dimension erweitert werden." Diese könnte man als 5. Dimension bezeichnen. Allerdings würde eine derartige Festlegung wieder eine Einengung darstellen, hinter der sich der Wunsch nach Anschaulichkeit verbirgt. Wenn sich bereits das physikalische Weltbild als nicht vorstellbar erweist, wie wollen wir uns dann die Dimensionen des geistigen Universums veranschaulichen? Persönliches und kollektives Bewußtsein lassen sich nicht bildlich erfassen, ebensowenig wie das Universum des Geistes. Das einzige, was bislang als sicher gelten kann, ist die Einordnung der materiellen Körperwelt in jenes geistige Universum. Die uns vertraute physikalische Welt aus Milliarden Galaxien mit ihren vielen Milliarden Sonnen und Planeten ist nur ein kleiner Teil einer höheren Welt : der Welt des allumfassenden und alles durchdringenden Geistes.

Kapitel 26
Dinge, die es eigentlich nicht geben dürfte

Der bekannte Psychologe Dr. Friedrich W. Doucet schrieb eines Abends an einem Manuskript. Nachdem ihn die Müdigkeit übermannte, brach er seine Arbeit ab, ließ aber die begonnene Seite in der Schreibmaschine eingespannt. Am nächsten Morgen kam er aus dem Staunen nicht heraus. Als er nämlich die Seite vervollständigt hatte und aus der Maschine ausspannte, machte er eine Entdeckung, die eigentlich unmöglich war. Doucet hatte, wie sehr oft üblich, beim Schreiben zwei Durchschläge angefertigt. Beim Trennen der drei Blätter sah er am Rand des mittleren Blattes, das er stets für sich selbst aufbewahrte, zwei Ausrufzeichen. Auf dem Originaldeckblatt und dem zweiten Durchschlag fehlte dieser Randvermerk. Wer hatte ihn eingefügt? Nur ein Einbrecher hätte sich in der Nacht mit der Schreibmaschine beschäftigen können. Auch Doucet selbst konnte nicht als etwaiger Schlafwandler die Ausrufzeichen gesetzt haben. Zu diesem Zweck hätte er die drei Blätter und die beiden Kohlepapiere herausnehmen, auf der ersten Kopie die Zeichen tippen und dann alles wieder sorgfältig in die Maschine einspannen müssen. Genau derart, daß sich die angefangene Zeile ohne die geringste Verschiebung fortsetzen ließ. Ein Kunststück, das sogar im Wachzustand so schnell niemand fertig brächte.

Geradezu mysteriös wurde die Sache aber durch die Stelle, an der sich die Ausrufzeichen befanden. Nämlich dort , wo Doucet die Meinung vertrat, „daß wir als naturwissenschaftlich Aufgeklärte wüßten, daß weder Natur noch Kosmos beseelt sind und ebenso von der Existenz unsichtbarer Geistwesen keine Rede sein kann.“

Sollte dem Wissenschaftler auf telekinetischem Wege eine Lektion erteilt werden? Aber von wem? Hinzu kommt, daß diese seltsame Demonstration Doucet ermunterte, ein sehr schwieriges Projekt über Jenseitsforschung in Angriff zu nehmen. Verbarg sich hinter dem Ganzen der Auftrag einer „höheren Instanz"? Eine überzeugende Erklärung für dieses Erlebnis läßt sich bei unserem gegenwärtigen Wissensstand jedenfalls nicht finden.

Die merkwürdige Synchronizität

Der Biologe Paul Kammerer war einer der ersten Wissenschaftler, die sich mit dem Problem der Gleichzeitigkeit von Zufällen auseinandersetzte. Unter anderem berichtet er von einem Erlebnis seiner eigenen Frau: Eines Morgens las sie in einem Roman. in dem eine Frau Rohan eine wesentliche Rolle spielte. Als sie einige Stunden später mit der Straßenbahn fuhr, saß in ihrer Nähe ein Mann, der dem Fürsten Rohan zum Verwechseln glich und sich mit einem Begleiter über ein Dorf Weißenbach unterhielt. Während ihrer anschließenden Einkäufe fragte eine Verkäuferin ganz unvermittelt, ob ihr zufälligerweise Weißenbach bekannt sei. Sie habe nämlich eine Sendung für jenen ihr unbekannten Ort. Wie groß wurde Frau Kammerers Verwunderung aber erst, als am gleichen Abend völlig unerwartet Fürst Rohan im Hause Kammerer zu Besuch erschien.

C. G. Jung ist der Meinung, daß es sich bei solchen sinnvollen Gleichzeitigkeiten um keine Zufälle handeln kann. Sie sind zwar nicht kausal aber durch einen gemeinsamen Sinn miteinander verbunden. Jung bezeichnet derartige „akausal" verknüpfte Ereignisse als **Synchronizität** . Diese Synchronizität ist der Physik ein großer Dorn im Auge. Denn in ihrem Universum herrscht die Kausalität, das heißt sämtliche Ereignisse haben gesetzmäßig festgelegte Ursachen. Die Schwierigkeiten, die sich für die Physiker aus der Synchronizität ergeben, umreißt David F. Peat mit den Worten: „ Sollten Synchronizitäten wirklich einen tieferen Sinn haben und nicht nur zufällige Gleichzeitigkeiten oder gar Projektionen der Einbildung sein, dann steht die Wissenschaft vor der Aufgabe, ihnen einen festen Platz in ihrem Universum zuzuweisen. Wenn andererseits alles von Kausalität bestimmt wird - wie kann dann ein Ereignismuster auftreten, das nicht vollständig übereinstimmt mit diesem absolut allgegenwärtigen Gesetz? Mit anderen Worten: Welchen Sinn könnte dieses paradoxe „Prinzip akausaler Verknüpfung" haben?

„Sinnvolle Gleichzeitigkeiten treten gar nicht so selten auf. Nur ist die Häufung der Ereignisse meist nicht so groß wie in dem ersten Beispiel. Hierzu eine eigene Erfahrung:

An einem Winterabend wollte ich meine kleine Enkeltochter mit dem Auto von einem ländlichen Vorort zu ihren Eltern in das sechs Kilometer entfernte Stadtzentrum zurückfahren. Kurz nach dem Verlassen des Dorfes begann der Motor auf einer Bergstrecke zu stottern, wurde immer langsamer und blieb schließlich stehen. So blieb mir nichts anderes übrig, als die Warnblinkleuchte einzuschalten und mit meiner Enkelin den Fußmarsch durch die finstere Nacht zurück zum Dorf anzutreten. Kaum waren wir hundert Meter gegangen, kam ein Auto angefahren und hielt neben uns. „Gehört Ihnen das Fahrzeug dort oben am Straßenrand? Sind Sie Herr Aschenbrenner? „ Der Fahrer war vor vielen Jahren von mir eine Zeitlang unterrichtet worden, hatte mich seitdem nie wieder gesehen, jetzt aber beim Vorbeifahren in der Dunkelheit wiedererkannt. Bis hierher ließe sich die Begebenheit eventuell noch als Zufall bezeichnen. Doch daß dieser ehemalige Schüler, der genau im richtigen Moment vorbeikam, ausgerechnet von Beruf Kraftfahrzeugmechaniker war und mir nach einer kurzen Inspektion meines Fahrzeugs die Weiterfahrt ermöglichte, sollte dies nur eine weitere Zufälligkeit sein? Ich meine, das wäre doch wohl etwas zuviel des Zufalls!

Wohl eines der auffälligsten Beispiele für eine Synchronizität ist das Erlebnis des Monsieur Dechamps. Als Junge in Orleans lebend, schenkte ihm ein Monsieur de Fortgibu ein Stück Plumpudding. Einige Jahre später sah er an der Theke eines Pariser Restaurants den gleichen, köstlichen Pudding. Als er ein Stück von diesem verlangte, teilte man ihm mit Bedauern mit, daß ein Monsieur de Fortgibu sich diesen Pudding habe reservieren lassen. Jahrzehnte später nahm Monsieur Dechamps an einem Plumpuddingessen teil. In Erinnerung an seine früheren Erlebnisse äußerte er: „ Jetzt fehlt nur noch Monsieur de Fortgibu ! „ Kaum war diese Bemerkung seinem Mund entfahren, öffnete sich die Tür und herein kam ein alter Mann : Monsieur de Fortgibu. Dieser war eigentlich bei einer anderen Gesellschaft eingeladen. Sein Einladungsschreiben trug aber merkwürdigerweise die Anschrift dieser Veranstaltung. Alles nur Zufall ?

Wilhelm von Scholz berichtet von einer Mutter, die unmittelbar vor Ausbruch des ersten Weltkriegs ihren vierjährigen Sohn fotografierte und den Film einem Fotogeschäft in Straßburg zur Entwicklung übergab. Durch den Kriegsbeginn kam sie nicht mehr dazu, die Bilder abzuholen. Zwei Jahre später kaufte sie in Frankfurt einen Film, um Fotos von ihrer neugeborenen Tochter aufzunehmen. Sie traute ihren Augen kaum, als sie die Abzüge betrachtete. Auf einem Bild sah sie klar und deutlich ihren vierjährigen Sohn, so, wie sie ihn 1914 aufgenommen hatte. Der damalige Film war offensichtlich infolge der Kriegswirren nicht entwickelt und zusammen mit neuen Filmen wieder verkauft worden. Vielleicht ein merkwürdiger Zufall, wäre nicht ausgerechnet die Mutter die Käuferin des Films gewesen!

Zum Schluß sei hier noch eine eigenartige Begebenheit erwähnt. Ein Mann namens Frederick Chance, was im Deutschen soviel wie Glücksfall bedeutet, brauste mit seinem Wagen in der englischen Grafschaft Worchester eine schmale, wenig befahrene Straße entlang. Plötzlich kam ihm ein anderer Wagen mit ebenso hoher Geschwindigkeit entgegen. Ein Ausweichmanöver war unmöglich. So kam es trotz verzweifelter Bremsversuche zu einem heftigen Zusammenstoß. Wie durch ein Wunder entstiegen beide Fahrer ihren völlig demolierten Fahrzeugen mit nur geringfügigen Blessuren. Bei dem Austausch der Personalien betrachteten beide Fahrzeuglenker kopfschüttelnd wiederholt gegenseitig ihre Papiere: Der Namen des zweiten Fahrers lautete ebenfalls Frederick Chance!

Der Sinn, der im Ablauf dieser Ereignisse erkennbar wird, läßt sich mit Kausalitätsgesetzen der materiellen Welt sicherlich nicht erklären. Wilhelm von Scholz sieht hier eine klare Absicht hinter dem Geschehen, so als ob es „ der Traum eines uns unerklärbaren größeren und umfassenderen Bewußtseins wäre."

Reise in die Vergangenheit

Im Sommer 1901 besuchten die beiden englischen Lehrerinnen Annie Moberly und Dr. Eleanor Jourdain Schloß Versailles. Auf dem Weg zum Petit Trianon durch den ausgedehnten Park fielen ihnen plötzlich alte Landwirtschaftsgebäude, davor ein rostiger Pflug und ein kleines Haus auf. Dort begegneten ihnen zwei Herren in altmodischen grünen Röcken , mit einem Dreispitz auf dem Kopf. Diese wiesen ihnen den Weg zu einem kleinen Rundbau , vor dem ein alter Mann mit schwarzem Mantel, breitkrempigem Hut und einem blatternarbigen Gesicht saß. Schließlich half ihnen ein vorbeieilender junger Bote in ungewöhnlich klingendem Französisch bei der Suche nach dem Petit Trianon. Beim Näherkommen bemerkten sie auf der Terasse eine junge, majestätisch wirkende Dame, die ein Landschaftsbild malte. Hinter dem Gebäude stießen die beiden Engländerinnen auf eine Hochzeitsgesellschaft, gekleidet in Kostümen des 18. Jahrhunderts.

Auf ihrem Rückweg zum Schloß änderte sich schlagartig die Beschaffenheit der Parkanlage. Gleichzeitig trugen sämtliche Schloßbesucher, die ihnen von nun an begegneten, wieder die wohlvertraute Kleidung der Jahrhundertwende. Beide Lehreinnen konnten sich daher des merkwürdigen Gefühls nicht erwehren, soeben der Vergangenheit einen Besuch abgestattet zu haben. Eine Bestätigung für diese Vermutung erhielten sie bei späteren Reisen nach Versailles. Wege, die sie bei ihrem ersten Besuch beschritten hatten, waren jetzt unzugänglich. Weder das kleine Haus noch der Rundbau ließen sich auffinden. Bei ihren intensiven Nachforschungen stellten sie fest, daß der einst von ihnen beobachtete Pflug Ackergeräten aus der Zeit Ludwig XVI. entsprach. Alte Kupferstiche zeigten den Park genau in dem Zustand, in dem sie ihn das erste Mal kennengelernt hatten. Auch von anderer Seite erhielten sie eine Bestätigung für die Realität ihres Erlebnisses. So konnte Arnold O. Gibbons an Hand umfangreicher Studien mehrere von den Engländerinnen beobachtete Personen als historisch existent nachweisen. Bei den beiden in Grün gekleideten Herren handelte es sich um Claude und Antoine Richard, Obergärtner in Versailles. Der schwarzgekleidete Mann mit den Pockennarben war kein Geringerer als der Graf de Vaudreuil und die Dame auf der Terasse Marie Antoinette. A. Moberly selbst erkannte in einem ölgemalten Porträt Marie Antoinettes die Malerin von dem Petit Trianon eindeutig wieder.

Parapsychologen machen für derartige Erlebnisse die sogenannte **geistige Imprägnation** verantwortlich, der wir bereits im 22. Kapitel im Zusammenhang mit Phantom-Erscheinungen begegnet sind. Tatsächlich ist die von den Engländerinnen erlebte Szenerie einer sehr emotional geladenen Zeit zugeordnet. Wir befinden uns mitten in den Wirren der Französischen Revolution. Antoine Richard konnte die Gebäude mit Mühe und Not vor einer Vernichtung durch Revolutionsgarden bewahren. Marie Antoinette weilte zum letzten Male in ihrem Lieblingssitz, bevor sie diesen fluchtartig verlassen mußte. Heftige Emotionen waren an der Tagesordnung. Sie konnten ihre Spuren an jenem Orte hinterlassen und im Bewußtsein der beiden Personen die geschilderten Visionen auslösen. Als Problematisch für diesen Deutungsversuch erweist sich die Tatsache, daß die beiden Frauen offensichtlich einen Wortwechsel mit dem Boten führten. Es ist ein Umstand, der sehr gegen eine bloße Vision spricht. Hinzu kommt, daß vergleichbare Erlebnisse immer wieder von glaubhaften Zeugen berichtet werden.

So fuhr Miss E. Olivier am Ende eines Oktobertages mit ihrem Auto von Devizes nach Swindon. In der Hoffnung, einen guten Gasthof zu finden, verließ sie die direkte Straße nach Swindon. Plötzlich befuhr sie eine Allee aus hohen Felsblöcken - riesigen Menhiren aus der Megalithzeit - die in verschiedenen Gegenden Englands häufig anzutreffen sind. Sollte sie sich auf dem Wege nach Avebury befinden? Ihr war bekannt, daß einstmals in der Nähe dieses Ortes ein gewaltiger Steinkreis aus Megalithblöcken existierte, dessen Zugang durch eine Menhir-Allee führte. Als sie das Ende der Allee erreicht hatte, sah sie tatsächlich die zahlreichen umgstürzten Blöcke des kreisförmigen Megalith-Heiligtums. Dazwischen standen Jahrmarktbuden und eine große Zahl fröhlich feiernder Menschen, völlig unbeeindruckt von dem starken Herbstregen. Dieser ließ Miss Olivier rasch wieder ins Auto steigen und die Allee zurück nach Swindon fahren. Später erfuhr sie, daß der letzte Jahrmarkt im Steinkreis von Avebury 1853, das heißt vor dreiundsechzig Jahren, stattgefunden hatte. Und was noch erstaunlicher war, die letzten Menhire der Steinallee waren bereits am Ende des 18. Jahrhunderts abtransportiert worden. Miss Olivier hatte also offenbar an jenem denkwürdigen Oktoberabend des Jahres 1916 Avebury kennengelernt, so wie es mindestens 120 Jahre früher existierte, zusammen mit dem bunten Treiben seiner Bewohner.

Nicht weniger seltsam war das Erlebnis der amerikanischen Hochschulsekretärin C. Buterbaugh an der Wesley-Universität in Lincoln. Der Kalender zeigte den 3. Oktober 1963. Um neun Uhr morgens wollte sie einem der Professoren eine dringende Mitteilung eigenhändig überreichen. Doch als sie in dessen Arbeitszimmer kam, gewahrte sie anstelle des Professors eine dunkelhaarige Frau in völlig unmoderner Kleidung, die gerade dabei war, aus einem Regal Notenblätter herauszunehmen. Als jene Frauengestalt die Sekretärin entdeckte, begann sie vor deren Augen sich ganz allmählich in Nichts aufzulösen. Äußerst irritiert wandte Frau Buterbaugh ihren Blick durchs Fenster ins Freie. Sie traute ihren Augen nicht: Auf dem Universitätsgelände fehlten die modernen Gebäude der verschiedenen Fakultäten. Was war geschehen? Entsetzt rannte sie aus dem Arbeitszimmer. Da sie für ihre besondere

Korrektheit und Sachlichkeit bekannt war, stellte man in der Universität sogleich Nachforschungen an. Wie ein altes Foto eindeutig erkennen ließ, handelte es sich bei der seltsamen Besucherin um Clara Mills, eine ehemalige Musikdozentin. Diese wurde vor genau 27 Jahren um 9 Uhr in jenem Arbeitszimmer unerwartet vom Tod überrascht.
Ein Fall von außersinnlicher Wahrnehmung, der sich unter der Rubrik „ Phantom als Folge geistiger Imprägnation „ einordnen ließe. Wäre da nicht jener Blick aus dem Fenster, ein offensichtlicher Blick in die Vergangenheit. Er weist daraufhin, daß das Bewußtsein der Sekretärin vorübergehend einer anderen Zeit angehörte.

Sollte es möglich sein, daß sämtliche Ereignisse der Vergangenheit in einem kollektiven Gedächtnis gespeichert sind? Und ausschnittweise an besonderen Orten oder zu bestimmten Zeiten dem Bewußtsein einzelner Personen zugänglich werden?

Manchmal hat es sogar den Anschein, als ob Wesen aus einer vergangenen Welt plötzlich in unserer Zeit auftauchten. Durch ihr unsicheres Verhalten und ihre altertümliche Kleidung lenkten sie stets die Aufmerksamkeit auf sich.

Ernst Meckelburg hat eine derartige Begebenheit genau untersucht und durch mehrere Augenzeugenberichte abgesichert. An einem heißen Sommer-Sonntag näherte sich plötzlich eine alte Frau der Bundesstraße 8 bei Hanau. Langsam hüpfend überquerte sie diese verkehrsreiche Straße, bewegte sich eine größere Strecke auf ihr entlang, um schließlich in einen Waldweg einzubiegen. Plötzlich war sie wie vom Boden verschluckt. Da ihr Auftauchen, ihre eigenartige Wanderung über die Straße und ihr unvermitteltes Verschwinden von zahlreichen Besuchern eines Ausflugslokals genau verfolgt wurde, kann es sich um keine Halluzination handeln. Nur, woher kam die Frau?

Noch merkwürdiger und für uns ganz unverständlich ist das plötzliche Auftauchen eines kleinen Jungen im Jahre 1900. In einer stürmischen Septembernacht dieses Jahres wurde ein Bauer des bei Toulouse gelegenen Dorfes Sainte-Miande durch heftiges Klopfen an das

Schlafzimmerfenster geweckt. Als er schließlich die Haustür öffnete, sah er einen etwa zehnjährigen blonden Jungen vor sich stehen, nur in eine grobe Stoffbahn eingehüllt. Die Bäuerin holte das Kind, das kein Wort sprach, ins Haus. Am nächsten Tag stellte es sich heraus, daß der Knabe eine völlig unbekannte Sprache beherrschte, ihm aber offensichtlich sowohl die üblichen Bekleidungsstücke als auch viele Alltagsgegenstände unbekannt waren. Der Ortspfarrer René Mouville, der vor seiner Priesterweihe jahrelang als Universitätsprofessor in Lyon tätig war, nahm sich schließlich des fremden Kindes an. Ihm fiel sogleich der schmalschultrige und zartgliedrige Körperbau des Knaben auf, besonders aber die nur dreifingerigen Hände. Der Junge schien sehr intelligent zu sein. Da er keine dem Geistlichen bekannte Sprache verstand und auch auf eine Bilderschrift nicht reagierte, versuchte sein Betreuer eine Kontaktaufnahme über die Mathematik. Mit erstaunlichem Erfolg, wie sich sehr schnell erwies. Als er verschiedene Zahlen durch Punktfolgen darstellte, schrieb das Kind seinerseits Punktfolgen auf. Diese waren das Ergebnis komplizierter Rechenvorgänge. Der Knabe hatte aus den ihm vorgegebenen Zahlen sowohl die Quadrat- als auch die Kubikwurzeln gezogen. Im Laufe der nächsten Monate lernte er, sich mit Hilfe einfacher französischer Vokabeln immer besser zu verständigen. Doch dann erkrankte er plötzlich, wurde immer schwächer und starb am 9. März 1901.

Sämtliche Beobachtungen R. Mouvilles sprechen für eine mehr als ungewöhnliche Herkunft des Kindes. Wurde es aus einer anderen Realität in unsere Gegenwart versetzt, wie einzelne Wissenschaftler vermuten? Sollte es sich aus einer anderen Dimension kommend in jener stürmischen Septembernacht rematerialisiert haben? Eine sicherlich nicht leicht zu akzeptierende Vorstellung. Doch wir werden im weiteren Verlauf dieses Kapitels einige Begebenheiten kennenlernen, die kaum eine andere Deutung erlauben.

Lücken in der Zeit

Jahrzehntelang bereitete den Physikern das Verhalten elektromagnetischer Wellen keinerlei Probleme. Diese Wellen breiten sich mit Lichtgeschwindigkeit geradlinig aus. Von Hindernissen können sie reflektiert werden. So läßt sich beispielsweise ein auf den Mond gerichteter Laserstrahl nach 2,6 Sekunden auf der Erde empfangen, da er für den Hin- und Rückweg je 1,3 Sekunden benötigt.

Aber wie sollten die Physiker jene elektromagnetischen Echos erklären, die Dr. van der Pol am 11. Oktober 1928 erhielt? Am Vormittag dieses Tages strahlte ein Sender der Philips-Laboratorien eine Reihe von kurzen Funkimpulsen aus. Zur allgemeinen Überraschung traf eine Serie von Echos mit unterschiedlichen Verzögerungen ein. Diese Verzögerungen betrugen 8, 11, 15, 8, 13, 3, 8, 8, 8, 12, 15, 13, 8 und nochmals 8 Sekunden.

Professor R. N. Bracewell von der Stanford-Universität vertrat den Gedanken, daß eine unbemannte Raumsonde aus einem fremden Sonnensystem zwischen den Planeten kreist, die Signale auffängt und anschließend mit unterschiedlichen Zeitabständen zurücksendet. Auf jeden Fall ist das Zustandekommen der Echos bis heute ungeklärt.

Noch rätselhafter ist die Beobachtung, die C. W. Bradley am 4. September 1953 auf dem Bildschirm seines Fernsehgerätes machte. Mitten in einer Sendung erschien plötzlich das Wort **Klee - TV .** Seine Anfrage bei dem Fersehsender ergab, daß es sich um das Sendezeichen eines amerikanischen Fernsehsenders in Houston (Texas) handelte. Das Merkwürdige war nur, daß dieses Zeichen 1950, also drei Jahre vorher, zum letzten Mal ausgestrahlt wurde. Da in den nächsten Wochen das gleiche Fernsehzeichen auch von Geräten der Atlantic Elektronics Ltd. in Lancester mehrmals empfangen wurde, ist ein Betrug auszuschließen. Es erhebt sich daher die Frage: Wo verweilte die Sendeenergie, die das TV-Zeichen auf dem Bildschirm hervorrief, in der dreijährigen Zwischenzeit?

Nach diesen Erfahrungen erscheint die zunächst sehr umstrittene Entdeckung des Funkamateurs Gordon Cosgrave aus dem Jahre 1936 in einem ganz anderen Licht: An einem Wochenende im Juni stellte Cosgrave wieder einmal seinen Empfänger auf die Funkfrequenz eines befreundeten Amateurs ein. Ein klarer Empfang war jedoch diesmal nicht möglich, da ein ungewöhnlich starker Morsesender die anderen Signale überlagerte. So zeichnete er mehr aus Langeweile als aus Neugier den fremden Funkspruch auf. Von Wort zu Wort nahm sein Interesse zu. Handelte es sich doch, wie er erkennen mußte, um die Nachricht eines Schiffes „Carpathia" an ein in Seenot geratenes Linienschiff. Da der Funkspruch eine genaue Positionsangabe enthielt, wandte sich Cosgrave sogleich an die Polizei. Diese verwies ihn weiter an die englische Admiralität. Als Cosgrave endlich die richtige telefonische Verbindung hatte, verbat sich der diensthabende Offizier einen derartigen Scherz. Denn die von Cosgrave registrierte Schiffsposition war die der Titanic, genau zu dem Zeitpunkt, als sie 24 Jahre zuvor mit einem Eisberg kollidiert war.

Der Funkamateur war aufs äußerste betroffen. Wie konnte es möglich sein, daß nach einem so langen Zeitraum Funksignale von einem Schiffsunglück in seinen Empfänger gelangten? Um sicher zu gehen, zog er weitere Erkundigungen ein. Sie ergaben, daß an dem fraglichen Wochenende kein Rundfunksender ein Hörspiel oder einen Dokumentarbericht über den Untergang der Titanic gesendet hatte. Vier Tage später empfing Cosgrave eine weitere Nachricht aus dem Unglücksgebiet. Diesmal war es die Mitteilung der Titanic, daß sie sämtliche Rettungsboote zu Wasser gelassen habe. Nachdem er einige Tage später einen weiteren Funkspruch des Hilfsschiffes Carpathia erhalten hatte, wandte er sich ratsuchend an eine Fachzeitschrift. Trotz erheblicher Zweifel besichtigten zwei Redakteure die Funkanlage von Cosgrave. Sie waren von deren Leistungsfähigkeit beeindruckt. Kein Wunder, hatte ihre Errichtung den Funkamateur doch zehn Monatsgehälter gekostet. Wie zu befürchten war, traf während der Anwesenheit der beiden Funkexperten kein einziges Signal ein. Gerade als sie sich zum Aufbruch entschlossen, hörten sie aus dem Empfänger einen weiteren Hilferuf der schwer beschädigten Titanic. Jetzt war es nur eine Frage von wenigen Tagen, bis Cosgrave im Blickpunkt der Öffentlichkeit stand und sich heftigen Angriffen ausgesetzt sah. Diese führten dazu, daß sein ängstlicher Arbeitgeber die Kündigung aussprach. Cosgrave wurde ein Opfer der einflußreichen naturwissenschaftlichen Lehrmeinung. Sie zeigte gegenüber dieser rätselhaften Speicherung von Funksignalen nicht das geringste Verständnis.

Was hätten jene Fachleute, die für Cosgraves Ergebnisse nur Spott übrig hatten, erst zu den Beobachtungen von zwei Engländerinnen gesagt, die im Sommer 1951 ihren Urlaub in der Normandie verbrachten. Am frühen Morgen des 4. August schreckten beide in den Betten ihre bei Dieppe gelegenen Ferienquartiers hoch. Ganz deutlich vernahmen sie lauten Kanonendonner und Schreie. Nach fünfzig Minuten erlosch der Kriegslärm. Siebzehn Minuten später hörten sie Bombenangriffe aus der Luft und erneute Schreie. Nach einer halben Stunde tritt eine zehnminütige Ruhe ein, bevor das Dröhnen zahlreicher Flugzeuge hörbar wird. Insgesamt waren sie drei Stunden lang akustische Zeugen erbitterter Kampfhandlungen.

Ein Vergleich ihres Erlebnisberichts mit den Aufzeichnungen der alliierten Truppen ergab, daß die Zeitfolge ihrer Wahrnehmungen exakt dem Kampfverlauf während des alliierten Landungsversuchs am 19. August 1942 entsprach. Bei diesem ersten Landeversuch verloren die Alliierten mehrere tausend Soldaten. Die Umgebung von Dieppe war danach ein blutgetränktes Schlachtfeld. Ist es geistige Imprägnation, die an diesem emotionsbehafteten Ort die beiden Frauen eine Schlacht nacherleben ließ? Aber warum gerade im gleichen Monat, in dem das Kriegsgeschehen stattfand? Oder wurden die Kampfereignisse in einer höheren Bewußtseinsdimension gespeichert und nach neun Jahren von dem Bewußtsein der beiden Personen wieder abgerufen? Derartige Fragen zeigen nur zu deutlich, wie wenig wir bislang über die Strukturen der Realität wissen.

Offensichtlich ist es die **Zeit** , die unserem Verständnis besondere Schwierigkeiten bereitet. Auf Grund unserer Alltagserfahrungen sind wir von einem stets gleichgerichteten und gleichmäßigen Ablauf der Zeit überzeugt. Doch inzwischen sind sich manche Physiker dessen gar nicht mehr so sicher. Nicolai Kozyrew hält die Zeit sogar für eine Form von Energie. Auf jeden Fall gibt es zahlreiche Beobachtungen, die dafür sprechen, daß mitunter ausgeprägte Zeitanomalien auftreten. Wie anders sollten wir sonst folgendes Ereignis verstehen?

Im Jahr 1969 befindet sich wieder eine Verkehrsmaschine, wie schon mehrfach an diesem Tag, im Landeanflug auf den Flughafen von Miami. Zwanzig Minuten vor der Landung erfolgt ein routinemäßiger Zeitvergleich zwischen Maschine und Bodenkontrolle. Zehn Minuten später verschwindet das Flugzeug unvermittelt vom Radarschirm. Auch der Funkkontakt ist abgebrochen. Die Fluglotsen überlegen bereits ,welche Rettungsmaßnahmen einzuleiten sind, da alle Anzeichen auf einen Absturz hindeuten. Doch zehn Minuten nach ihrem plötzlichen Verschwinden erscheint die Maschine wieder auf dem Radarschirm und landet problemlos auf der Rollbahn. Besatzung und Passagiere sind sehr erstaunt, als sie ihre Uhren kontrollieren sollen. Sämtliche Uhren gehen jetzt um zehn Minuten gegenüber den Zeitmessern des Flughafens nach! Was geschah in den fehlenden zehn Minuten mit der Maschine? Ihren Insassen war nicht das Geringste aufgefallen.

Ein anderes Beispiel: Am 4. Januar 1974 wurde eine der großen amerikanischen Interkontinentalraketen auf dem Vandenberg-Luftwaffenstützpunkt für einen Teststart vorbereitet. Kurze Zeit später erhob sich die mächtige Minuteman-Rakete von der Startrampe. Über hundert Menschen verfolgten ihren Bilderbuchstart begeistert mit Ferngläsern und auf dem Radarschirm. Ganz plötzlich jedoch war sie und ihr Radarbild verschwunden. Eben noch bestens erkennbar, verriet keine Spur ihren Verbleib. Drei Tage später, die Flugüberwachung traute ihren Augen nicht, erschien völlig unvermittelt ein unbekannter Flugkörper just an der Stelle auf dem Radarschirm, an der Tage zuvor die Minuteman-Rakete verschwunden war. Die Flugbahn und die Geschwindigkeit dieses Flugobjekts entsprachen genau der vermißten Rakete. Kein Zweifel war möglich, das Minuteman-Geschoß war wieder aufgetaucht! Doch wo befand sich die Rakete in der Zwischenzeit? Kein Physiker dürfte in der Lage sein, eine plausible Antwort zu geben.

Zeichen einer unbekannten Physik

Das Medium Peretti, das die Fähigkeit zur Teleportation besaß, erhielt von dem bekannten Parapsychologen Ernesto Bozzano den Auftrag, eine besonders schwierige Teleportation durchzuführen. Bozzano hatte das Experiment besonders sorgfältig arrangiert, so daß betrügerische Manipulationen unmöglich waren. Er hatte in seiner entfernt gelegenen Wohnung ein großes Stück Schwefelkies (Pyrit) gewissenhaft eingeschlossen. Peretti sollte nun durch die Kraft seines Geistes das schwere Pyritstück herbeibefördern. Nach einigen Minuten erfuhr der Parapsychologe aus dem Mund des sich in Trance befindlichen Mediums, daß die Energie erschöpft und eine Rematerialisation des Erzstückes daher nicht möglich sei. Als Bozzano daraufhin den Versuchsraum genau inspizierte, mußte er feststellen, daß das gesamte Inventar von einer Schicht Erzstaub überzogen war. Neugierig, was aus dem Pyritstück in seiner Wohnung geworden war, begab er sich sogleich auf den Heimweg. Zu Hause angelangt, fand er einen deutlich verkleinerten Pyritbrocken vor. Weit über die Hälfte des massiven Erzblocks war verschwunden.

„Das ist unmöglich“, mag jetzt der eine oder andere Leser denken. Bevor wir jedoch Effekte wie eine De- oder Rematerialisation als nicht realisierbare Utopie verwerfen, sollten wir uns fragen: „ Was ist eigentlich Materie?“ Mit Sicherheit sind die uns scheinbar so wohlvertrauten Bausteine der Materie keine winzigen, festen Gebilde, auch wenn wir sie aus zahlreichen Abbildungen in dieser Form kennen. Derartige Modellbilder sind nicht mehr als ein Versuch, Unsichtbares anschaulich darzustellen. Ferner sollten wir nicht vergessen, daß Materie fast nur aus leeren Zwischenräumen besteht. Ließen sich diese Zwischenräume beseitigen, dann würde beispielsweise unser Planet Erde zu einer kleinen Kugel von nur zwei Zentimeter Durchmesser zusammenschrumpfen!

Über die tatsächliche Beschaffenheit der Materie sind sich die Physiker bislang alles andere als einig. John A. Wheeler, einer der ganz großen Denker der modernen Physik, faßt das Wesentliche mit folgenden Worten zusammen: „ Es gibt nichts in der Welt außer leerem, gekrümmtem Raum. Materie, Ladung, Elektromagnetismus und andere Felder sind nur Manifestationen der Krümmung des Raums." Dieser leere, gekrümmte Raum enthält einen „Schaum" aus Energiequanten. Dieser unterliegt, wie Michael Talbot aufzeigt, dem Einfluß von Kräften: „ Verschiedene elektromagnetische und Gravitationskräfte können auf den Quantenschaum einwirken und Schwingungsmuster verursachen, ähnlich den Wellen, die ein Stein erzeugt, der in einen ruhigen Teich geworfen wird. Diese Schwingungsmuster oder Wellen im Quantenschaum entdecken wir als subnukleare Partikel, wie sowohl Wheeler als auch Sarfatti vermuten. Einige davon sind Protonen, andere Neutronen. Diese Muster befinden sich in Interaktion, um Atome zu bilden, welche wiederum in Interaktion stehen, um Moleküle zu bilden, deren Interaktion wiederum die Substanz der physischen Welt bildet. Seltsamerweise sind daher die Steine und die Sterne nichts anders als Wellenbewegungen im Nichts."

Es ist deshalb durchaus denkbar, daß eine Re- oder Dematerialisation durch eine Änderung der Raumkrümmung oder der Schwingungsmuster zustande kommt.

Gezielte Teleportationsexperimente wurden in den letzten Jahren an verschiedenen wissenschaftlichen Instituten erfolgreich durchgeführt. Bei sämtlichen Versuchen wurde größte Sorgfalt darauf verwandt, etwaige Täuschungsmanöver von Versuchspersonen auszuschließen. Einer der Experimentatoren war Professor John B. Hasted von der Universität London, dessen psychokinetischen Experimente wir bereits im 5. Kapitel kennenlernten. In einem seiner Versuche übergab er Stephen North, einem besonders begabten Sensitiven, ein versiegeltes Behältnis mit mehreren Metallkristallen. Innerhalb weniger Minuten gelang es North, die Kristalle aus dem Behälter zu teleportieren. Sein erster Versuch, sie in die Kapsel zurückzutransportieren, gelang nur teilweise. Beim Öffnen des Behälters enthielt dieser einen englischen Geldschein und nur einen Kristall. Erst im Wiederholungsversuch schaffte North eine komplette Teleportation.

In Peking benutzten Wissenschaftler der dortigen Universität und des Instituts für Hochenergiephysik bei ihren Teleportationsversuchen Miniatursender. Die Testperson erhielt den Auftrag, den kleinen Sender, dessen Signale ständig auf einem Bildschirm verfolgt wurden, aus einem versiegelten Behälter an genau festgelegte Orte zu teleportieren. Nach unterschiedlichen Zeiten, die zwischen wenigen Sekunden und einer Stunde lagen, waren die Teleportationen ausgeführt. Interessanterweise zeigte die Signalkontrolle während der Experimente ungestüme Intensitätsänderungen, gelegentlich sogar einen Signalausfall.

Möglicherweise ändert sich unter dem Einfluß geistiger Kräfte der Versuchsperson das Schwingungsmuster des Gegenstandes oder aber es kommt innerhalb des Versuchsbereichs zu einer Änderung der Raumkrümmung. Als Folge davon wird der Gegenstand de- und anschließend wieder rematerialisiert. Es ist nicht auszuschließen, daß eine intensive Fortsetzung dieser Forschungen eines Tages völlig neue Perspektiven für unser Verständnis von den geistigen Strukturen des Universums eröffnet.

Neben erfolgreichen Teleportationen werden immer wieder Ortsversetzungen von Personen beobachtet, mitunter sogar über riesige Entfernungen hinweg. So wandte sich in den ersten Jahren dieses Jahrhunderts das Ehepaar Pansini im italienischen Ruvo der Verzweiflung nahe an die Kirche. Ihre beiden acht- und zehnjährigen Söhne Alfredo und Paolo verschwanden immer wieder auf unerklärliche Weise selbst aus gut verschlossenen Zimmern, um anschließend oft kilometerweit entfernt aufgefunden zu werden. Dr. Lapponi, der mit der Untersuchung der Kinder betraut wurde, war von der Echtheit ihrer Teleportationsfähigkeit überzeugt. Die dabei zurückgelegten Entfernungen waren beachtlich. In einem Fall verschwanden sie in Ruvo spurlos vor den Augen zahlreicher verblüffter Passanten, um zehn Minuten später im zwanzig Kilometer entfernten Trani herumzuspazieren. Noch weiter führte sie eine andere Ortsversetzung: Eine halbe Stunde nach dem Verschwinden aus ihrer Wohnung entdeckten Fischer sie dreißig Kilometer entfernt in einem Boot auf dem Meer.

Über eine noch wesentlich größere Strecke wurde der amerikanische Polizist Ch. Archey im Sommer 1966 teleportiert. Bei einer routinemäßigen nächtlichen Streifenfahrt durch Philadelphia erschienen ihm plötzlich die Straßen gänzlich unbekannt. Als er versuchte, die Orientierung wiederzufinden, geriet er in einen Verkehrsunfall. Bei der Aufnahme des Polizeiprotokolls durch andere Beamte erfuhr er zu seiner Überraschung, daß er sich in dem weit entfernten Ort Penn Sauken befand. Wie er, ohne es zu bemerken, dorthin gelangte, blieb ihm ein Rätsel, das auch bis heute niemand zu lösen vermochte.

Während bei den Pansini-Brüdern vermutlich der eigene Wunsch bei der Teleportation eine Rolle spielte, müssen bei dem ortsversetzten Polizeibeamten sicher andere Kräfte am Werk gewesen sein. War er mit seinem Fahrzeug in eine Gravitationsanomalie geraten oder an einen Ort, an dem eine plötzliche Magnetfeldänderung auftrat? Wir wissen es nicht. Wir können lediglich vermuten, daß die hier wirksamen Kräfte nicht von seinem Bewußtsein ausgingen. Sein Erlebnis ist übrigens kein Einzelfall. Gemeinsam ist bei sämtlichen ortsversetzten Personen die Reaktion auf das Erlebnis: Betroffenheit oder Verstörtheit und die Unfähigkeit, den Ablauf der Teleportation zu beschreiben. Dabei haben diese Menschen möglicherweise noch Glück gehabt. Denn seit langem sind zahlreiche Fälle bekannt, in denen Personen ganz unvermittelt aus unserer Gegenwart verschwanden, ohne jemals in diese wieder zurückzukehren.

Am 24. Juli 1924 starteten die beiden Engländer D. R. Stewart und W. T. Day mit einer Militärmaschine zu einem Rundflug über die Wüste Arabiens. Als sie, längst überfällig, nach einigen Stunden nicht zurückgekehrt waren, startete man eine großangelegte Suchaktion. Dabei entdeckte man das vermißte Flugzeug völlig unbeschädigt mitten in der Wüste. Der Treibstoffvorrat war ausreichend, kein Defekt war an der Maschine feststellbar. Nur die beiden Insassen fehlten. Ihre Fußspuren führten eine kurze Strecke in die Wüste hinein, um plötzlich zu enden. Keine sonstigen Spuren waren im Sand eerkennbar, die einen Hinweis auf einen Kampf oder eine Entführung hätten geben können. Auf welche Weise und wohin waren die beiden britischen Offiziere verschwunden?

Was in diesem Fall nur zu vermuten ist, wurde in anderen ähnlichen Geschehnissen zur unumstößlichen Gewißheit. So führte an einem schönen Novembertag des Jahres 1945 der erfahrene Fremdenführer Middie Rivers in der Nähe des amerikanischen Ortes Mt. Glastonbury eine Gruppe von Touristen durch ein übersichtliches Berggelände. Ohne daß irgendeine Veränderung in der Luft oder der Landschaft auftrat, löste sich Rivers von einem Augenblick zum anderen vor den entsetzten Augen der Touristen in Nichts auf. Die sofort alarmierten Suchmannschaften fanden weder den Fremdenführer noch einen Gegenstand von ihm. Er blieb spurlos verschwunden.

Ein ähnliches Schicksal ereilte Clinton County in Pennsilvania. Auf der Terrasse eines Hotels in Hammerslay saßen zahlreiche Gäste und erfreuten sich am Essen und der einzigartigen Landschaft. Dabei sahen sie County auf der Straße aus dem nahe gelegenen Wald herauskommen. Kaum war er an den Zuschauern auf der Terrasse vorbeigegangen, blieb er wie angewurzelt auf der Straße stehen. im nächsten Augenblick verschwand er wie von unsichtbaren Armen ergriffen in der Luft. Das einzige , was die herbeigeeilten Hotelgäste noch von ihm entdecken konnten, waren seine plötzlich endenden Fußspuren auf der sandigen Straße.

Eigenartigerweise kam es im Bereich dieser am Rande der Appalachen gelegenen Waldregion im Laufe der Zeit zu mehreren ähnlichen Vorfällen. Welche Kräfte hier die Teleportation von Menschen verursachen, entzieht sich unserer Kenntnis. Sind es abrupte Änderungen des Magnetfelds oder der Gravitation? Tatsache ist, daß es Stellen auf unserem Planeten gibt, an denen grundlegende physikalische Gesetze außer Kraft gesetzt scheinen. Auf der Via dei Laghi in der Nähe von Castello Gandolfo, auf einer Straße bei Schleiden in der Eifel, sowie an verschiedenen anderen Orten, rollen Gegenstände nicht abwärts sondern bergauf. Dosen, Flaschen sogar Fahrzeuge im Leerlauf bewegen sich entgegen der Schwerkraft. Interessanterweise ist die offensichtliche Gravitationsanomalie in der Eifel nicht ständig aktiv. Ihre Intensität ist nach Feststellung der Einheimischen deutlichen Schwankungen unterworfen. Vielleicht erweisen sich ja diese Gravitationsphänomene eines Tages als Schlüssel zum Verständnis jener vorläufig so phantastisch anmutenden Teleportationen.

In welche unbekannten Dimensionen die spurlos verschwundenen Menschen gelangten, bleibt vorerst ein Rätsel. Zumindest in einem Fall scheint eine Rückkehr stattgefunden zu haben.

1950 irrte in London ein Mann hilflos durch den starken Innenstadtverkehr, der sämtlichen Passanten durch seine seltsame Kleidung auffiel. Er erweckte den Eindruck, als sei er aus einem anderen Jahrhundert in unsere hektische Zeit versetzt worden. Bei seinem Kreuz- und Querlaufen geriet er unter ein Auto und wurde lebensgefährlich verletzt. Bevor er an der Unfallstelle verstarb , gelang es ihm noch, seinen Namen und seine Herkunft mitzuteilen. Die polizeilichen Nachforschungen ergaben, daß vor 71 Jahren, nämlich 1879, genau in dem angegebenen Ort ein Mann des gleichen Namens auf geheimnisvolle Weise im Nichts verschwand und seitdem als vermißt galt. Über seinen Verbleib während der jahrzehntelangen Abwesenheit konnte ihn leider niemand mehr befragen. Nur eines wurde erkennbar: In dem unerklärlichen Zustand des Verschwundenseins scheint kein Alterungsprozeß stattzufinden. Es ist offensichtlich eine zeitlose Zwischenexistenz.

Wenn wir bedenken,welchem Wandel das physikalische Weltbild in den letzten hundert Jahren unterworfen war, und daß trotz zahlreicher moderner Theorien entscheidende Begriffe wie Materie, Zeit und Gravitation immer noch auf eine endgültige Klärung warten,dann sollten wir uns über die hier beschriebenen Phänomene eigentlich gar nicht wundern. Sind sie doch letztlich nur eine Bestätigung für die Unvollkommenheit unseres Bildes von der Wirklichkeit. Einer Wirklichkeit, die sich immer mehr als eine Welt des Geistes erweist und die uns immer wieder vor neue Rätsel stellt.

Als Abschluß dieses Kapitels sei ein Ereignis gewählt, das John G. Fuller sehr gründlich untersucht hat, und das äußerst deutlich die komplexen Dimensionen der Realität demonstriert.

Am 29. Dezember 1974 startete die Whisperliner-Maschine Nr. 310 der Eastern Airlines in New York zu einem Flug nach Miami. Infolge eines technischen Defekts stürzte sie bei Everglades in Florida ab. Neunundneunzig Menschen , darunter auch der Pilot Bob Loft und der Bordingenieur Don Repo, kamen dabei ums Leben. Über ein Jahr lang erschienen danach in zahlreichen Whisperliner-Flugzeugen der Eastern Airlines Bob Loft und Don Repo als Phantome. Sowohl Besatzungsmitglieder als auch Flugpassagiere sahen wiederholt die äußerst lebensecht wirkenden Erscheinungen. Auffallend war das Auftreten von Kälte in ihrer Umgebung und ihr beharrliches Schweigen auf Fragen. Bei mehreren ihrer Besuche warnten sie die Besatzung vor möglichen Gefahren. So machten sie in einem Fall auf einen drohenden Triebwerksbrand aufmerksam, in einem anderen auf einen Fehler in der Hydraulik und schließlich in einer dritten Maschine auf einen Defekt in der elektrischen Anlage. Die Häufigkeit ihres Auftauchens führte allmählich zu einer derartigen Verunsicherung, daß sich die Fluggesellschaft zu einem radikalen Handeln entschloß. Sie hatte nach dem Flugzeugunglück im Dezember 1974 zahlreiche intakte Teile des Wracks wie Sitze, Ventilatoren und andere Elektrogeräte in Maschinen des gleichen Typs einbauen lassen. Nun wurden diese Teile allesamt wieder entfernt. Mit dem Erfolg, daß von diesem Augenblick an die Geisterbesuche ausblieben.

Im ersten Moment scheint sich eine Erklärung für diese Vorfälle anzubieten. Die Phantomerscheinungen der beiden Piloten könnten ähnlich den Spukphantomen in alten Gebäuden die Folge einer geistigen Imprägnation sein. Eines allerdings vermag ein solcher Deutungsversuch nicht zu beantworten: Weshalb versuchten die Geisterscheinungen der toten Flugoffiziere den Besatzungen anderer Verkehrsmaschinen Hinweise auf drohende Gefahren zu geben? Und wie sind sie zu diesen Handlungen befähigt? Selbst wenn mechanische und elektrische Bauteile zu einer Speicherung von Emotionen befähigt wären, so sind sie sicherlich nicht in der Lage, sinnvolle Handlungen zu veranlassen. Hier ist eher zu vermuten, daß es sich um bislang unbekannte geistige Wechselwirkungen handelt. Könnte es nicht sein, daß gelegentlich das Bewußtsein eines Verstorbenen - aus einer jenseitigen Dimension des Universums heraus - sich dem Bewußtsein einer lebenden Person mitzuteilen vermag? Wobei der Kontakt auf dem Wege über die emotional geprägten Gegenstände zustande käme. Für eine derartige Möglichkeit sprechen nicht nur die soeben geschilderten Vorkommnisse, sondern auch die seltenen Fälle, in denen ein Medium die Botschaft eines Verstorbenen an lebende Angehörige übermittelte, mit Inhalten, die den Angehörigen oder anderen Menschen gänzlich unbekannt waren.

Auf jeden Fall dürften Erlebnisse dieser Art als ein Hinweis zu betrachten sein, daß mit dem Eintritt des Todes das menschliche Bewußtsein nicht erlischt, sondern in einer anderen Daseinsebene weiterexistiert.

Kapitel 27
Das unbekannte Jenseits

Das Jahr 1974 werden einige chinesische Bauern so schnell nicht vergessen. Beim Bohren eines Brunnens stießen sie auf mehrere lebensgroße Terrakottafiguren, in der Tracht und mit der Bewaffnung altertümlicher Soldaten. Damit bahnten sie den Weg zu einer der größten archäologischen Sensationen. In der Folgezeit legte man nämlich auf einem Areal von 14 000 Quadratmetern eine immer größere Zahl dieser mannshohen Figuren frei. Inzwischen ist es eine Armee von mehr als 3200 gut bewaffneten Kriegern, darunter 200 Bogen- und Armbrustschützen. Sechs große Streitwagen ergänzten das Heer, dessen Aufgabe es war, vor über 2000 Jahren das Mausoleum des Kaisers Quin Shi Huang zu schützen. Dieses verbarg sich unter einem 43 Meter hohen Lößhügel. Sogar etliche Männer und Frauen aus dem Gefolge wurden lebend zusammen mit dem verstorbenen Herrscher begraben, um diesem auch im Reich der Toten dienen zu können.

Jahrtausende alter Jenseitsglaube

Wahrscheinlich besteht der Glaube an eine Weiterexistenz nach dem Tode ebenso lang wie es denkende, menschliche Wesen gibt. Die ersten Anfänge sind infolge der spärlichen Grabfunde nicht nachweisbar. Vom Neandertaler wissen wir, daß er seinen Toten Blumen mit ins Grab gab. Vielleicht war mit diesem letzten Symbol der Zuneigung schon der Glaube an ein jenseitiges Dasein verbunden.

Mit Sicherheit glaubten die Menschen in der jüngeren Steinzeit an ein Weiterleben. Die mächtigen Steinbauten der Megalithkultur, aus vielen Tonnen schweren Blöcken schon vor rund 6000 Jahren errichtet, dienten nicht nur als Grabstätten, sondern wie aus zahlreichen Funden hervorgeht, auch einem intensiven Ahnenkult. Manche Steinkammergräber weisen auf ihrer Stirnseite sogar ein sogenanntes „Seelenloch" auf, das den Seelen der Ahnen einen ungehinderten Durchtritt erlaubte. Für die alten Ägypter besaß das zukünftige Dasein im Amenti, dem schönen Totenreich, eine größere Bedeutung als das diesseitige Leben. Ihre Herrscher, die Pharaonen, ließen gewaltige Steinpyramiden errichten, mit Höhen bis zu 146 Metern und einer Kantenlänge an der Basis von 230 Metern. Luftschächte im Inneren dieser Pyramiden sind genau auf bestimmte Sterne des Sternhimmels ausgerichtet. Sie sollten der Seele des verstorbenen Herrschers den Weg zu Osiris, der im Sternbild Orion seine Verkörperung fand, oder zu den unsterblichen Zirkumpolarsternen weisen. Denn seine Seele sollte fortan in ihrer Nachbarschaft als neuer Stern einen ewigen Platz einnehmen.

Bei den Griechen erwartete die Verstorbenen eine Weiterexistenz im Hades. Von den Göttern auserwählte Menschen gelangten auf die Inseln der Seeligen.

Nach christlichen Vorstellungen führte der Weg der Seelen nach dem jüngsten Gericht in den Himmel oder alternativ dazu in die ewige Verdammnis der Hölle.

Im frühen Indien, bereits im Zeitalter der Veden, waren die Menschen von einer Seelenwanderung überzeugt, verbunden mit einer Kette von Wiedergeburten. Bis die Seele endlich Erlösung findet, das heißt bis sie die höchste Erkenntnis erlangt hat. Dann geht sie in die Weltseele ein, „in die göttliche Weisheit, die über allem steht".

Bei vielen Naturvölkern existieren die Verstorbenen als Geister in der Umgebung der Lebenden weiter.

Wohin wir auch blicken und wie weit wir unseren Blick auch in die Verganheit zurückrichten, überall begegnen wir der menschlichen Überzeugung, daß der Tod nur einen Übergang in eine andere Existenzform unseres Bewußtseins darstellt.

Der Tod besitzt nichts Erschreckendes

In vielen Kulturen erfüllt der Gedanke an den Tod die Menschen weder mit Furcht noch mit Trauer, sondern mit Vorfreude auf ein besseres, leidloses und glückliches Dasein. Und wie steht es mit uns heutigen Menschen? Müssen wir, falls wir der christlichen Glaubensbotschaft nicht zu folgen vermögen, dem Tod mit Bangen entgegensehen?

Wohl konnte uns noch niemand nach seinem endgültigen Tod von dem Jenseits berichten, doch von den Erfahrungen an der Schwelle des Todes, das heißt im Zustand des klinischen Todes, liegen inzwischen eine Fülle von Erfahrungsberichten vor. Sie alle sprechen von beglükkenden oder sogar überwältigend schönen Erlebnissen. So erinnert sich Stefan von Jankovich, der nach einem schweren Verkehrsunfall klinisch tot war:

„Ich entfernte mich von meinem Körper; ich schwebte und hörte wunderschöne Klänge. Eine nie wahrgenommene Harmonie erfüllte mein Bewußtsein. Die Musik wurde transparenter, stärker und schöner, überflutete alles und wurde durch Farben,Formen und Bewegungen begleitet. .... Das glücklich machende Licht überflutete und durchdrang mich noch einmal. Alles war Licht, alles war Musik, alles war Schwingung."

Von den Eindrücken eines Mädchens in unmittelbarer Todesnähe, die so nachhaltig waren, daß es diese unbedingt jemanden erzählen mußte, berichtet Kübler-Ross: „ So vertraute sie ihrem Vater an, daß sie, als sie „starb", solch wunderbare Erlebnisse gehabt habe, so daß sie keinen Wunsch verspürte, zurückzukommen. Das Besondere dabei war jedoch - abgesehen von der großartigen Pracht und der einfach phantastischen Lichtfülle und Liebe - daß ihr Bruder bei ihr war und sie mit aller Liebe und Zärtlichkeit in seine Arme schloß. Nachdem sie all dies ihrem Vater berichtet hatte, fügte sie hinzu:" Das einzige, was mich stutzig macht, ist die Tatsache, daß ich gar keinen Bruder habe." Daraufhin brachen dem Vater die Tränen aus, und er gab zu, daß sie tatsächlich einen Bruder gehabt habe, der allerdings schon drei Monate vor ihrer Geburt verstorben sei. Darüber hatte man ihr gegenüber jedoch nie etwas verlauten lassen."

Hier erhebt sich die Frage: Auf welchem Wege hat das Mädchen an der Schwelle des Todes Kenntnis von ihrem Bruder erlangt? Hellsehen wirkt in diesem Falle als Erklärung sehr unbefriedigend. Wahrscheinlicher dürfte es sein, daß unser Bewußtsein in dieser Grenzsituation Zugang zu Dimensionen erlangt, die ihm bei ungestörter Körperfunktion versperrt sind, da sie außerhalb unserer diesseitigen Welt liegen.

Auch wenn es ärztlicher Kunst gelang, diese Menschen zu reanimieren, so lassen ihre Erlebnisse am Rande einer anderen Welt erkennen, daß der Tod mit keinen unangenehmen Erfahrungen verbunden ist. Im Gegenteil, nicht selten kam es vor, daß die wiederbelebten Menschen unter dem Eindruck ihrer „Sterbenserfahrungen" ihre Rückkehr ins Leben bedauerten.

Die Erfahrungen der Mystiker

In unserer so „aufgeklärten", rationalen Zeit bezweifeln viele Menschen die Existenz eines Jenseits. Ihrer Meinung nach ist der seit Jahrtausenden bestehende Jenseitsglaube nicht mehr als der Ausdruck eines Wunschdenkens. Doch handelt es sich hier nicht eher um ein uraltes kollektives Wissen der Menschheit? Um ein Wissen, das das menschliche Bewußtsein im immanenten Kontakt mit den Sphären des geistigen Universums erlangt hat?

Der Schöpfer ist ein Gott der Liebe. Da er dem Menschen zu einem reflektierenden Bewußtsein verholfen hat, das sämtliche Leiden des irdischen Lebens bewußt und damit besonders intensiv empfindet, hat er ihm zugleich auch die Möglichkeit eröffnet, ungewöhnliche, äußerst erhebende Gefühle zu empfinden. Es ist die Fähigkeit, durch mystische Erfahrungen Kenntnis von der Unsterblichkeit der Seele und einem beglückenden Dasein in einer jenseitigen Welt zu erlangen.

Die Botschaften, die uns Mystiker aus vielen Jahrhunderten immer wieder übermittelten, besitzen eine einmalige Ausstrahlungskraft. Liest man beispielsweise die Worte eines Mystikers nach seiner Erleuchtung, die uns Alan Watt wiedergibt, wird nicht nur die Realität der religiösen Erfahrung spürbar, sondern man beginnt zugleich etwas zu ahnen von der einzigartigen Größe des Schöpfers und seines geistigen Universums: „ Ganz plötzlich, ohne irgendeine Warnung, fand ich mich von einer flammenden Wolke eingehüllt. Einen Augenblick lang dachte ich an Feuer, eine mächtige Feuersbrunst in jener großen Stadt; als nächstes wußte ich, daß das Feuer in mir selbst war. Gleich darauf überkam mich ein Gefühl des Frohlockens, eines freudigen Erregtseins, begleitet, oder unmittelbar gefolgt, von einer unbeschreiblichen intellektuellen Erleuchtung. Unter anderem begann ich nicht nur zu glauben, sondern ich sah, daß das Universum nicht aus toter Materie zusammengefügt ist, sondern ganz im Gegenteil, lebendige Gegenwart ist; das ewige Leben wurde mir in meinem Traum bewußt. Es war keine innere Überzeugung, daß ich das ewige Leben besitzen würde, sondern ein Bewußtsein, daß ich ewiges Leben besaß; ich sah, daß alle Menschen unsterblich sind; daß die kosmische Ordnung so beschaffen ist, daß ohne Zufall alle Dinge zum Guten für alle und jeden zusammenwirken; daß das Gründungsprinzip der Welt, aller Welten, das ist, was wir Liebe nennen, und daß die Glückseligkeit auf lange Sicht für alle und jeden absolut gewiß ist.“

Besuche aus einer anderen Dimension ?

Erinnern wir uns an die ungewöhnlichen Geschehnisse, von denen wir im 26. Kapitel erfuhren. Es sind Phänomene, die uns bewußt werden lassen, wie weit wir noch von einem Verständnis der Wirklichkeit entfernt sind. Sie zeigen deutlich, daß noch völlig unbekannte Verbindungen zwischen der physikalischen Welt und ganz anderen Dimensionen der Realität bestehen. Noch offensichtlicher wird dies bei manchen Berichten über das Erscheinen und Wirken verstorbener Menschen.

Eines der ältesten überlieferten Ereignisse beschreibt uns das 20. Kapitel des Johannes Evangeliums: „ Und über acht Tage waren abermals seine Jünger drinnen, und Thomas mit ihnen. Kommt Jesus, da die Türen verschlossen waren, und tritt mitten ein, und spricht: Friede sei mit euch! Danach spricht er zu Thomas: Reiche deinen Finger her und siehe meine Hände, und reiche deine Hand her, und lege sie in meine Seite, und sei nicht ungläubig, sondern gläubig."

Für diejenigen, die jetzt einwenden, es handele sich in diesem Fall um keinen Augenzeugenbericht, sondern um Aufzeichnungen, die Jahrzehnte später entstanden, seien noch zwei Berichte aufgeführt, die von den Betroffenen selbst schriftlich verfaßt wurden:

N. G. Bach, ein Verwandter des berühmten Johann Sebastian Bach, entdeckte eines Tages an einem neu gekauften Spinett einen Stempel, der als Baujahr des Instruments 1584 angab. In der darauf folgenden Nacht erschien Bach im Traum ein Mann, der ihm erzählte, daß er seinerzeit auf diesem Spinett ein besonderes Lied gespielt habe, nämlich ein Komposition von König Heinrich III. . Anschließend setzte er sich an das Instrument und spielte Bach das Musikstück vor. Wie erstaunt war Bach, als am nächsten Morgen vor seinem Bett ein Zettel lag, auf dem das Lied aus dem Traum in altertümlicher Handschrift und in alten Noten aufgezeichnet war.

Das zweite Beispiel liefert uns niemand geringerer als die Ärztin Dr. Kübler - Ross, eine der renomiertesten Wissenschaftlerinnen auf dem Gebiet der Sterbensforschung:

Eines Tages auf dem Wege zu ihrem Arbeitszimmer begegnete ihr eine Frauengestalt, in der sie voller Bestürzung eine ehemalige Patientin wiedererkannte, die zehn Monate vorher verstorben war. Diese Erscheinung begleitete die Ärztin bis ins Arbeitszimmer. Was dort dann weiter geschah, wollen wir den eigenen Worten von Frau Dr. Kübler - Ross entnehmen: „ Ich ging schließlich zu meinem Schreibtisch. Ich berührte alle Gegenstände, die mir als Wirklichkeit vertraut waren. Ich faßte meinen Schreibtisch an, strich über den Tisch,befühlte den Stuhl.

All das war wirklich vorhanden. Und Sie können sich denken,daß ich die ganze Zeit darauf hoffte, daß dies Frau endlich verschwinden würde. Aber sie verschwand nicht. Sie verharrte in ihrer Stellung und sagte hartnäckig, aber in einem liebenswürdigen Ton: „Dr. Ross, hören Sie mich? Ihre Arbeit ist noch nicht beendet. Wir werden Ihnen helfen. Sie werden wissen,wann Sie damit aufhören können. Aber bitte hören Sie damit jetzt noch nicht auf. Versprechen Se es mir? Ihre wirkkliche Arbeit hat erst begonnen!“ Ich jedoch dachte: „MeinGott, niemand würde mir je Glauben schenken, wenn ich ihm von dem jetzt Erlebten erzählen würde. Selbst meine nächsten Freunde würden mir nicht glauben wollen.“ Damals dachte ich natürlich noch gar nicht daran, daß ich hierüber sogar vor einigen hundert Leuten sprechen würde. Schließlich gewann der Wissenschaftler in mir die Oberhand, und ich wandte mich an sie mit etwas sehr Durchtriebenem. Ich sagte nämlich: „Sie werden wissen, daß Pastor G. jetzt in Urbana wohnt,“ denn er hatte dort eine Kirche übernommen. Ich fuhr fort:“Er würde sich bestimmt über einige Zeilen von Ihnen freuen. Hätten Sie etwas dagegen?“ Und ich reichte ihr einen Stift und ein Blatt Papier. Sie verstehen natürlich, daß ich nicht die Absicht hatte, diese Zeilen an meinen Freund zu senden. Aber ich benötigte ein wissenschaftliches Beweisstück, denn, wie es sich versteht, kann keiner, der begraben ist, noch Briefe schreiben. Und diese Frau mit dem allermenschlichsten, nein, nicht menschlichen, mit dem allerliebevollsten Lächeln konnte alle meine Gedanken lesen. Und ich wußte wie nie zuvor, daß es sich hierbei um Gedankenlesen handelte. Sie nahm das Papier und schrieb ein paar Zeilen darauf, und natürlich haben wir das in Glas eingerahmt und verwahren es als eine Kostbarkeit. Daraufhin sagte sie, und zwar ohne den Mund zu bewegen:“Sind Sie nun zufrieden?“

Besonders kritische Leser könnten jetzt einwenden, jene schriftlichen Botschaften seien von N. G. Bach oder Frau Dr. Kübler - Ross selbst im Traum oder in einem Trancezustand aufgezeichnet worden. Doch macht es sich ein derartiger Deutungsversuch nicht zu einfach?

Zwar gibt es bislang keine zwingenden Beweise für Nachrichten oder gar eine Rückkehr aus einer jenseitigen Welt. Selbst ausgeklügelte Verabredungen von Parapsychologen zu Lebzeiten, die den Beweis eines Weiterlebens zum Ziel hatten, erbrachten kein eindeutig positives Ergebnis. Möglicherweise werden derartige vorausgeplanten Nachrichtenübermittlungen durch die geänderte Beschaffenheit unseres Bewußtseins nach dem Tode erschwert. Wer sagt uns jedoch, daß nicht das eine oder andere Mal ein Kontakt mit jener anderen unbekannten Welt zustande kommt?

Zweifellos lassen sich, wie wir schon in anderen Kapiteln sahen, viele Botschaften aus dem Jenseits und Geistererscheinungen als außersinnliche Wahrnehmungen, wie Telepathie oder Hellsehen, erklären. Aber in einzelnen Fällen könnte es sich auch um wesentlich mehr handeln.

Beispielsweise in dem Falle eines jungen Zahnarztes. Dieser übernahm unmittelbar nach Beendigung seines Studiums die Praxis seines plötzlich verstorbenen Vaters. Eine seiner ersten Patienten war eine ältere Dame, für die er ein neues Gebiß anzufertigen hatte. Kurze Zeit später erschien sie erneut in der Praxis und überbrachte ihm einen Zettel mit einer Nachricht voller medizinischer Fachausdrücke, die ihr im Traum ein älterer Herr diktiert hatte. Der Zahnarzt war doppelt überrascht. Zum einen traf die Beschreibung des älteren Herrn auf seinen Vater zu, zum anderen machte der Zettel ihn auf einen Fehler aufmerksam, der ihm tatsächlich beim Anfertigen des Gebisses unterlaufen war.

Daß wir für derartige Phänomene keine plausible Erklärung finden, ja daß sie letztlich unser Vorstellungsvermögen überfordern, sollte uns zu keiner ablehnenden Haltung verleiten. Kommt es doch immer wieder vor, daß wir dreidimensionalen Wesen deutliche Unzulänglichkeiten unserer Erkenntnisfähigkeit feststellen müssen.

Vielleicht ist alles ganz anders

Auf ihrer Suche nach einer gemeinsamen „Urkraft“, aus der in den Anfängen des Universums sämtliche heute bekannten Naturkräfte hervorgegangen sind, sahen sich die Physiker gezwungen, dem vierdimensionalen Universum Einsteins weitere Dimensionen hinzuzufügen. So schlug beispielsweise Theodor Kaluza ein fünfdimensionales Universum vor, in dem eine direkte Beziehung zwischen der Gravitation und dem Elektromagnetismus besteht. Das Ergebnis seiner komplizierten Berechnungen faßt Paul Davies für uns zusammen: „Kaluza sagt mit seiner kühnen Hypothese, daß es nur ein einziges Kraftfeld gibt - die Gravitation - , wenn wir unsere Sicht des Universums auf fünf Dimensionen ausweiten. Was wir Elektromagnetismus nennen, ist nur der Teil der Gravitation, der in der fünften Dimension operiert, also der zusätzlichen Raumdimension, die wir noch nicht erkannt haben.“ Inzwischen gehen etliche Physiker sogar von elf Raumzeitdimensionen aus. Ihrer Meinung nach ist das materielle Universum elfdimensional!

Wenn heute die Physiker, die sich bei ihren Überlegungen nur von strengen mathematischen Gesetzen leiten lassen, ihr Universum der Materie bereits für derart kompliziert halten, dann ist sicher eine Annahme nicht von der Hand zu weisen. Nämlich die Vermutung, daß die gesamte Realität, also die Welt des Geistes noch wesentlich komplexer und unserem dreidimensionalen Vorstellungsvermögen noch weniger zugänglich ist.

Martin Gardner beschreibt eine Möglichkeit, wie diese Gesamtrealität beschaffen sein könnte, mit den Worten: „ Unser Kosmos - die Welt, die wir sehen, hören und fühlen - ist die dreidimensionale Oberfläche eines endlos weiten vierdimensionalen Meeres ...... Was liegt außerhalb der Meeresoberfläche? Die gänzlich andere Welt Gottes! Nun braucht der Widerspruch zwischen Gottes Immanenz und Transzendenz die Theologen nicht länger zu peinigen. Der Hyperraum berührt jeden Punkt des Dreiraums. Gott ist uns näher als unser eigener Atem. Er sieht jedes

Stückchen unserer Welt, berührt jedes Atom, ohne auch nur einen Finger durch den Raum zu bewegen. Dennoch liegt das Königreich Gottes gänzlich „außerhalb“ des Dreiraums in einer Richtung, in der wir nicht einmal deuten können.“

Da das Jenseits ein Teil jener geistigen Welt ist, können wir über seine Beschaffenheit und die Art und Weise eines Weiterlebens nach dem Tode nur Mutmaßungen anstellen.

So muß der Eintritt in eine jenseitige Welt durchaus nicht mit einem Aufgehen in der Weltenseele oder in dem universalen Geist verbunden sein. Auch nicht mit einem Eingehen ins Nirvana oder einer inständigen Anbetung des Schöpfers.

Vielleicht weisen die Jahrtausende alten Vorstellungen der Ägypter in eine Richtung die der Wirklichkeit nahekommt: „ Ihre Einweihungspriester hatten sie gelehrt, daß sie nach ihrem Tod an den kosmischen Rhythmen und Schwingungen teilhaben würden und daß das Phänomen des physischen Todes nur einen Aspekt der Transformation des Bewußtseins - jenes Unbekannten und Unsichtbaren in uns - in einen vollkommeneren Zustand darstelle, den jeder Mensch im Augenblick seiner Neugeburt im Grabe erleben werde.“ (Albert Champdor).

Nicht selten wird der Übergang vom Diesseits in eine andere Welt mit der Metamorphose eines Schmetterlings verglichen: Unser irdisches Dasein entspricht dem Larvenzustand des Schmetterlings. So wie der strahlend schöne Schmetterling der Puppenhülle entschlüpft, würde dann unser Bewußtsein sich im Tode aus der materiellen Körperhülle lösen und neuen Aufgaben in einer anderen Dimension entgegensehen.

Sicher ist lediglich, daß unserem Bewußtsein dann sein diesseitiges Instrument zum Erfassen der Umwelt - das Gehirn - ebenso wenig wie die Organe unserer fünf Sinne zur Verfügung steht. Wahrnehmungen müssen daher im Jenseits auf völlig andere Weise erfolgen. Außersinnliche Phänomene wie Telepathie oder Hellsehen geben vielleicht einen ersten Hinweis darauf, welche Möglichkeiten unserem Bewußtsein nach dem Tode zum Sammeln von Erfahrungen offenstehen. Denn außersinnliche Wahrnehmungen unterliegen, wie wir bereits an anderer Stelle sahen, keinen physikalischen Gesetzen. Sie sind offensichtlich immateriell, das heißt Bestandteil der Welt des Geistes.

Unser Bewutsein dürfte nach dem Tode gänzlich außerhalb jeglicher raumzeitlicher Bindungen existieren, in einer kosmischen Umgebung, die, wie es Milan Ryzl erwartet, „ wesentlich feiner und tiefer ist, als alles, was wir mit unseren Sinnen verstehen und mit unseren alltäglichen Wörtern beschreiben können."

Es ist durchaus möglich, daß in jenen anderen Dimensionen neue Aufgaben auf uns warten, von denen wir hier nichts ahnen, ja, die sich unser Bewußtsein in seiner Beschränkung auf den materiellen Körper gar nicht vorzustellen vermag.

Auf jeden Fall spricht alles dafür, daß der Tod kein Ende unseres Daseins bedeutet, sondern nur eine Übergangsphase auf dem Wege in die reine Welt des Geistes. Diese Aussicht sollte uns Kraft geben bei unserem Bemühen, die uns in der diesseitigen Existenz gestellten Aufgaben erfolgreich zu bewältigen.

Die Frage, was unserem Bewußtsein, das heißt unserer Seele in der jenseitigen Zukunft bestimmt ist, vermag derzeit niemand zu beantworten, so sehr wir uns auch nach einer genauen Antwort sehnen mögen. Viele Möglichkeiten sind denkbar. Eine davon erfahren wir aus den Worten Swami Vivekanandas: „ Die Seele ist ein Kreis, dessen Umfang nirgends und dessen Zentrum in einem Körper liegt. Der sogenannte Tod ist nur die Verlegung dieses Zentrums. Gott ist ein Kreis, dessen Umfang nirgends und dessen Zentrum überall ist, und sobald wir dem engen Zentrum im Körper entweichen können, werden wir Gott, unser wahres Selbst, erkennen."

Doch vielleicht ist alles auch ganz anders. Wenn wir eines Tages jene rätselhafte Schwelle überschreiten, werden wir es wissen.

Nachwort

Betrachten wir in einer dunklen, klaren Nacht den gestirnten Himmel, so sehen wir bereits mit bloßem Auge mehrere tausend Sterne. Diese winzigen funkelnden Lichtpunkte sind Sonnen, gleich unserer eigenen Sonne, nur riesig weit von uns entfernt. Nehmen wir ein großes Fernrohr zu Hilfe, dann steigt die Zahl dieser Sonnen fast ins Unermeßliche. Über hundert Milliarden von Ihnen bilden unser Milchstraßensystem. Ein gewaltiges kosmisches Gebilde! Und doch ist dieses Sternsystem nur eines von mehr als hundert Milliarden ähnlich großer Sternansammlungen. Viele der hundert Milliarden mal hundert Milliarden Sonnen besitzen ein Planetensystem , so wie unsere Sonne. Wir leben, darüber besteht heute kaum ein Zweifel, in einem Universum mit Millionen, wahrscheinlich sogar Milliarden von intelligenten Wesen bewohnten Himmelskörpern.

Welche unermeßliche Größe muß der Geist besitzen, der dieses riesige Universum geschaffen hat und mit seiner Kraft erfüllt! Welche geringe Bedeutung kommt in diesem Weltall einem einzelnen der zahllosen Planeten zu! Und doch gibt es auf einem Planeten namens Erde heute nicht wenige Menschen, die glauben, daß auf Grund einiger Gesetzmäßigkeiten und Theorien der Geist der Schöpfung entbehrlich sei. Haben die zweifellos beachtlichen Erfolge auf einigen Teilgebieten der Erkenntnis sie blind gemacht für die großen bislang ungeklärten Zusammenhänge? Haben sie vergessen, welchem umwälzenden Wandel das von ihnen entworfene Weltbild in den letzten Jahrhunderten ausgesetzt war?

Hätte beispielsweise vor 150 Jahren ein Physiker die Behauptung gewagt, am Ende des 20. Jahrhunderts könnte man auf dem Bildschirm eines Apparates die Geschehnisse von verschiedenen Stellen der Erde zeitgleich verfolgen, ja sogar die Ausflüge von Astronauten auf dem Mond miterleben, was hätten seine Kollegen wohl von ihm gehalten? Und was werden in zweihundert Jahren Wissenschaftler zu den gegenwärtigen physikalischen und biologischen Ansichten sagen? Trotz aller bisherigen Entdeckungen vermögen die Naturwissenschaften über Phänomene wie Leben und Geist nicht mehr auszusagen als Philosophie, Religion und Psychologie.

Wenn wir uns wieder etwas mehr einer vorurteilsfreien Beobachtung der verschiedenen Naturerscheinungen widmen, statt nach neuen wissenschaftlichen Theorien Ausschau zu halten, dann werden wir sehr rasch die Grenzen einer rein naturwissenschaftlichen Weltsicht bemerken. Wir werden erkennen, daß die gesamte Natur - angefangen bei dem Verhalten einzelliger Wesen, über Pflanzen und Tiere, die sich nach genialen Methoden entwickeln und agieren, bis hin zu den Leistungen des menschlichen Bewußtseins - ein großer Spiegel ist, der das Wirken eines einzigartigen Geistes offenbart. Dann werden wir die Richtigkeit dessen begreifen, was bereits vor zweieinhalb Jahrtausenden die Upanishaden zu berichten wußten: „ Der einzige Gott ist in allen Wesen verborgen, durchdringt alles und wohnt als Seele in allen Wesen."

Literaturverzeichnis

Agosta, William C. : Dialog der Düfte, Heidelberg/Berlin/Oxford 1994

Allen, Tom: Wesen, die noch niemand sah, Bergisch Gladbach 1966

Alpers, Antony: Delphine, Wunderkinder des Meeres, München 1966

Augros, Robert/ Stanciu, George: Die neue Biologie, Bern/München/Wien 1988

Aurel, Marc: Selbstbetrachtungen, Stuttgart 1984

Aurobindo, Sri: Gedanken und Aphorismen, Pondicherry 1979

Bhagavad Gita, das Lied von der Gottheit, Leipzig 1919

Bateson, Gregory: Geist und Natur, 3. Aufl., Frankfurt/M. 1984

Barrow, John D.: Die Natur der Natur, Heidelberg/Berlin/Oxford 1993

Baumann, Peter/Kaiser, Dieter: Die Sprache der Tiere, Stuttgart 1992

Becker, Peter-Rene: Werkzeuggebrauch im Tierreich, Stuttgart 1993

Bender, Hans: Unser sechster Sinn, München 1982

Berendt, H. C.: Sprung über die Zeit, Freiburg i. Br. 1985

Berendt, Joachim-Ernst: Nada Brahma - Die Welt ist Klang, Reinbek bei Hamburg 1985

Berlitz, Charles: Die Welt des Unbegreiflichen, München 1990

Berman, Morris: Wiederverzauberung der Welt, Reinbek bei Hamburg 1985

Bertalanffy, Ludwig von: Theoretische Biologie, 2 Bde., Berlin 1932 und Bern 1951

Binnig, Gerd: Aus dem Nichts, München/Zürich 1989

Blundell, Nigel: Die größten Geheimnisse der Welt, München 1984

Bohm, David: Die implizite Ordnung, München 1985

Boschke, F.L.: Die Schöpfung ist noch nicht zu Ende, München/Zürich 1962

Boslough, John: Jenseits des Ereignishorizonts, Reinbek bei Hamburg 1985

Boyd, Doug: Rolling Thunder, München 1977

Bresch, Carsten: Zwischenstufe Leben, Frankfurt/M. 1979

Breuer, Reinhard: Das anthropische Prinzip, Frankfurt/Berlin/Wien 1984

ders.: Kontakt mit den Sternen, Frankfurt/Berlin/Wien 1981

Brockman, John: Die Geburt der Zukunft, Bern/München/Wien 1987

Bruns, Herbert: Warn- und Tarntrachten im Tierreich, Stuttgart 1952

Buchner, Paul: Symbiose der Tiere mit pflanzlichen Mikroorganismen, Berlin 1949
Büttler, René: Die Mystik der Welt, München 1995
Bunk, Berold/Tausch,Jürgen: Grundlagen der Verhaltenslehre, Braunschweig 1975
Burkhardt D./Schleidt W./Altner H. (Hrsg.): Signale in der Tierwelt, München 1966
Butlar, Johannes von: Reisen in die Ewigkeit, Frankfurt 1976
ders.: Zeitsprung, München 1977
Bylinsky, Gene: Evolution im Weltall,Frankfurt/Berlin/Wien 1985
Capra, Fritjof: Das Tao der Physik, Bern/München/Wien 1984
ders.: Wendezeit, 7.Aufl., Bern/München/Wien 1984
Champdor, Albert: Das Ägyptische Totenbuch, München/Zürich 1980
Charon, Jean E.: Der Geist der Materie, Frankfurt/Berlin 1982
Crompton, John: Die Spinne, Berlin 1953
Davidson, John: Am Anfang ist der Geist,Bern/München/Wien 1994
Davies, Paul: Die Urkraft, Hamburg 1987
ders.: Gott und die moderne Physik, München 1986
ders.: Prinzip Chaos, München 1988
Dawkins, Richard: Das egoistische Gen, Berlin/Heidelberg/New York1978
ders.: Der blinde Uhrmacher, München 1987
Deckert, Gisela und Kurt: Verhaltensformen der Tiere,Köln 1974
Der Naturarzt, Monatszeitschrift, Königstein i. Ts.
Deutsch, Andreas (Hrsg.): Muster des Lebendigen, Braunschweig/Wiesbaden 1994
Dionysios, Areopagita: Mystische Theologie und andere Schriften, München 1956
Ditfurth, Hoimar von: Im Anfang war der Wasserstoff, Hamburg 1972
ders.: Wir sind nicht nur von dieser Welt, Hamburg 1981
Ditfurth, Hoimar von /Arzt, Volker: Dimensionen des Lebens,München 1977
Doucet, Friedrich W.: Die Toten leben unter uns, 4.Aufl., Genf/ München 1997
ders.: Geschichte der Geheimwissenschaften, München 1982
Dröscher,Vitus B.: Die freundliche Bestie, Oldenburg/Hamburg 1968
ders.: Ein Krokodil zum Frühstück, Düsseldorf/Wien 1980
ders.: Geniestreiche der Schöpfung, Frankfurt/Berlin 1986
ders.: Sie turteln wie die Tauben, Hamburg 1988

ders.: Sie töten und sie lieben sich, Hamburg 1974
ders.: Wie menschlich sind Tiere?, Frankfurt/Berlin 1987
ders.: Magie der Sinne im Tierreich, München 1975
ders.: Überlebensformel, Düsseldorf/Wien 1979
Dürr, Hans-Peter (Hrsg.): Physik und Transzendenz, Bern/München/Wien 1986
Dyson, Freeman J.: Die zwei Ursprünge des Lebens, München 1990
Ebeling, Werner: Chaos-Information-Ordnung, Frankfurt/Thun 1989
Eccles, John C.: Wie das Selbst sein Gehirn steuert, München 1996
Eibel-Eibesfeldt: Der vorprogrammierte Mensch, 3.Aufl., Wien/München/Zürich 1973
ders.: Grundriß der vergleichenden Verhaltensforschung, 6.Aufl.,München/Zürich 1980
ders.: Und grün des Lebens goldener Baum, Köln 1992
Eigen, Manfred: Perspektiven der Wissenschaft, Stuttgart 1988
ders.: Stufen zum Leben, München 1987
Eigen, Manfred/Winkler, Ruthild: Das Spiel, München/Zürich 1975
Einstein, Albert: Aus meinen späten Jahren, Stuttgart 1952
Epiktet: Handbüchlein der Ethik, Stuttgart 1984
Erben, Heinrich K.: Evolution, Stuttgart 1990
Esotera, Neues Denken und Handeln, Monatszeitschrift, Freiburg i. Br.
Evans,Howard E.: Die Insekten, Frankfurt/Hamburg 1971
Farkas, Viktor: Jenseits des Vorstellbaren, Wien 1996
Ferguson, Kitty: Gottes Freiheit und die Gesetze der Schöpfung, Düsseldorf/Wien/New York/Moskau 1994
Ferguson, Marilyn: Geist und Evolution, München 1986
Ferris,Timothy: Das intelligente Universum, Berlin 1992
Fischer Lexikon Biologie, 2Bde., Frankfurt/M. 1963
Fitting H./Schumacher W./Harder R./Fibras F.: Lehrbuch der Botanik, 25.Aufl., Stuttgart 1951
Friedli, Franz: Wunderwelt der Ameisen, Bern o.Jg.
Frisch, Karl von: Biologie, München 1967
ders.: Tiere als Baumeister, Frankfurt/Berlin/Wien1974
Gandhi, Mahatma: Die Religion der Wahrheit, Wörgl 1982

Gardner, Martin: Das gespiegelte Universum, Braunschweig 1967
Gell-Mann, Murray: Das Quark und der Jaguar, München/Zürich 1994
Glaser, Roland: Biologie einmal anders, Köln 1974
Glaubrecht Matthias: Duett für Frosch und Vogel, München 1992
ders.: Wenn's dem Wal zu heiß wird, 2.Aufl., Düsseldorf/Wien/New York 1988
Göke, Gerhard: Meeresprotozoen, Stuttgart 1963
Gösswald,Karl: Unsere Ameisen, 2 Bde., Stuttgart 1954 u.1955
Gould, Stephen J.: Bravo, Brontosaurus, Hamburg 1994
ders.: Ever Since Darwin, New York 1977
Greguss, Ferenc: Patente der Natur, Heidelberg/Wiesbaden 1988
Gris, Henry/ Dick, Williams: PSI als Staatsgeheimnis, München 1981
Grof, Stanislav/ Benett, Hal Zina: Die Welt der Psyche,Reinbek b.Hamburg 1997
Grospietsch,Theodor: Wechseltierchen, Stuttgart 1965
Guitton,Jean/Bogdanov,Gricha u.Igor: Gott und die Wissenschaft, München 1992
Habermehl, Gerhard G.: Gifttiere und ihre Waffen, 4.Aufl., Berlin/Heidelberg/New York/London/Paris/Tokyo 1987
Hartmann, Franz: Die Bhagavad Gita, Leipzig 1919
Hawking, Stephen W.: Eine kurze Geschichte der Zeit, Reinbek bei Hamburg 1988
Hay, Louise L.: Gesundheit für Körper und Seele, München 1989
Heiland, Stefan: Naturverständnis, Darmstadt 1992
Heimer, Stefan: Wunderbare Welt der Spinnen, Hannover 1988
Heisenberg, Werner: Der Teil und das Ganze, München 1969
Heller, Bruno: Grundbegriffe der Physik im Wandel der Zeit, Braunschweig 1970
Hemminger, Hansjörg und Wolfgang: Jenseits der Weltbilder, Stuttgart 1991
Hensel,Wolfgang:Pflanzen in Aktion,Heidelberg/Berlin/Oxford 1993
Heß, Dieter: Die Blüte, Stuttgart 1990
Hesse, Richard/Doflein,Franz: Tierbau und Tierleben, Band II, Leipzig/Berlin 1914
Höhn, Reinhardt: Seltsames aus dem Reich der Pflanzen, Luzern 1977
Hoffmann, Kurt: Hat die Natur ein Gedächtnis?, in „Die Zeit", Hamburg 1990
Holbe, Rainer: Phantastische Phänomene, München 1993
Howe, Henry F./Westley, Lynn C.: Anpassung und Ausbeutung,Heidelberg/Berlin/ Oxford 1993

Husted, Friedrich: Kieselalgen, Stuttgart 1969
Hutton, Bernard J.: Healing Hands, London 1966
Huxley, Anthony: Das phantastische Leben der Pflanzen, 2.Aufl., München 1982
Huxley, Julian: Entfaltung des Lebens, Frankfurt/Hamburg 1954
Illies, Joachim: Der Jahrhundert-Irrtum, Frankfurt/M. 1983
ders.: Die Welt ist Gottes Schöpfung, Freiburg 1983
ders.: Schöpfung oder Evolution, Zürich 1979
Inayat, Khan Hazrat: Vom Glück der Harmonie, Freiburg/Basel/Wien 1979
Jaffé, A.(Hrsg.): Erinnerungen, Träume, Gedanken von C. G. Jung, Olten/Freiburg i.Br. 1988
Jankovich, Stefan von: Ich war klinisch tot, München 1984
Jantsch, Erich: Die Selbstorganisation des Universums,München 1982
Jeans, Sir James: Der Weltraum und seine Rätsel, Stuttgart/Berlin 1931
Jung, Carl Gustav: Archetypen, München 1996
ders.: Synchronizität, Akausalität und Okkultismus, München 1994
Kakuska, Rainer(Hrsg.): Andere Wirklichkeiten, München 1984
Kammerer, Paul: Das Gesetz der Serie, Stuttgart u. Berlin 1919
Karrer, Otto: Die große Glut, München 1978
Keller, Werner: Was gestern noch als Wunder galt, München/Zürich 1976
Kerner, Dagny/Kerner Imre: Ärzte operieren mit Energieheilern, in Esotera 1/1998
Kirk,David: Biology Today, New York 1975
Koestler,Arthur: Die Wurzeln des Zufalls, Frankfurt/M. 1972
Krauß,Gerd-Joachim/Miersch,Jürgen: Chemische Signale, Köln 1983
Kröner Verlag: Schöpfungsglaube und Evolutionstheorie, eine Vortragsreihe, Stuttgart 1955
Kübler-Ross, Elisabeth: Über den Tod und das Leben danach, Güllesheim 1997
Kühn, Alfred: Grundriß der allgemeinen Zoologie, Stuttgart 1949
Kükenthal, Willy/Matthes,Ernst: Zoologisches Praktikum, 13.Aufl., Stuttgart 1953
Küppers, Bernd-Olaf: Natur als Organismus, Frankfurt/M. 1992
Langelaan, George: Die unheimlichen Wirklichkeiten, München 1981
Lazarus, Arnold: Innenbilder, München 1980

LIndauer, Martin: Botschaft ohne Worte, München 1990
Linder, Hermann: Biologie, 10.Aufl., Stuttgart 1959
Lorenz, Konrad: Er redete mit dem Vieh, den Vögeln und den Fischen, Wien 1949
ders.:Über tierisches und menschliches Verhalten, 2.Aufl., München/Zürich 1987
ders.: Vergleichende Verhaltensforschung, Berlin/Heidelberg/ New York 1978
Lovelock, James: Das Gaia-Prinzip, Zürich/München 1991
Malek, Ivan: Die Biologie der Zukunft, Prag 1964
Matthes, Dieter/Matthes Carla: Plagegeister des Menschen, Stuttgart 1974
Matthes, Dieter: Tiere miteinander, Stuttgart 1967
ders.: Tierische Parasiten, Braunschweig 1988
ders.: Tiersymbiosen, Stuttgart/New York 1978
Matthes, Dieter/Wenzel, Fritz: Die Wimpertiere, Stuttgart 1966
Mayr, Ernst: Die Entwicklung der biologischen Gedankenwelt, Berlin/Heidelberg/ New York 1984
ders.: Eine neue Philosophie der Biologie, München/Zürich 1991
Meckelburg, Ernst: Besucher aus der Zukunft, Bern/München 1980
ders.: Wir alle sind unsterblich, München 1997
ders.: Transwelt, München 1992
ders.: Zeitschock, München 1993
ders.: Zeittunnel, München 1991
ders. (Hrsg.): Unheimlich, unglaublich, ungeheuerlich, Frankfurt/Berlin 1990
ders.: Von Psi zur geistgesteuerten Maschine, in Esotera 1/1998
Meier, Heinrich(Hrsg.): Die Herausforderung der Evolutionsbiologie, 3.Aufl., München 1992
Moody, Raymond M.: Leben nach dem Tod, Reinbek bei Hamburg 1997
Moore, Ruth u. Life Redaktion: Die Evolution, N.V. (Nederland) 1964
Morowitz, Harold J.: Die Schöpfung ist kein Zufall, Düsseldorf/Wien/New York 1988
Morris, Desmond: Warum hat das Zebra Streifen?, München 1991
Neuhäusler, Anton: Telepathie, Hellsehen, Praekognition, Bern 1957
Neumann, Erich: Ursprungsgeschichte des Bewußtseins, München o. J. Angabe
Nichols, Eugene R.: Der Weg zur Entfaltung der PSI-Kräfte, Freiburg i. Br. 1972

Osche, Günther: Ökologie, Freiburg/Basel/Wien 1973
Ostrander, Sheila/Schroeder, Lynn: Psi, Bern/München 1981
Oth, René: Gott auf dem Prüfstand, Bern/München 1982
Pauwels, Louis/Bergier, Jaques: Aufbruch ins dritte Jahrtausend, München 1986
Peat, David: Der Stein der Weisen, München 1994
ders.: Synchronizität, 2.Aufl., Bern/München/Wien 1991
Pflug, Hans D.:Die Spur des Lebens, Berlin/Heidelberg/New York1984
Pietschmann, Herbert: Das Ende des naturwissenschaftlichen Zeitalters, Wien/ Hamburg 1980
Planck, Max: Vorträge und Erinnerungen, Darmstadt 1981
Playfair/Hill: Die Zyklen des Himmels, München 1983
Popper, Karl: >>Ich weiß,daß ich nichts weiß-und kaum das<< , Frankfurt/Berlin 1991
Popper, Karl/Eccles, John C.: Das Ich und sein Gehirn, München/Zürich 1982
Portmann, Adolf: Neue Wege der Biologie, München 1960
Prigogine, Ilya/Stengers, Isabelle: Dialog mit der Natur, 5.Aufl., München/Zürich 1986
Psychologie heute, Das Bild des Menschen, Monatszeitschrift, Weinheim
Querner H./Hölder H./Egelhaaf A./Jacobs J./Heberer G.: Vom Ursprung der Arten, Reinbek bei Hamburg 1969
Ramakrischna, Sri: Worte des Meisters, Zürich 1949
Reichholf, Josef H.: Der schöpferische Impuls, Stuttgart 1992
Remmert, Hermann: Ökologie, 5.Aufl., Berlin/Heidelberg/ New York 1992
Rhine, J. B.: Die Reichweite des menschlichen Geistes, Stuttgart 1950
Rhine, J. B./ Pratt J. G.: Parapsychologie, Grenzwissenschaft der Psyche, Bern/ München 1962
Riedl, Rupert: Die Ordnung des Lebendigen, München 1990
ders.: Die Spaltung des Weltbildes, Berlin/Hamburg 1985
Richter, Klaus/Klausnitzer, Bernhard: Tiere im Naturgarten, Hannover 1990
Ring, Kenneth: Den Tod erfahren - das Leben gewinnen, Bern/München/Wien 1984
Rucker, Rudy: Die Wunderwelt der vierten Dimension, Bern/München/Wien 1990
Russel,Peter: Die erwachende Erde, München 1984
Ryzl, Milan: Der Tod ist nicht das Ende, Kreuzlingen/München 1996

ders.: Telepathie und Hellsehen, Genf/München 1993
Sänger-Bredt, Irene: Die kosmischen Gesetze, Frankfurt 1974
Sagan, Carl/Agel, Jerome: Nachbarn im Kosmos, München 1978
Sahtouris, Elisabet: Gaia, Frankfurt/Leipzig 1993
Schaeffer, Michael/Bachmann,Anita(Hrsg.): Neues Bewußtsein - neues Leben, München 1988
Scharf, Karl-Heinz: Pflanzen und Tiere schützen sich vor Feinden,Ravensburg 1977
Scimmel, Annemarie: Gärten der Erkenntnis, Düsseldorf/Köln 1982
Schmidt, Hans: Der Wünschelruten-Effekt, in"Bild der Wissenschaft", 1/1992
Scholz, Wilhelm von: Der Zufall, Stuttgart 1924
Schrödinger, Erwin: Geist und Materie, Braunschweig 1959
ders.: Mein Leben, meine Weltsicht, Wien/Hamburg 1985
Schweitzer, Albert: Ausgewählte Kostbarkeiten, (hrsg.v. Berron, Gottfried), Lahr 1988
Schwoerbel, Wolfgang: Geheimnisvolle Tiefsee, Stuttgart 1965
Sedlag, Ulrich: Rätsel und Wunder im Reich der Insekten, Melsungen/Berlin/Basel/ Wien 1979
Sheldrake, Rupert: Das Gedächtnis der Natur, 2.Aufl., Bern/München/Wien 1990
ders.: Das schöpferische Universum, München 1989
ders.: Die Wiedergeburt der Natur, Bern/München/Wien 1993
ders.: Sieben Experimente, die die Welt verändern könnten, Bern/München/Wien 1994
Siewing,Rolf(Hrsg.): Evolution, Stuttgart/New York 1987
Simonton, O. Carl/Matthews Simonton, Stefanie/ Creighton, James: Wieder gesund werden, Reinbek bei Hamburg 1992
Simpson, George G.: Auf den Spuren des Lebens, Berlin 1957
Smith, Susy: Astrale Psi Geheimnisse, München 1977
Sommer,Volker: Lob der Lüge, München 1994
Sprockhoff, Harald von: Naturwissenschaft und christlicher Glaube - ein Widerspruch?, Darmstadt 1992
Stearn, Jess: Der schlafende Prophet, München 1985
Stehli, Georg: Pflanzen auf Insektenfang, Stuttgart 1934

Stix, Hugh u. Maguerite/Abbot,Tucker R./Landshoff, H.: Die Muschel, Stuttgart/ Zürich 1978
Störig, Hans Joachim: Weltgeschichte der Philosophie, Stuttgart/München 1985
Storch,Volker/Welsch,Ulrich: Evolution, 6.Aufl., München 1989
Straaß,Veronika: Spielregeln der Natur, München/Wien/Zürich 1990
Streble, Heinz/Krauter, Dieter: Das Leben im Wassertropfen, Stuttgart 1973
Street, Philip: Die Waffen der Tiere, Tübingen/Stuttgart 1971
Tagore, Rabindranath: Sadhana, München 1921
Talbot, Michael: Jenseits der Quanten, München 1990
ders.: Mystik und neue Physik, München 1989
Taylor, Gordon: Das Geheimnis der Evolution, Frankfurt/M. 1983
ders.: Die biologische Zeitbombe, 3.Aufl., Frankfurt/M. 1972
Teegen, Frauke: Ganzheitliche Gesundheit, Reinbek bei Hamburg 1987
Teilhard de Chardin,Pierre: Der Mensch im Kosmos, 4.Aufl., München 1985
Tembrock, Günter: Verhaltensbiologie, 2.Aufl., Jena 1992
Tenhaeff, W. H. C.: Der Blick in die Zukunft, Berlin 1976
ders.: Hellsehen und Telepathie, Gütersloh 1962
Thienemann,August F.: Leben und Umwelt, Hamburg 1956
Thomas, Jesse J.: Psychic Surgeon, London 1975
Thomas, Lewis: On the Uncertainty of Science, Phi Beta Kappa Key Reporter Nr.6, 1980
Tinbergen, Nikolaas: Das Tier in seiner Welt, 2 Bde., München/Zürich 1977/78
ders.: Instinktlehre, 6.Aufl., Berlin/Hamburg 1979
ders.: Tiere untereinander, Berlin/Hamburg 1955
Tipler, Frank J.: Die Physik der Unsterblichkeit, München/Zürich1994
Tompkins, Peter/Bird, Christopher: Das geheime Leben der Pflanzen, Frankfurt/M. 1977
Tributsch, Helmut: Wie das Leben leben lernte, Stuttgart 1976
Trinh, Xuan Thuan: Die verborgene Melodie, Stuttgart 1993
Tulku,Tarthang: Raum, Zeit und Erkenntnis, Bern/München/Wien 1983
Unglaublich aber wahr (Hrsg.: Verlag Das Beste), Stuttgart 1976
Uphoff,Walter u. Mary Jo: Neuland der Psyche, München 1978

Vester, Frederic: Neuland des Denkens, Stuttgart 1980
Vivekananda, Swami: Inana - Yoga I u. II , Freiburg i. Br. 1973
Watson, James D.: Die Doppel-Helix, Reinbek bei Hamburg 1971
Watson, Lyall: Geheimes Wissen, Frankfurt/M. 1978
Watzlawick, Paul: Wie wirklich ist die Wirklichkeit?, 7.Aufl., München 1980
Weizsäcker, Carl Friedrich von: Die Einheit der Natur, 2.Aufl.,München 1981
Wejnar, Reinhold: Bewegungen der Pflanzen, Köln 1982
Wells, Martin: Wunder primitiven Lebens, München 1968
Weltalmanach des Übersinnlichen (Hrsg.: Heyne Verlag), München 1984
Wendt, Herbert: Das Liebesleben in der Tierwelt, Reinbek bei Hamburg 1970
Wickler,Wolfgang: Mimikry, München 1968
Wickler, Wolfgang/Seibt,Ute:Das Prinzip Eigennutz,Hamburg 1977
Wieser, Wolfgang: Genom und Gehirn, München 1970
Wilber, Ken (Hrsg.): Das holographische Weltbild, Bern/München/Wien 1986
Wilber,Ken:Das Spektrum des Bewußtseins,Bern/München/Wien1987
ders.: Halbzeit der Evolution, Bern/München/wien 1984
Wilkins, Malcolm: Physiologie der Pflanzen, Stuttgart 1989
Wuketits, Franz M.: Evolutionstheorien, Darmstadt 1988
ders.: Schlüssel zur Biologie, München 1990
Zillo, Adriana/ Greissing, Hans: Neue Hoffnung: Zilgrei , München 1995

Abbildungen:

Abb. 1: Die Schnecke Murex temeris tarnt sich durch lange stachelartige Fortsätze an ihrem Gehäuse

Abb. 2: Die Lastträgersschnecke tarnt sich durch Aufkleben

Abb. 3: Der Fetzenfisch sieht wie ein Stück Meerestang aus

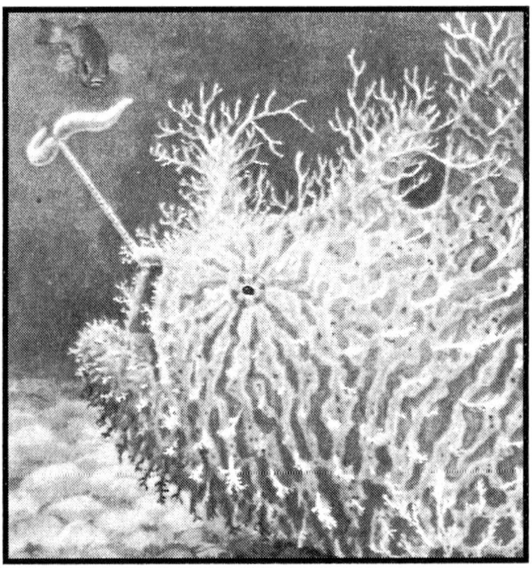

Abb. 4: Der Anglerfisch Phrynelox scaber ahmt Korallen nach

Abb. 5: Der Calligo-Falter schreckt seine Feinde mit großen Augenflecken auf seinen Flügeln ab

Abb. 6: Gauklerfisch mit „falschem Auge". Sein Auge liegt in einem schwarzen Körperstreifen verborgen

Abb. 7: Die Schlange Cylindrophis rufus täuscht mit ihrem bunten Schwanzende einen Kopf vor

Abb. 8: Die Langkkopfzirpe täuscht ihre Feinde mit einem eindrucksvollen „falschen Kopf" (links im Bild)

Abb. 9: Die Muschel Lampsilis ovata lockt Raubfische mit einer beweglichen Fischattrappe an

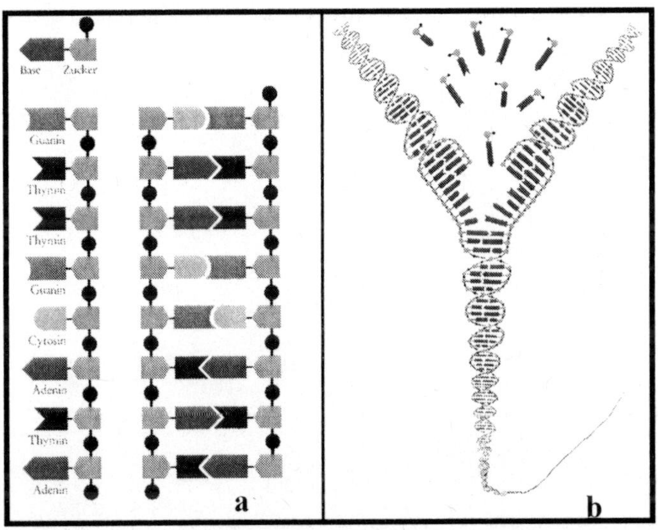

Abb. 10: Der Aufbau des DNA-Moleküls (a) und seine Verdopplung (b)

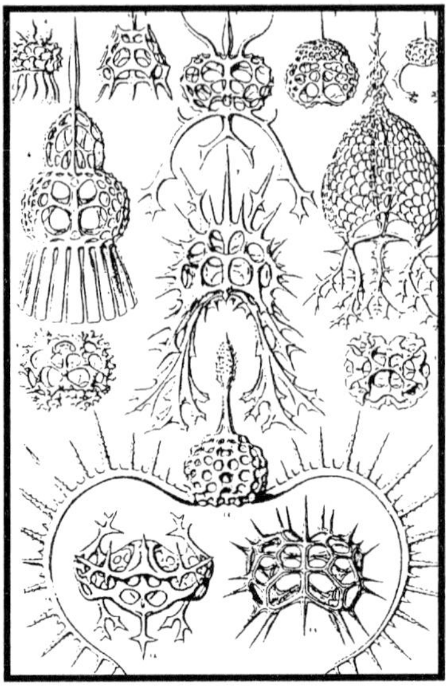

Abb. 11: Die feinzilisierten Skelette der Radiolarien

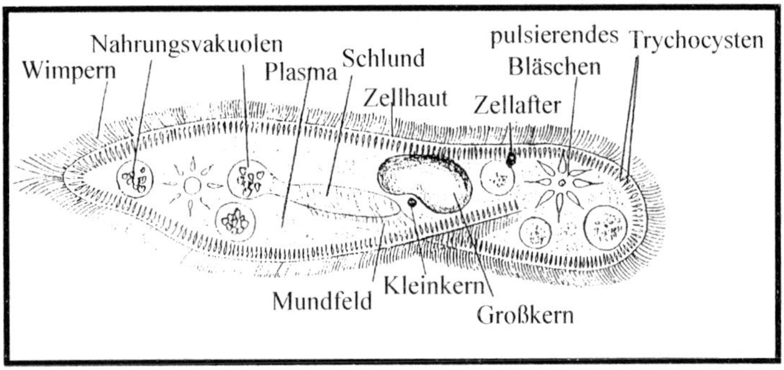

Abb. 12: Die Organellen des Pantoffeltierchens

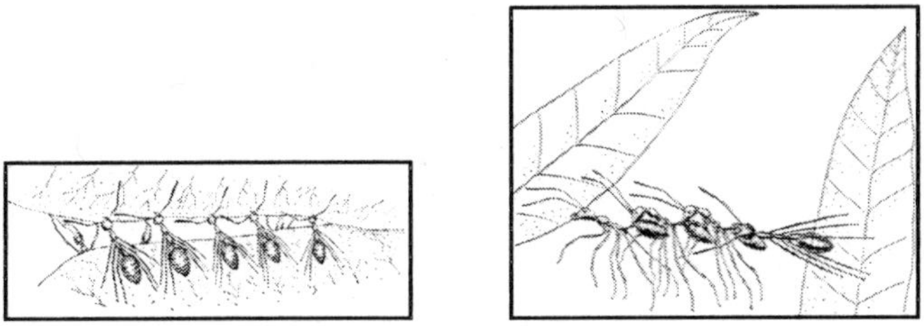

a b

Abb. 13: Weberameisen ziehen zwei Blattränder aneinander (a) und bilden eine „lebende Brücke" (b)

Abb. 14: Die lebenden Honigtöpfe

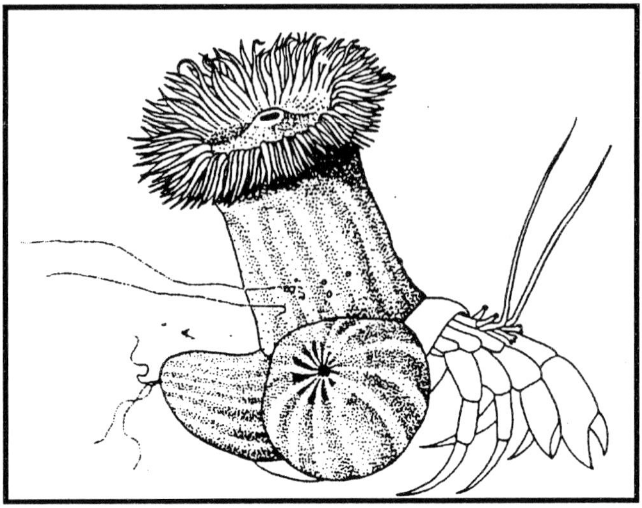

Abb. 15: Die Symbiose zwischen Einsiedlerkrebs und Seerose

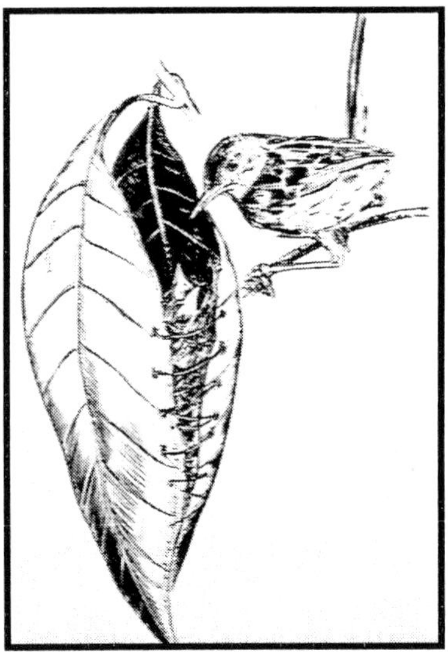

Abb. 16: Das Nest des Schneidervogels

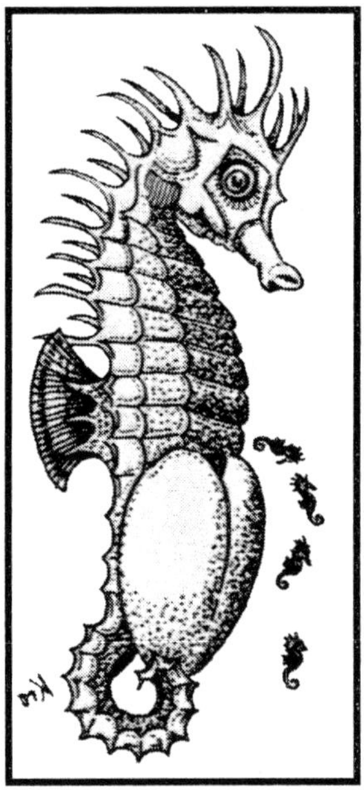

Abb. 17: Ein Seepferdmännchen bringt seine Jungen zur Welt

Abb. 18: Ein Maulbrüter-Weibchen versucht die Eierimitationen von der Flosse des Männchens abzusammeln

Abb. 19: Die Wabenkröte mit Brutzellen auf ihrem Rücken

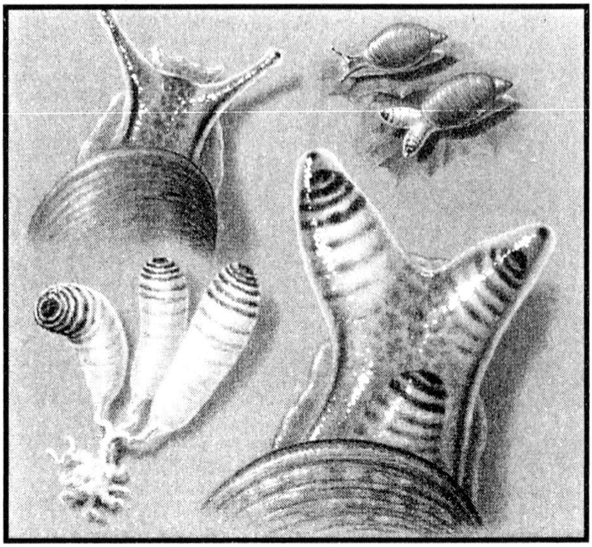

Abb. 20: Larven des Saugwurms im Fühler einer Bernsteinschnecke

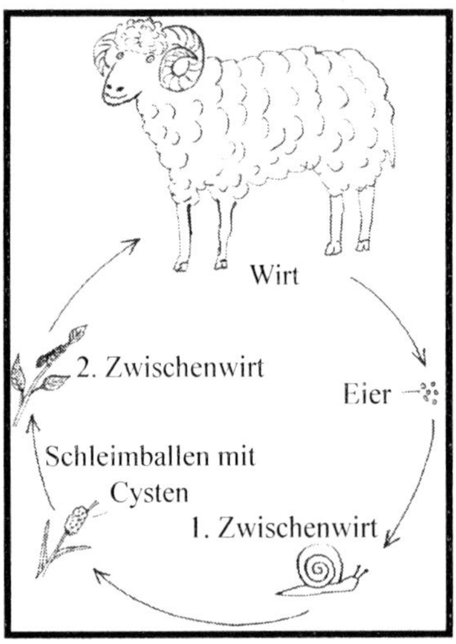

Abb. 21: Entwicklungszyklus des Kleinen Leberegels

Abb. 22: Die Blüte einer Bienenragwurz imitiert ein Bienenweibchen

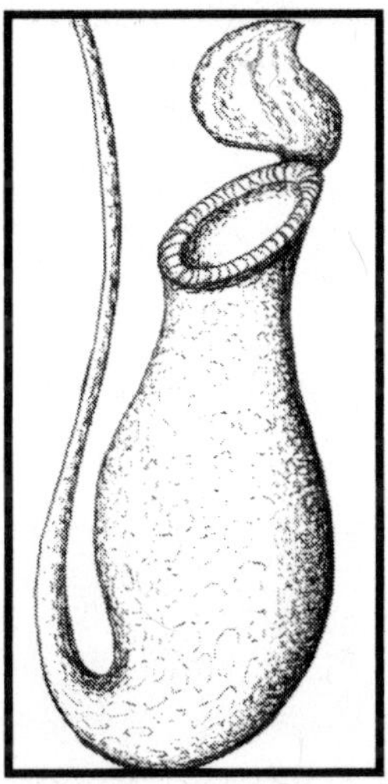

Abb. 23: Die Kannenpflanze erbeutet mit ihrem kannenförmigen Fangapparat zahlreiche Insekten

Abb. 24: Die Blätter der Venus-Fliegenfalle sind raffinierte Klappfallen

Bildquellenverzeichnis

Abb. 1, 2 u. 24, Fotos vom Verfasser

Abb. 12, 21, 23, Zeichng. vom Verfasser

Abb. 3, Foto: Mantis Wildlife aus, D. Morris: "Warum hat das Zebra Streifen?", Heyne-Verlag, München 1991

Abb. 6, Foto: Planet Earth Picture, aus D. Morris: "Warum hat das Zebra Streifen?", Heyne-Verlag, München 1991

Abb. 4, 7, 8, 9, 18, 20, 22, Zeichng. bzw. Gemälde von Hermann Kacher, aus W. Wickler: "Kindlers Universitätsbibliothek", Mimikry-Verlag, München 1968

Abb. 10, Schema-Zeichnung, aus K.v.Frisch: "Biologie", Bayerischer Schulbuchverlag, München 1967

Abb. 11, Ernst Haeckel: Kunstformen der Natur (1904), aus "Mikrokosmos", Heft 2, 1975, Franckh'sche Verlagsbuchhandlung, Stuttgart

Abb. 13, Zeichng. 13a, nach F. Doflein aus K. Escherich, aus K. Gösswald: "Unsere Ameisen", Franckh'sche Verlagsbuchhandlung, Stuttgart 1954

Abb. 13, Zeichng. 13b, aus E. Bugnion, aus K. Gösswald: "Unsere Ameisen", Franckh'sche Verlagsbuchhandlung, Stuttgart 1954

Abb. 14, Zeichng. nach McCook, aus E. Wasmann, aus K. Gösswald: "Unsere Ameisen", Franckh'sche Verlagsbuchhandlung, Stuttgart 1954

Abb. 15, Zeichng. von Kilias, aus D. Matthes: "Tiersymbiosen", Gustav Fischer Verlag, Stuttgart 1978

Abb. 16, Zeichng. von T. Hölldobler, aus K.v. Fritzsch: "Tiere als Baumeister", Frankfurt 1974

Abb. 17, Zeichng. nach Berrill, aus H. Wendt: "Das Liebesleben in der Tierwelt", Rowohlt-Verlag, Reinbek 1970

Abb. 19, Zeichng.: The American Museum of Natural History

Abb. 5, Foto: Lilo Hess, aus "Life - Wunder der Natur: Die Evolution, Time-Life 1964

Neues aus unserem Buchprogramm

Dieter Vogl
Die Gilde der kosmischen Former
Der Ursprung des Menschen und seine Geschichte

In diesem Buch werden in einmaliger Art und Weise die außerirdischen Einflüsse auf die Schöpfung des irdischen Lebens nachgewiesen. Der Autor zeigt nach jahrzehntelangen Forschungen den gültigen Zusammenhang zwischen prähistorischen Überlieferungen und den modernen Erkenntnissen der Wissenschaft.

250 Seiten, mit SW-Abbildungen und Zeichnungen, Glanzbroschur, Klebebindung, Format 15,0 x 21,0cm
DM 39,80 / ÖS 291,00 / SFR 37,00
ISBN 3-9806185-4-4

Neuerscheinung!
Dieter Vogl
Die ersten Tage der Schöpfung
Woher der Mensch wirklich kommt und wohin er geht

Wie entstand das Universum? Dies ist die grundlegende Frage, die alle anderen Fragen, die mit der Schöpfung von Himmel und Erde verbunden sind, in sich vereint. Leider gibt es von wissenschaftlicher Seite auf diese Frage noch keine plausible Antwort. Die heiligen Bücher der Menschheit, vornehmlich die Bibel, könnte diese Lücke schließen und das tiefe Dilemma, in dem die Wissenschaft zur Zeit steckt, lösen. Wie wir aus der Einheitsübersetzung ersehen können, sind die katholischen und evangelischen Theologen der Ansicht, daß die Bibel lediglich spirituelle Glaubenswahrheiten enthält. Dementsprechend stellen sie sich ganz vehement gegen jegliche wissenschaftliche Interpretation der biblischen Texte. Trotzdem konnten auch sie nicht verhindern, daß immer mehr Wissenschaftler die Bibel auf ihren historischen Wahrheitsgehalt hin untersuchen und infolge dieser Forschungsarbeit feststellen konnten, daß das Buch eine Vielzahl von geschichtlichen Fakten enthält und uns Erstaunliches über unsere Vergangenheit und Zukunft offenbart wird.

280 Seiten, mit SW-Abbildungen und Zeichnungen, Glanzbroschur, Klebebindung, Format 15,0 x 21,0cm
Startpreis bis zum 1.3.2000: DM 34,80 / ÖS 255,00 / SFR 32,50
Preis nach dem 1.3.2000: DM 39,80 / ÖS 291,00 / SFR 37,00
Auslieferung: März 2000
ISBN 3-934673-03-1

Neuerscheinung!
Manfred Böckl
Scheintod auf Golgatha
Das wahre Leben von Jesus
Starb Jesus wirklich am Kreuz? Sind die Taten des Erlösers Wahrheit oder nur Legende? Millionen von Christen halten halten daran fest, daß Jesus die Menschheit erlösen wollte von dem Übel. Jedoch offenbart die Geschichte, daß die christliche Macht über die Jahrtausende auch für Hexen- und Ketzerverbrennungen, Intoleranz und vielfältige Verfolgungen verantwortlich war. Lieferte die Legende von jesus nur den Anlaß für ein Dogma der Christen? Der Autor, welcher die Faszination der geistigen Freiheit transportieren möchte, will in diesem Werk eine völlig neue Interpretation des Lebens und Sterbens Jesu anbieten. Eine Interpretation, die letztlich viel tiefere Geheimnisse anspricht als die christliche und zu einem völlig neuen Standpunkt führt.

250 Seiten, Glanzbroschur, Klebebindung, Format 15,0 x 21,0cm
Startpreis bis zum 1.3.2000: DM 34,80 / ÖS 255,00 / SFR 32,50
Preis nach dem 1.3.2000: DM 39,80 / ÖS 291,00 / SFR 37,00
Auslieferung: März 2000
ISBN 3-934673-05-8

Neuerscheinung!
Gisela Ermel
Das Stargate-Phänomen
Geschichte und Mythos der Teleportation
Hatte die Erde in der Vergangenheit Besuch von Vertretern einer fremden Intelligenz? Die Prä-Astronautik-Forschung, die dieser Frage gezielt nachgeht, hat eine ganze Reihe von Indizien zutage gefördert, die dies als sehr wahrscheinlich erscheinen lassen. Modern interpretierbare uralte Felsbilder, rätselhafte archäologische Funde sowie zahlreiche Überlieferungen sprechen eine deutliche Sprache: Menschenähnliche Wesen unbekannter Herkunft verblüfften unsere Vorfahren mit einer der heutigen Zeit vergleichbaren und weit überlegenen Technologie. In alten Texten werden die verschiedensten Flugobjekte beschrieben, selbst Weltraum-Stationen im Erdorbit findet man dort erwähnt. Kein Land oder Erdteil, in dem nicht die einstmalige Präsenz der Astronautengötter beteuert wird. Waren SIE da - oder besuchen SIE uns auch heute noch immer oder wieder? - Das Buch liefert dafür die Beweise, daß unsere Erde Kontakt mit einer fremden Intelligenz hatte.

320 Seiten, viele Farb- und sw-Abbildungen, Glanzbroschur, Klebebindung, Format 15,0 x 21,0cm
Startpreis bis zum 1.3.2000: DM 34,80 / ÖS 255,00 / SFR 32,50
Preis nach dem 1.3.2000: DM 39,80 / ÖS 291,00 / SFR 37,00
Auslieferung: März 2000
ISBN 3-934673-04-X

Neuerscheinung!
Michael Derrich
Geheimwaffen des Dritten Reiches und deren Weiterentwicklung bis heute
Anatomie einer gefährlichen Entwicklung
Das Dritte Reich erwies sich im Krieg als idealer Nährboden für die merkwürdigsten Konstruktionen. Zunächst entsprangen sie genialen Ideen, später nur noch der Verzweiflung. Deutschland unterhielt so viele fortschrittliche Projekte, daß nach dem Krieg ein Großteil der Forschung in vielen anderen Ländern, insbesondere in den Vereinigten Staaten und der Sowjetunion, auf den Informationen deutscher Techniker und der Erbeutung von Prototypen basierte.
Jahrzehntelang waren die deutschen Geheimwaffen des Zweiten Weltkrieges zwar kein Tabu, aber die große Anzahl von Schwindlern und Phantasten nach dem Ende des Krieges machte eine objektive Beurteilung dieses komplexen Sachverhaltes sehr schwierig. Erst in jüngster Zeit änderte sich dies vor allem durch die Freigabe von streng geheimen Akten, welche fünfzig Jahre lang unter Verschluß lagen. In diesem Buch wird aufgezeigt, wie diese Unterlagen die zivile und militärische Technikgeschichte bis auf den heutigen Tag wie kaum eine andere Erfindung der Menschheitsgeschichte beeinflußten.
240 Seiten, viele Farb- und sw-Abbildungen, Hardcover, gebunden, Format 16,5 x 24,5cm
Startpreis bis zum 1.3.2000: DM 39,80 / ÖS 291,00 / SFR 37,00
Preis nach dem 1.3.2000: DM 49,80 / ÖS 364,00 / SFR 46,00
Auslieferung: März 2000
ISBN 3-934673-02-3

Neuerscheinung!
Claudia Beckers-Dohlen / Simone Baße
Markt, Turnier und Alltagsleben im Mittelalter
Das Mittelalter ist eine faszinierende Zeit, die immer mehr Menschen in ihren Bann schlägt. Die edlen Ritter, frommen Mönche und fahrenden Spielleute des Mittelalters stehen hoch im Kurs, und die Zahl der historischen Bankette, Mittelaltermärkte, Burgfeste und Ritterturniere nimmt beständig zu.
Dieses Buch möchte nun allen Mittelalter-Interessierten und um Authentizität bemühten Marktteilnehmern einen Leitfaden in die Hand geben, der über die "marktrelevanten" Aspekte des Mittelalters Auskunft gibt. Behandelt werden dabei vor allem Fragen zum mittelalterlichen Markt und Turnier sowie zum Alltagsleben. Der Band bietet dem Leser eine einführende Darstellung und einen ersten Überblick über die angesprochene Thematik. Eine umfangreiche Literaturliste und ein Kontaktadressen-Archiv gibt jeden Interessierten die Möglichkeit, einen leichten Einstieg in weitere Recherchen oder die Praxis zu finden.

240 Seiten, viele Farb- und sw-Abbildungen, Hardcover, gebunden, Format 16,5 x 24,5cm
Startpreis bis zum 1.3.2000: DM 39,80 / ÖS 291,00 / SFR 37,00
Preis nach dem 1.3.2000: DM 49,80 / ÖS 364,00 / SFR 46,00
Auslieferung: März 2000
ISBN 3-934673-01-5

Schottische Geschichte in 5 Bänden
Neuerscheinung!
Band 3
Hagen Seehase / Axel Oprotkowitz
Die Borderer
Schottische Krieger aus dem Grenzland

Als "Borders" wurde seit dem 11. Jahrhundert des Grenzland zwischen England und Schottland bezeichnet. Hier nimmt der Leser teil am heroischen Kampf des legendären Königs Artus gegen die eingewanderten Angelsachsen, anderen kriegerischen Begebenheiten aus dem wahrlich finsteren schottisch-englischen Mittelalter, sowie an Schlachten und Intrigen aus dem englischen Bürgerkrieg und den Jakobitenaufständen. Regelrechte Borderer-Clans führten in dem berüchtigten Landstrich jahrhundertelang perfekt geplante Raubzüge durch und eilten von Erfolg zu Erfolg.

Das Buch wird abgerundet durch drei Tourenvorschläge vor Ort, die die Borders für besonders interessierte Leser erschließen möchten. Eine chronologische Übersicht der englischen und schottischen Herrscher, ein Sachverzeichnis, ein Verzeichnis von Daten zum geschichtlichen Umfeld der Borders, Kontaktadressen zur schottischen Geschichte und eine Liste ausgewählter Literatur zum Weiterlesen beschließen das Buch.

240 Seiten, viele Farb- und sw-Abbildungen, Hardcover, gebunden, Format 16,5 x 24,5cm
Startpreis bis zum 1.3.2000: DM 39,80 / ÖS 291,00 / SFR 37,00
Preis nach dem 1.3.2000: DM 49,80 / ÖS 364,00 / SFR 46,00
Auslieferung: März 2000
ISBN 3-934673-00-7

Weiterhin im Angebot:
Band 1
Hagen Seehase / Axel Oprotkowitz
Die Highlander
Die Geschichte der schottischen Clans

Die Familiengeschichten der wichtigsten schottischen Clans mit eingearbeiteten Anekdoten und Reisemöglichkeiten zu allen historischen Stätten. Im Anhang mit der Chronik der Herrscher und Könige von Schottland, dem Sachverzeichnis mit Waffen, Schlachten und Namen und verschiedenen historischen Karten.

240 Seiten, viele Farb- und sw-Abbildungen, Hardcover, gebunden, Format 16,5 x 24,5cm
DM 49,80 / ÖS 364,00 / SFR 46,00
ISBN 3-9806185-1-X

Band 2
Hagen Seehase / Axel Oprotkowitz
Bannockburn
Schottlands Kampf um die Freiheit

Die historische Darstellung des Schottischen Unabhängigkeitskrieges mit Wallace, Bruce und allen legendären Figuren in neuer Sicht. Mit Exkursen zum mittelalterlichen Kriegertum, zur Militärgeschichte von Irland und Wales, Familiengeschichten, Anekdoten und touristischen Hinweisen.

240 Seiten, viele Farb- und sw-Abbildungen, Hardcover, gebunden, Format 16,5 x 24,5cm
DM 49,80 / ÖS 364,00 / SFR 46,00
ISBN 3-9806185-3-6

Gerd Elmar König (Hrsg.)
Anno Domini 2000
Jahrbuch für mittelalterliche Kulturgeschichte und historisches Brauchtum

Themen des Fachteils: Der mittelalterliche Markt / Die Schweizer - die Schlachten eines Bergvolkes / Der Kreuzzug am Rhein - das jüdische Schicksal im Rheinland / Das Erbe der Normannenherzöge - Romanische Burgen in der Normandie / Deutsche Ritter im Heiligen Land - die Gründung des Deutschen Ordens / Die letzte Schlacht von König Artus / Johann Gutenberg und die Erfindung des Buchdrucks / Die Geschichte dreier Faksimile-Bücher von Weltgeltung / Hauszeichen und Zunftsprüche im Mittelalter / Menschenknochen als Brücke zum Jenseits - die Verehrung von Heiligen.
Jahreskalender mit allen wichtigen Veranstaltungen im Bereich mittelalterliche Kulturgeschichte und historisches Brauchtum, ausführliches Adressenarchiv mit Vorstellungstexten.
240 Seiten mit vielen Farb- und SW-Abbildungen, Hartcover, gebunden, Format 16,5 x 24,5cm
DM 39,80 / ÖS 291,00 / SFR 37,00
ISBN 3-9806185-8-7

Gerd Elmar König (Hrsg.)
Anno Domini 1998
Jahrbuch für mittelalterliche Kulturgeschichte und historisches Brauchtum

Themen des Fachteils: Das Rittertum, Kirche und Küche, Die Kultur der Spielleute, Die Bilderwelt der Liebe, Der Henker oder Scharfrichter, Die Templer, Hildegard von Bingen, Die magische Welt, Auf der Suche nach verborgenen Klosterschätzen u.a.m.
Themen des Serviceteils: Jahreskalender mit allen wichtigen Veranstaltungen im Bereich mittelalterliche Kulturgeschichte und historisches Brauchtum, ausführliches Adressenarchiv mit Vorstellungstexten.
240 Seiten mit vielen Farb- und SW-Abbildungen, Hartcover, gebunden, Format 16,5 x 24,5cm
Sonderpreis: DM 25,00 / ÖS 181,00 / SFR 23,00
ISBN 3-9806185-0-1

Gerd Elmar König (Hrsg.)
Anno Domini 1999
Jahrbuch für mittelalterliche Kulturgeschichte und historisches Brauchtum

Themen des Fachteils: Reisen im Mittelalter, Ehe und Familie zwischen geistlichen Zwängen, Altdeutsche Wirtshausregeln und das Brauen von Bier, Das Ritterturnier, Die Gründung des Deutschen Ordens, Die Bewaffnung der Söldner u.a.m.
Themen des Serviceteils: Jahreskalender mit allen wichtigen Veranstaltungen im Bereich mittelalterliche Kulturgeschichte und historisches Brauchtum, ausführliches Adressenarchiv mit Vorstellungstexten.
240 Seiten mit vielen Farb- und SW-Abbildungen, Hartcover, gebunden, Format 16,5 x 24,5cm
Sonderpreis: DM 25,00 / ÖS 181,00 / SFR 23,00
ISBN 3-9806185-2-8

Dr. Marcus Landau
Hölle und Fegfeuer
in Volksglaube, Dichtung und Kirchenlehre

Eines der meistgelesenen Bücher dieses Jahrhunderts im Original-Nachdruck mit den grundlegenden Lehren vom Wissen vom Jenseits, der Entstehung von Hölle und Paradies, Wege und Führer der Unterwelt, die Verdammten und ihre Strafen, Fegfeuer und Limbus, die Totenkulte der Naturvölker und andere Themen.

320 Seiten, Glanzbroschur, Klebebindung, 15,0 x 21,0cm
DM 39,80 / ÖS 291,00 / SFR 37,00
ISBN 3-9806185-6-0

Gerd Elmar König (Hrsg.)
Thüringer Jahrbuch 2000
Jahrbuch für Kulturgeschichte und Zeitgeschehen

Themen des Fachteils: Vorstellung aller kreisfreien Städte und aller Landkreise in Thüringen, Beiträge aus den Gebieten Wirtschaft, Politik, Tourismus und Brauchtum, Sport, Kultur und Kunst aus allen Thüringer Regionen

Themen des Serviceteils: Jahreskalender mit überregionalen Veranstaltungen in Thüringen im Jahr 2000, wichtige Kontaktadressen und Servicehinweise

240 Seiten mit vielen Farb- und SW-Abbildungen, Hartcover, gebunden, Format 16,5 x 24,5cm
DM 39,80 / ÖS 291,00 / SFR 37,00
ISBN 3-9806185-9-5

Aus unserem Zeitschriftenprogramm

Zeitschrift für Spiritualität, Naturreligion und Heilkunde

Zeitschrift für mittelalterliche Kulturgeschichte und historisches Brauchtum

Zeitschrift für ungelöste Rätsel und grenzwissenschaftliche Phänomene

Einzelpreis: DM 9,80 / ÖS 80,00 / SFR 9,80
Abopreis/Innland: DM 38,00 / Ausland: 42,00 / Übersee: 46,00

Zeitschrift für Geschichte, Kultur und Umwelt in Westsachsen

Zeitschrift für Geschichte, Kultur und Umwelt im Vogtland

Zeitschrift für Geschichte, Kultur und Umwelt in Thüringen

Einzelpreis: DM 9,80 / ÖS 80,00 / SFR 9,80
Abopreis/Innland: DM 25,00 / Ausland: 30,00 / Übersee: 35,00